하리하라의
몸이야기

질병의 역습과 인체의 반란

하리하라의
몸
이야기

이은희 지음

디에고 리베라, 〈해부학자들〉, 1943~1944년

들어가며

 정도의 차이는 있지만 자신의 육체에 완벽하게 만족하는 사람은 거의 없을 것이다. 우리는 주어진 몸이 너무 뚱뚱하거나 혹은 너무 말라서 불만스러워하고, 피부색이나 머릿결, 머리의 크기, 팔다리의 길이가 맘에 들지 않는다고 불평하는가 하면, 때로는 특정 부위가 너무 약하거나 너무 과하다고 투덜거린다. 하지만 불평불만의 홍수 속에서도 우리가 잊지 말아야 하는 것이 있다. 바로 몸이 없다면 우리는 이 세상에서 살아갈 수 없다는 사실이다. 물론 몸만이 인간의 전부가 아니라고 여기는 사람도 많을 것이다. 하지만 비록 몸과 분리된 마음 혹은 영적인 존재를 인정한다손 치더라도, 몸을 지니고 있을 때와는 동일하게 살아갈 수 없다는 점은 분명한 사실이다.
 이렇듯 몸은 살아 있는 모든 존재의 기반이다. 인간에게 있어서도 마찬가지다. 우리의 육체는 우리를 이 세상에 존재하도록 하는 근원이자, 소중한 자원이다. 이 책은 인간의 몸이 인간의 존재를 떠맡은 귀중한 바탕이라는 관점에서 쓰였다. 우리는 살아가기 위해 우리의 몸을 제대로 보살필 필요와 책임이 있다. 그런데 이는 말처럼 호락호락한 일이 아니다. 세상에는 수없이 많은 존재들이 인간의 몸을 노리고 있으며, 인간 스스로도 종종 자신의 몸에 부담을 지우기 때문이다. 한마디로 몸은 내우외환의 위기에 처해 있는 것이다.
 이 책은 크게 세 부분으로 나뉘어 있다. 첫 부분에서는 인간의 몸을 노리는 외부 침입자들을 다룬다. 세균, 바이러스, 곰팡이처럼 인간의 몸을 생활 터전이자 먹잇감으로 여기고 호시탐탐 기회를 엿보는 작은 침입자들에서부터, 별다른 의도를 지닌 것은 없지만 인간의 몸에는 해악을 미치는 화학물질들—이들 대부분이 인간이 만들어낸 물질이라는 것이 아이러니하다—까지 폭넓게 다룰 것이다. 이들이 매순간 인간의 몸을 공격하는 과정을 들여다봄으로써 우리가 지금처럼 비교적 '정상적'인 생활을 한다는 것 자체가 놀라운 일이라는 사실을 이야기하고자 한다.

두 번째 부분에서는 인간이 자신의 몸을 제대로 지켜내기가 얼마나 어려운지에 대한 또다른 이야기들이 등장한다. 외부의 침입자들을 효과적으로 막아내도 인간의 몸에 걸리는 부하는 결코 '안전' 수준으로 줄어들지 않는다. 끊임없이 뛰어야만 하는 심장에서부터, 에너지원인 포도당과 지방을 꽁꽁 붙들고자 하는 세포의 몸부림, 끊임없이 분열하여 다른 조직까지 침범하는 암세포, 더 이상의 분열을 거부하는 신경세포들까지 인간은 몸 안의 변화로 인해 생기는 각종 질환에 노출되어 있다. 여기까지 살펴보면 우리가 건강을 유지한다는 것이 거의 '기적'에 가깝다는 생각이 들면서 건강을 유지하고자 하는 노력들이 헛된 것이 아닐까 하는 절망감조차 든다.

하지만 그럼에도 불구하고 우리에게 희망이 있다. 마지막 부분에서는 우리가 그동안 우리의 몸을 공격하던 다양한 위협들에 대해 어떻게 대처해왔는지를 다룬다. 항생제, 항바이러스제, 소독약, 진통제, 장기이식, 줄기세포에 이르기까지 인간의 노력들이 꾸준히 발전해왔음을 엿볼 수 있을 것이다. 그리고 이런 일련의 과정들을 살펴봄으로써 새삼 우리가 가진 '몸'의 존재에 고마워하고, 내 것이든 남의 것이든 함부로 여기는 일이 줄어들기를 소망해본다.

마지막으로 이 글은 한국과학창의재단에서 운영하는 인터넷 사이트 '사이언스올'에 기고한 칼럼들을 바탕으로 했으며, 이 글이 묶여져 세상에 나오도록 도움을 주신 많은 분들께 지면을 빌려 감사 인사를 전하고 싶다.

차례

들어가며 · 5

1장 인간의 몸을 둘러싼 침입자들
외부 침입자가 일으키는 질환

- 병원체에 의한 감염 – 독기설과 귀신 들림을 거쳐 질병의 원인이 밝혀지기까지 · 12
- 전염병과 인류의 역사 – 질병은 역사를 어떻게 바꿔놓았는가? · 28
- 질병과 인간의 공진화 – 질병과 인간, 기생체와 바이러스의 경쟁관계를 통해 본 미생물과 숙주의 진화적 변화 · 40
- 역병의 재습격 – 항생제 남용으로 인한 미생물의 항생제 내성 획득 메커니즘 · 50
- 말라리아의 아이러니 – 왜 치료제가 있는데도 질병의 박멸은 어려운가? · 56
- 내분비계 교란물질 – 인간이 만들어낸 해로운 물질 · 66
- 21세기의 역병 – 프리온 질환 vCJD, 변형된 단백질이 인간을 공격하다 · 76
- 일상적 질병으로 인한 공포 – 신종플루 유행을 둘러싼 현대 사회의 모습 · 86

2장 인간, 스스로 망가지다
인체 내의 변화로 인한 질환

- 암, 죽지 않는 세포 – 헤이플릭 한계를 극복하고 불멸을 얻은 암세포의 정체 · 96
- 치매, 인간성을 잃다 – 퇴행성 신경 질환을 통해 본 신경세포의 특성과 치료법 · 122
- 비만, 시대를 배반하는 질환 – 비만의 생물학적·진화학적 원인과 비만으로 인해 왜 질병에 걸리기 쉬운지에 대해 · 138
- 당뇨, 달콤한 피에 숨은 진실 – 섭식 조절 메커니즘과 당뇨 · 150

- 심장은 피곤하다 – 현대 사회에 심혈관계 질환이 늘어나는 이유 · 162
- 알레르기, 면역계의 오류 – 면역계의 오류로 일어나는 알레르기의 특성과 알레르기 환자가 증가하는 원인에 대한 생물학적 시선 · 176
- 선천성 유전 질환 – 유전자의 이상으로 일어나는 비극적인 질병 · 192

3장 무병장수의 길은 요원한가?
첨단 의학의 발달과 질병 퇴치, 그 가능성과 한계

- 제너의 바늘 – 우두 접종으로 살펴본 백신과 면역 · 204
- 제멜바이스의 투쟁 – 상처 소독의 중요성이 세상에 받아들여지기까지 · 216
- 플레밍의 실수 – 페니실린으로 대표되는 항생제 이야기 · 228
- 다양한 무기들 – 항생제, 항바이러스제, 항진균제 등 · 238
- 버드나무의 새로운 기능 – 아스피린을 둘러싼 진통제의 기능 · 250
- 인체의 감독관, 호르몬 – 인슐린 개발과 호르몬 치료 · 264
- 비타민의 발견 – 영양소 부족으로 발생한 질병 이야기 · 274
- 이자벨의 잃어버린 얼굴 – 장기이식의 역사와 가능성 · 286
- 톰슨의 연구와 줄기세포 – 줄기세포를 이용한 치료의 가능성과 한계 · 300
- 유전자 속에 숨은 비밀 – 유전자 치료의 의미와 과정 · 308

참고문헌 · 318
찾아보기 · 323

1장
인간의 몸을 둘러싼 침입자들

외부 침입자가 일으키는 질환

인류가 등장하기 수십억 년 전부터 미생물들은 지구 상 곳곳에서 살아왔다.
오랜 진화의 결과, 이들 중 몇몇은 맨몸으로 자연에 노출되기보다
다른 생명체의 몸속에서 살아가는 것이 훨씬 더 안락하고 편리하다는 것을 깨달았다.
인류라는 새로운 종이 세상에 등장했을 무렵은 이미 이들의 생활방식은 보편화되어 있었고,
인류는 그들에게 새로운 숙주로 인식되었다.
미생물과 인류의 끝없는 경쟁은
인류가 세상에 나타나기 전부터 예약되어 있었던 것이나 다름없다.

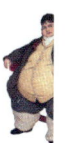

프랑수아 시플라르, 〈파리의 콜레라〉, 1865년

병원체에 의한 감염
독기설과 귀신 들림을 거쳐 질병의 원인이 밝혀지기까지

1821년 여름, 조선에는 정체 모를 역병(전염병)이 창궐했다. 평안도 지역에서 시작된 역병은 순식간에 수만 명의 사망자를 내면서 들불처럼 전국으로 번졌다. 이전에도 역병이 유행한 적은 많았으나 그것들과는 양상이 사뭇 달랐다. 사람들은 자신에게 무슨 일이 일어났는지 미처 알지도 못하고 순식간에 죽어갔다. 처음에는 가벼운 배앓이와 설사를 했다. 그 정도야 흔한 일이었기에 색다를 것이 없었지만, 문제는 그 속도와 양이었다. 일단 설사가 시작되면 걷잡을 수가 없었다. 환자들은 무서운 속도로 몸 안의 수분을 쏟아냈고, 채 이틀도 지나지 않아 탈수로 기진맥진한 채 죽어갔다. 가족의 삼일장도 치르기 전에 또 다른 가족이 숨을 거두는 지경이었기에 약도, 굿도 쓸 시간이 없었다. 또한 치사율은 어찌나 높았던지 병에 걸린 이들 중 열에 여덟 내지 아홉은 숨을 거두었다. 살아남은 사람들은 이 질환을 호열자(虎列刺)라고 불렀다. 말 그대로 '호랑이가 살을 찢는 듯' 무섭고 고통스러운 질환이라는 뜻이었다. 호열자의 기세는 좀처럼 꺾일 줄 모르고 지속되었다.

호열자가 유행하자 사람들은 집집마다 대문에 커다란 고양이 그림을 붙이기 시작했다. 당시 사람들이 이 무서운 질병을 쥐 귀신의 행패로 여겼기 때문이었다. 쥐 귀신의 난동으로 호열자가 발생하므로 대문에 쥐를 잡는 고양이 그림을 붙여두면 이를 막을 수 있으리라 기대했던 것이다. 질병을 귀신의 장난질로 여겨 귀신을 달래거나 겁을 주어 쫓아내고자 하는 벽사(辟邪) 의식은 예전부터 있었다. 마마(두창)가 유행하면 '마마 귀신'을 달래고자 '마마 배송굿'을 벌였던 것도 이같은 이유에서였다. 하지만 아무리 고양이 그림을 진짜처럼 멋지게 그려 붙여도 호열자를 막기에는 역부족이었다. 수없이 많은 고양이 그림을 뒤로 하고 그렇게 호열자는 조선 팔도를 휩쓸며 많은 이들의 목숨을 앗아갔다.

보이지 않는 병원체의 습격

고양이 그림이 호열자를 막는 데 전혀 힘을 쓰지 못한 것은 질병의 원인을 애초부터 잘못 파악했기 때문이다. 호열자라는 이름은 '호랑이가 살을 찢는 듯한 고통을 주는 병'이라는 뜻을 지니기도 했고, 콜레라(cholera)를 한자의 음을 빌려 표기한 용어이기도 하다. 콜레라는 콜레라균에 의해 일어나는 소화기 전염병으로, 오염된 물을 통해 전염된다. 즉 콜레라균으로 오염된 물을 마셨을 때, 콜레라에 걸린다는 것이다. 호열자의 원인은 쥐 귀신이 아니라 엄연히 살아 있는 세균이기 때문에 고양이 그림은 아무런 영향도 발휘할 수 없었다.

15 병원체에 의한 감염

앞서 말했듯 콜레라는 콜레라균에 의해 발생한다. 콜레라균에 감염되면 별다른 복통 없이 구토와 설사가 시작되는데, 설사의 색이 쌀뜨물처럼 희멀건한 것이 특징이다. 콜레라는 별다른 치료 없이도 일주일 정도 지나면 낫는 질병이지만, 문제는 지독한 설사로 체내의 수분이 급속도로 빠져나가는 탓에 수분을 제대로 공급해주지 않으면 탈수로 인해 발병한 지 하루 이틀 만에 사망할 수 있다. 최근 콜레라로 인한 사망률이 급감한 것은 콜레라균을 없앨 수 있는 항생제들 덕분이기도 하지만, 그보다 더 중요한 이유는 부족한 수분을 혈액 내로 빠르게 공급해주는 수액제, 즉 링거를 이용한 수분 공급법이 일상화되었기 때문이다. 실제로 콜레라나 세균성 이질처럼 급격한 구토와 설사 증상을 일으키는 소화기 전염병은, 질병 자체의 독성보다는 구토와 설사에 따른 수분 손실로 사망하는 경우가 많다. 또한 토하거나 설사를 하면 이를 멎게 하려고 환자에게 아무것도 먹이지 않는 경우가 종종 있는데, 이러한 대처는 일시적으로 효과가 있을지는 몰라도 결국은 탈수 증상을 더욱 악화시켜 환자를 죽음으로 몰아갔던 것이다.

19세기는 콜레라가 조선을 비롯해 전 세계를 휩쓸던 시절이었다. 콜레라는 원래 인도의 풍토병이었지만 영국을 비롯한 서구 열강이 인도에 발을 들인 이후 전 세계로 퍼졌다. 대양을 항해하던 배들은 사람과 물자만 옮긴 것이 아니라, 질병과 고통도 같이 옮겼다.

콜레라가 순식간에 전 세계를 휩쓸면서 많은 생명을 앗아갔지만, 인류에게 이런 경험은 낯선 것이 아니었다. 인류는 오랫동안 전염병으로

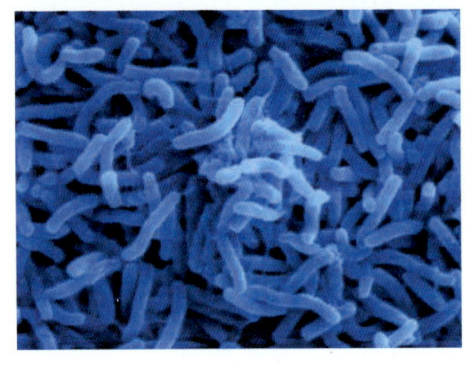
콜레라균을 찍은 현미경 사진

고통을 받아왔다. 인간에게 질병을 일으키는 미생물은 인류보다 훨씬 이전부터 지구에 존재했으므로, 아마도 인류가 탄생한 그 순간부터 크고 작은 질병에 시달려왔다고 생각해도 무방할 것이다. 하지만 사람들은 오래도록 질병이 '왜' 생겨나는지 그 이유를 알지 못했다. 귀신 혹은 저주로 인한 것이라는 설, 공기 중에 섞인 독기(毒氣)에 의한 것이라는 설, 체액이나 기(氣)의 흐름에 교란이 일어나서 발생한다는 설 등이 질병의 원인으로 제시됐지만 어느 것도 질병의 결정적인 원인을 파악하지는 못했다.

인간이 그토록 오랫동안 질병에 시달리면서도 질병을 일으키는 원인을 제대로 찾지 못했다는 것은 이상한 일만은 아니다. 여러 가지 질병의 원인이 되는 미생물은 인간의 눈에는 전혀 보이지 않을 만큼 작기 때문이다. 하지만 보이지 않더라도 나타나는 현상들을 통해 미루어 짐작하는 이는 있었다. 이탈리아의 의사였던 지롤라모 프라카스토로(Girolamo Fracastoro, 1478~1553)는 '전염의 씨앗(seminaria contagium)'이라는 눈에 보이지 않는 작은 물질이 질병을 일으킬지도 모른다고 의심했다. 그는 전염병이란 '전염의 씨앗'이 급속히 증가함으로써 발생하며, 직접적인 접촉, 흙이 묻은 옷이나 천 같은 매개체, 공기 등 세 가지 경로로 병이 전파된다고 생각했다. 프라카스토로의 이론은 현대인이 보기에는 매우 '합리적'이지만 당대에는 '주장'으로 묻혀버릴 수밖에 없었다. 누구도 '전염의 씨앗'을 본 적이 없었고, 구체적으로 전염의 씨앗이 어떤 것인지를 설명하지 못했기 때문이다. 또한 당시 서양에서는 인간의 체내에 존재하는 네 가지 체액(혈액, 점액, 황담즙, 흑담즙)의 균형이 깨어지면서 질병이 발생한다는 믿음이 강했기 때문에 신체 외부에 존재하는 '전염의 씨앗'을 받아들이는 것은 전혀 합리적으로 보이지 않았다. 그가 사망하고 100년 쯤 후에 네덜란드의 안톤 판 레이우엔훅(Antonie van Leeuwenhoek, 1632~1723)이 현미경으로 연못 물을 관찰하면서 미생물의 존재를 발견했지만, 그가 살아 있을 당시에는 미생물이 질병의 원인이라는 생각까지는 도달하지 못했다.

생물속생설을 증명한 루이 파스퇴르

레이우엔훅이 발견한 기묘하고 작은 생물과 질병의 연관관계가 밝혀지기까지는 다시 200여 년의 시간이 필요했다. 1862년 프랑스의 화학자이자 생물학자인 루이 파스퇴르(Louis Pasteur, 1822~1895)가 저 유명한 구부러진 백조 목형 플라스크(Swan-necked flask) 실험을 통해

루이 파스퇴르는 구부러진 백조 목형 플라스크 실험을 통해 생물속생설을 증명했다.

생물속생설을 증명한 이후이다.

　여기서 잠깐, 생물속생설(生物續生說)이 어떻게 질병과 미생물의 연관관계를 설명해주었는지 살펴보자. 생물속생설이 증명되기 전까지는 미생물처럼 작은 생명체는 '저절로' 생겨난다는 '자연발생설(自然發生說)'이 정설로 받아들여졌다. 그러니 언제 어디서나 저절로 발생하는 미생물이 질병을 일으킨다고는 여기지 않았다. 저절로 생성되는 것이 질병의 원인이라면 특정 질병이 특정 지역에서만 유행하거나 환자와 접촉한 사람에게만 병이 전염되는 것 등을 설명할 수 없었기 때문이다. 그런데 파스퇴르 이후 생물속생설을 통해 모든 생명체는 어미로부터 태어나는 것이고, 그전까지 어떻게 일어나는지 알 수 없었던 부패나 발효 과정이 미생물의 생명 활동 결과라는 사실이 밝혀지자 상황은 달라졌다.

　또한 비슷한 시기에 환자의 체액이나 감염된 상처 부위에서 일반인에게는 없는 미생물이 발견되면서 미생물이 질병의 원인이며, 질병으

생물속생설(生物續生說, biogenesis)이란?

생물속생설이란 '모든 생물은 반드시 어버이로부터 유래된다'는 가설로, 생물이 저절로 생겨난다는 자연발생설을 깨뜨리고 근대 생물학의 기본 줄기가 된 이론이다. 19세기까지 많은 이들은 구더기나 벌레, 심지어 쥐와 같은 작은 동물까지도 저절로 발생한다는 자연발생설을 믿었다. 즉, 고깃덩이를 놓아두면 '저절로' 구더기가 생겨나며 곡식 자루를 보관하는 곳에서는 반드시 쥐가 등장한다는 경험적인 사실로 하등 생명체가 저절로 생겨난다고 믿었던 것이다.

자연발생설을 반대하는 주장은 이전부터 있었다. 음식을 끓인 뒤에 밀봉해두면 상하지 않는다는 이유로 프란체스코 레디(Francesco Redi, 1626~1697)나 라차로 스팔란차니(Lazzaro Spallanzani, 1729~1799) 등이 이미 자연발생설을 부정했다. 하지만 반대파들은 음식을 끓인 뒤 밀봉함으로써 기(氣)의 흐름이 막혔기 때문이라며 그들의 주장을 반박했다. 이에 파스퇴르는 백조 목형 플라스크라는 독특한 실험 기구를 사용해 자연발생설에 종지부를 찍었다. '백조 목형 플라스크'는 아래의 그림처럼 보통의 둥근 플라스크 주둥이를 백조 목처럼 길고 가늘게 구부린 것으로 그 끝은 외부를 향해 열려 있는 실험 도구다. 파스퇴르는 이 플라스크에 고깃국물을 넣고 끓인 뒤 그대로 방치했다. 외부와 보통 실온에 놓아둔 고깃국물은 이틀이 못 가서 미생물이 번식해 상하기 마련이지만, 이 백조 목형 플라스크의 고깃국물은 몇 달이 지나도 원래 상태를 그대로 유지했다. 이것은 가열로 인해 원래 고깃국물 속에 들어 있던 미생물은 모두 사멸되었고, 플라스크의 끝이 열려 있어 외부와 소통이 가능하지만 플라스크 입구로 들어온 미생물은 중력의 영향으로 플라스크의 구부러진 목을 통과하지 못하기 때문에 일어난 현상이었다. 이로 인해 미생물이 플라스크 내부에 전혀 없고 외부에서 유입되지도 않는다면 아무리 오랜 시간이 지나도 미생물은 '저절로' 발생하지 않는다는 사실이 증명되었다.

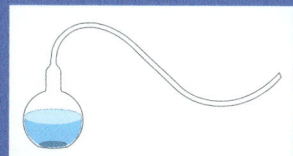

세균병원설의 4원칙을 제창한
독일의 의학자 로베르트 코흐

로 인한 각종 증상은 인간의 몸속에서 미생물이 증식하면서 빚어진 결과라는 결론이 도출되었다. 외부에서 '들어온' 미생물이 질병을 일으킨다는 사실은 질병이 한 지역에서 주변으로 번지는 이유와 환자와 접촉한 사람이 질병에 감염되는 이유를 설명할 수 있게 해주었고 질병의 원인과 치료에 새로운 장을 열어주었다.

병원균의 정체를 밝혀라

아이가 전화를 받다가 재채기를 한다. 곧이어 동생이 전화기를 만지려고 하자 이를 지켜보고 있던 엄마가 재빨리 수화기를 빼앗아든다. 엄마는 항균 스프레이로 전화기를 소독하고 나서야 안심이라는 얼굴로 아이에게 수화기를 건네준다.

TV에서 자주 등장하는 항균제 광고의 한 장면이다. 최근 신종플루의 유행으로 개인위생에 대한 관심이 높아지면서 이와 유사한 광고들이 TV의 황금 시간대를 점령하고 있다. 이런 광고에서 사람들은 '세

'균'이란 '불결하고 더럽고 사람들을 아프게 하는 것'이자 '반드시 없애야 하는 것'으로 인식하고 있다. 이는 파스퇴르 이후 결핵균을 발견하고 '세균병원설'을 제창한 독일의 의학자 로베르트 코흐(Heinrich H. Robert Koch, 1843~1910)의 영향이 시간을 거쳐 증폭된 결과다.

코흐는 각각의 질병은 특정한 병원균에 의해 발생한다고 주장하면서 환자에게서 분리한 미생물을 병의 원인이라고 판단하려면 다음의 네 가지 원칙을 반드시 만족시켜야 한다고 강조했다.

세균병원설의 원칙(코흐의 4원칙)
1. 병원균은 질병을 앓고 있는 환자나 동물에 반드시 존재해야 한다.
2. 병원균은 질병을 앓고 있는 환자나 동물로부터 분리되고 배양되어야 한다.
3. 배양된 병원균을 건강한 실험동물에 접종하면 동일한 질병을 일으켜야 한다.
4. 실험적으로 감염시킨 동물로부터 동일한 병원균이 다시 분리·배양되어야 한다.

이 원칙은 병원균이 질병의 원인이라고 못을 박는 내용이다. 따라서 질병에 걸리지 않으려면 병원균이 인체로 침입하는 것을 막아야 한다. 병원균을 사람을 아프게 하는 절대악으로 여기기 때문이다. 엄마들이 '항균'에 솔깃해 하는 것도 아이를 질병으로부터 지켜야 한다는 보호 본능이 발동한 탓이다. 그런데 엄마들이 알고 있는 '병원균'이라는 개념은 생물학적으로는 모호한 개념이다. 병원균은 생물학적으로 계통이 전혀 다른 박테리아, 바이러스, 원생생물, 진균 등을 모두 혼합한 개념이기 때문이다. 이들은 모두 몸속에 침입해 질병을 일으키는 원인이지만, 구분해서 알아둘 필요가 있다. 생물학적 특징이 다르다는 것은 대응하는 방법이 다르다는 의미이기 때문이다.

질병의 원인으로 가장 먼저 손꼽히는 것은 흔히 세균이라 불리는 박테리아(bacteria)다. 박테리아는 원핵세포 하나로 이루어진 단세포생물이다. 원핵세포란 세포핵이나 미토콘드리아 등과 같은 세포 내 소기관이 없는 세포로, DNA와 여러 효소들이 세포질 속에 흩어져 있는 세포를 말한다. 박테리아에 대한 우리의 부정적인 이미지와는 달리, 인간은 오래전부터 박테리아와 공생관계를 유지해왔다. 60킬로그램의 몸무게를 가진 성인의 경우, 약 1킬로그램은 인체에 공생하는 박테리아의 무게라고 할 정도로 인간과 박테리아의 관계는 떼려야 뗄 수 없다. 이들 인체 공생 박테리아는 피부와 장 점막 등을 빽빽한 균층으로 코팅해 해로운 박테리아의 침입을 막고 인체가 합성하지 못하는 비타민 등을 합성하면서 인간과 평화롭게 공존한다. 문제는 모든 박테리아가 인간과 공존하지는 않는다는 것이다. 이들 중에는 인간을 기름진 먹잇감으로 여기고 덤벼드는 악당도 존재한다. 병원성 박테리아는 세균성 이질과 세균성 폐렴, 패혈증과 파상풍, 요로 감염과 티푸스를 비롯해 각종 종기와 염증을 일으키는 원인이 된다. 호열자로 부를 만큼 무서웠던 콜레라는 비브리오 콜레라(Vivrio cholera)라는 박테리아가 일으키는 전염병이고, 14세기 유럽 인구의 3분의 1을 앗아갔던 페스트는 페스테렐리아 페스티스(Pesteurella pestis)가, 창백한 죽음의 신으로

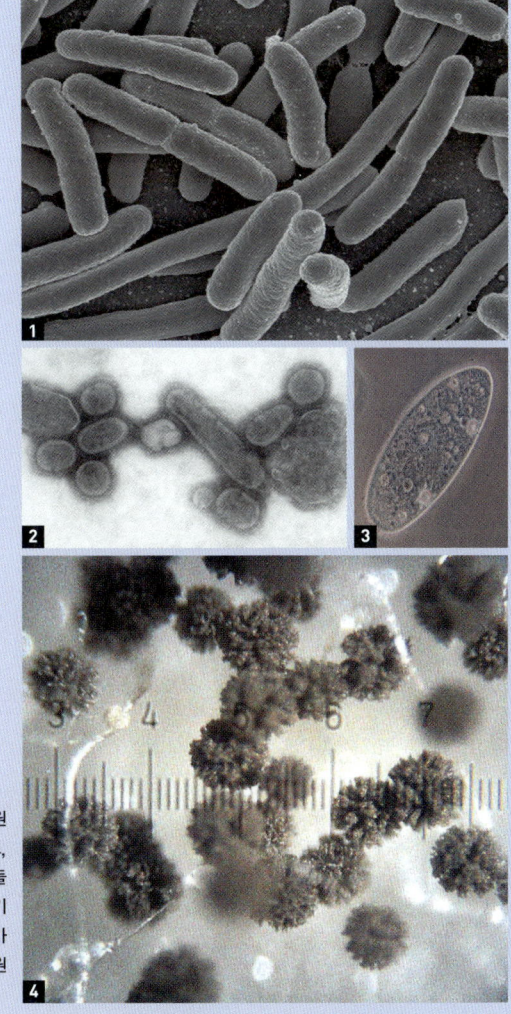

질병을 일으키는 대표적인 병원균으로는 박테리아, 바이러스, 원생생물, 진균 등이 있다. 이들은 각각 생물학적 특징이 다르기 때문에 구분해서 알아둘 필요가 있다.(1.세균 2.바이러스 3.원생생물 4.진균)

불렸던 결핵은 투베르클 바실러스(Tubercle bacillus, 결핵균)라는 박테리아가 원인이 되어 일어나는 질환이다.

'염증'이라는 이름이 붙은 많은 질환은 박테리아가 원인이기 때문에 박테리아의 체내 유입을 막거나 유입된 박테리아를 박멸하면 질병의 예방과 치료가 가능하다. 수술이나 상처를 치료할 때 사용하는 도구를 멸균 소독하고, 주사를 맞기 전에 알코올 솜으로 해당 부위를 닦는 것은 피부의 상처로 박테리아가 들어오는 것을 막기 위한 것이며, 페니실린을 비롯한 항생제를 사용하는 것은 이미 침투한 박테리아를 소탕하기 위해서이다(항생제를 비롯한 다양한 항균물질은 3장에서 자세하게 소개할 예정이다).

이처럼 수술 및 상처 치료 기구를 소독하고 항생제로 박테리아를 잡을 수 있게 되면서 감염으로 사망하는 사람이 줄어든 것은 사실이다. 하지만 이것만으로는 해결되지 않는 골칫거리도 있다. 병원균의 종류는 세균 외에도 다양하기 때문이다.

예를 들어 간염에 걸린 사람에게 항생제를 주사하는 것은 큰 의미가 없다. 간염의 원인은 주로 바이러스인데, 바이러스는 박테리아와 생물학적 특성이 전혀 달라서 아무리 뛰어난 항생제라 하더라도 바이러스를 없애지 못하기 때문이다. 바이러스는 유전물질(DNA 또는 RNA)과 이를 둘러싼 단백질 껍질로 구성된 아주 단순한 유기체로, 독립적으로는 생명 활동을 하지 못하고 숙주가 되는 세포에 유입되어야만 복제와 증식을 할 수 있는 기생체다.

바이러스가 일으키는 질환은 세균에 버금갈 만큼 많다. 태양왕 루이 14세를 쓰러뜨리고 아메리카 대륙 원주민을 몰살시켰던 두창(천연두는 일본식 표기임)을 비롯해 홍역, 수두, 풍진, 간염, 감기와 인플루엔자는 대표적인 바이러스성 질환이며, 입술 주위에 물집이 잡히는 헤르페스와 일부 식중독·폐렴·구내염 등을 일으키는 것도 바이러스다. 원인이 바이러스이므로 바이러스성 질환을 치료할 때는 항생제가 아닌 '항바이러스제'를 사용한다. 2009년 신종플루의 유행으로 일반인에게도 널리 알려진 타미플루와 릴렌자가 바로 항바이러스제다. 최근 들어 다양한 종류의 항바이러스제가 개발되고 있기는 하지만, 전반적으로 항생제에 비해 종류가 적고 효력도 떨어진다는 단점을 가지고 있다. 항바이러스제가 항생제에 비해 효과가 떨어지는 것은 바이러스가 인간의 세포 속에 숨어 있기 때문이다. 인체의 세포에는 해를 주지 않으면서 숨어 있는 바이러스만 골라서 퇴치하려고 하니, 인체 세포와는 별개로 존재하는 박테리아를 퇴치하는 것에 비해 어려울 수밖에 없다. 다행히도 많은 바이러스성 질환은 백신 접종을 통한 예방 효과가 뛰어나다. 따라서 바이러스성 질환을 물리치는 가장 효과적인 방법은 백신 접종을 통한 예방이라 할 수 있다. 실제로 백신의 보급으로 인해 두창은 1979년 이후 전 세계에서 완전히 사라진 질병이 되었다.

박테리아와 비슷하지만 조금 다른 원생생물도 있다. 원생생물은 한 개의 세포로 이루어진 단세포생물이지만 박테리아보다는 발달해 내부에 단순하지만 생명 활동을 하는 기관들이 존재한다. 예를 들어 유글레

나는 내부에 수축포와 식포라는 주머니 모양의 구조물이 있어 수분을 조절하고 먹이를 소화시키는 작용을 하며, 안점을 통해 빛을 인식하는 능력도 있다. 질병을 일으키는 원인이 되는 원생생물을 원충이라고 부르는데, 말라리아 원충에 의해 일어나는 말라리아, 트리파노소마(Trypanosoma)에 의해 일어나는 수면병, 톡소플라스마(Toxoplasma)에 의한 톡소플라스마증 등이 대표적인 원충성 질병이다. 이에 대한 치료제로는 항말라리아제인 퀴닌(quinine)류와 수면병 치료에 효과가 있는 트리파사마이드(tryparsamide) 등이 있다.

인간을 괴롭히는 미생물에는 진균류도 있다. 균사로 이루어져 있으며 포자로 번식하는 진균류는 다른 생물에 얹혀사는 기생생물로, 종종 인간에게 기생하면서 문제를 일으키기도 한다. 대표적인 진균성 질환은 칸디다(Candida) 균류에 의한 아구창(칸디다에 의해 발생하는 구강 내 궤양, 주로 면역력이 약한 어린아이에게 발생한다)이나 칸디다성 질염, 백선균류에 의해 발생하는 무좀과 백선(피부가 비늘처럼 하얗게 일어나고 두꺼워지는 현상, 흔히 버짐이라고 한다) 등이다. 진균류에 의한 질병은 치명적인 경우가 많지 않지만, 완치가 더디고 만성적으로 재발해서 속을 썩이는 경우가 많다. 진균증에는 암포테리신 B(Amphotericin B), 아졸(Azole)계 항진균제가 사용된다.

이 밖에도 인간에게 질병을 일으키는 물질로는 소에게 광우병을 일으키고 사람에게 크로이츠펠트-야코프병과 변형 크로이츠펠트-야코프병을 일으키는 감염성 단백질 프리온, 각종 중금속, 살충제, 독성화합물, 흔히 환경호르몬이라 부르는 내분비계 교란물질 등이 있다.

역사적으로 인류에게 많은 영향을 미친 것은 박테리아, 바이러스, 원충, 진균류 등 '살아 있는' 물질이었지만, 최근 들어 다양한 항생물질의 개발로 이들의 위력이 약해지면서 오히려 각종 중금속이나 화학물질로 인한 피해가 점점 늘어나고 있다. 이들 대부분은 인간이 만들어냈거나 인간이 과다하게 사용한 물질이 다시 인간의 몸속으로 유입되어 문제를 일으킨 것으로, 인간의 무분별한 개발 과욕이 불러온 결과라고 볼 수 있다.

아르놀트 뵈클린, 〈흑사병〉, 1898년

전염병과 인류의 역사

질병은 역사를 어떻게 바꿔놓았는가?

잘 알려지지 않았지만 인류의 역사에서 미생물은 꽤 비중 있는 역할을 해왔다. 미생물에 의한 질병은 강한 전염성을 가진 경우가 많아서 때로는 집단 전체로 퍼져 많은 사람들을 죽음으로 내몰았으며 심지어는 특정 집단이나 국가를 붕괴시키는 결과도 낳았다. 특히 인류가 농경을 시작하며 정착한 이후 전염병이 대유행할 때마다 인간 사회는 혼란에 빠졌고, 이로 인해 기존의 사회체제가 몰락하거나 새로운 제도가 생겨나는 일이 비일비재했다.

물론 인류가 수렵과 채집으로 살아가던 시기에도 전염성 질환은 있었다. 하지만 중세 유럽의 흑사병이나 신대륙의 두창처럼 대규모로 전염병이 번지는 경우는 거의 없었다. 이는 기본적으로 인구수가 적고 집단의 규모가 작았기 때문이었다. 인류는 탄생 초기부터 집단생활을 했지만 집단의 수는 많아야 수십을 넘지 않았고, 각 집단은 흩어져 살았기에 전체 인구 집단의 크기에 영향을 미칠 만큼 유행하는 전염병은 드물 수밖에 없었다. 그러나 인류가 농경사회를 이루고 한곳에서 자리를 잡고 정착생활을 하게 되면서 집단의 규모가 커지고 그만큼 전염병도

대형화되었다. 아이러니하게도 인간이 효율적으로 식량 생산을 하기 위해 모여 산 것이 병원성 미생물에게는 퍼져나갈 수 있는 숙주의 수를 늘리는 역할을 했던 것이다.

인간의 집단생활은 두 가지 측면에서 전염병의 유행을 쉽게 만든다. 그중 하나는 사람들이 많고 서로 간의 거리가 가깝다는 것이다. 미생물에게 인간은 맛 좋은 먹이이자 살아가는 집이다. 그런데 수렵채집사회처럼 집단의 규모가 작고 서로 고립된 경우에는 우연히 운 좋은 미생물이 한 인간에게 침입하는 데 성공했다고 하더라도 집단의 구성원이 적기 때문에 널리 퍼져나갈 수 없었다. 하지만 집단이 크고 구성원이 많아지면 미생물은 이 사람에서 저 사람으로 수월하게 옮겨 갈 수 있기 때문에 삽시간에 전염병이 대유행할 수 있다. 어떤 사람은 이를 산불로 비유해 설명한다. 뇌성벽력(雷聲霹靂)을 동반한 폭우가 쏟아지면 산불이 나곤 한다. 이때 번개는 빽빽한 숲 속의 나무나 민둥산에 홀로 서 있는 나무에게 동일한 확률로 떨어지지만, 이로 인한 결과는 전혀 다르게 나타난다. 민둥산의 독야청청한 나무는 홀로 타버리고 끝나지만, 빽빽한 밀림 속에 떨어진 번개는 순식간에 산 전체를 태우는 큰 산불로 번지기 마련이다.

또한 큰 규모의 집단이 정착생활을 하게 되면 쓰레기와 분뇨의 배출량이 늘어나게 되고, 이를 먹고 사는 쥐나 바퀴벌레 같은 작은 생물들이 모여들게 된다. 아무리 조심하더라도 조금이라도 쓰레기가 있는 곳이라면 쥐나 벌레가 나타나니, 고대인이 쥐나 벌레는 곡식 자루나 썩은 고기에서 저절로 생겨난다고 믿은 것도 무리가 아니다. 게다가 인구가 증가하면 이, 벼룩, 모기, 빈대, 진드기 등 인간을 '먹고 사는' 동물 역시 늘어나기 마련이다. 이들은 인간에게 전염병을 옮기는 '악마의 메신저'이자, 병원성 미생물에게는 다른 인간 숙주에게로 옮겨주는 '초특급 셔틀'로 기능한다. 인류의 역사를 살펴보면 대규모 집단 전염병은 대부분 인구가 밀집되어 있고 위생 상태가 좋지 않은 도시에서 시작되었음을 볼 수 있다. 근대 이전까지는 대부분의 도시는 농촌으로부터 인구 유입이 없었다면 인구를 유지하지 못했다고 한다. 끊임없이 유행하는 전염병이 도시 인구의 증가를 막았기 때문이다. 그런데 인구가 밀집된 도시를 휩쓴 전염병은 순식간에 인구밀도를 낮추고는 어느 순간 소리 없이 사라진다. 전염병의 대유행으로 인구가 줄어들면 미생물들 역시 삶의 터전을 잃어버리기 때문이다. 또한 대개 한 번 질병을 앓았다가 나은 사람들은 이 전염병에 면역력을 갖게 되므로 미생물은 화려했던 때를 뒤로 하고 사그라드는 것이다. 인간 집단이 다시 면역력 없는 '살기 좋은 숙주'로 충분히 늘어날 때까지 말이다.

인간의 농경과 정착이 전염병을 쉽게 유행시키는 또 다른 이유는 가축 때문이다. 인간은 정착생활을 시작하면서 야생동물을 가축으로 삼았는데, 이 과정에서 동물에게만 기생하던 미생물이 인간에게 옮겨졌다. 인류를 괴롭혀온 많은 질환들이 원래 동물의 질환이었지만 인간이 가축을 기르기 시작하면서 인간에게로 옮겨져 더욱더 잘 적응한 것이라는 연구가 있다. 예를 들어 홍역을 일으키는 바이러스는 원래 소의 우역 바이러스에서, 말라리아는 조류에서, 두창은 소의 우두에서 유래된 것으로 보인다. 하지만 이들은 원래 기생하던 종보다 새로 자리 잡은 숙주에게 더 잘 적응해 인간의 홍역 바이러스는 더 이상 소에게 이상을 일으키지 못하고, 소의 우두 역시 인간에게 두창을 일으키지 못한다(하지만 면역은 가능하다. 이 이야기는 뒤에 자세히 다룰 예정이다).

이처럼 동물의 가축화는 인간이 좀 더 안정적인 먹을거리와 노동력을 얻기 위해 시도한 행동이었지만, 이로 인해 동물만을 생활 터전으로 알고 있던 미생물에게 인간이라는 새로운 먹잇감을 던져주는 계기가 되기도 했다. 생물은 절대로 혼자 존재하지 않는다. 생물은 생태계를 이루며, 생태계 내부의 생물은 서로 긴밀한 관계를 맺으며 미묘한 균형을 유지한다. 그리고 생태계를 이루는 하나의 요인에 변화가 일어나면 연관된 모든 생물이 영향을 받게 된다. 변화는 큰 파장 없이 사라질 수도 있지만, 때로는 엄청난 파장을 일으키며 생태계의 균형을 무너뜨릴 수도 있다. 야생동물의 가축화로 인해 일어난 변화는 인간과 일부 동물에게만 영향을 미친 것이 아니었다.

동물과 인간이 새로운 관계를 맺자 동물에 기생하던 미생물도 변화의 국면에 접어들었다. 대개 미생물은 특정한 숙주를 선호하지만, 항상 대세에 역행하는 '튀는 녀석들'이 있기 마련이어서 이 과정을 통해 일부 미생물들이 동물에서 인간으로 넘어오기 시작한다. 이 시기 인간에게 넘어오는 데 성공한 일부 미생물들은 그들 입장에서 보면 엄청난 성공을 거두게 된다. 당시 인간의 면역계는 이들 미생물을 접해본 적이 없었기 때문에 새로운 침입자의 공격에 속수무책이었다. 학자들은 찬란한 고대문화를 꽃피웠던 그리스의 도시국가들이 소리 소문 없이 사라져버린 것은 바로 동물에게서 넘어온 새로운 미생물이 인간에게 아주 잘 적응했기 때문인 것으로 보고 있다. 미생물의 성공은 곧 인간 집단의 와해를 가져왔다. 찬란한 문명을 꽃피웠던 아테네는 전에는 경험한 적이 없는 역병으로 인구의 3분의 1이 사망해서 국가의 기반이 무너져내렸다.

인류의 역사를 살펴보면 이처럼 작은 침입자들의 공격으로 방향이 전환되는 경우가 종종 발견된다. 서양에서 중세가 막을 내리고 르네상스 시대가 도래한 것은 유럽 인구의 4분의 1을 죽게 만들었던 페스트가 유행한 다음의 일이며, 아메리카 대륙의 문명이 철저히 사라진 것도 서양의 정복자들이 범선에 묻혀 가지고 온 두창 바이러스와 그 밖의 다른 미생물에 의한 것이라는 사실은 대부분의 학자들이 인정하고 있다. 그리고 불행하게도 오랜 세월 동안 인류는 미생물의 공격에 속수무책이었고, 그들의 번성에 따라 힘없이 자신의 역사적 궤도를 수정해야 했다.

인간 집단이 지나치게 늘어나거나 혹은 새로운 환경을 접할 때마다 미생

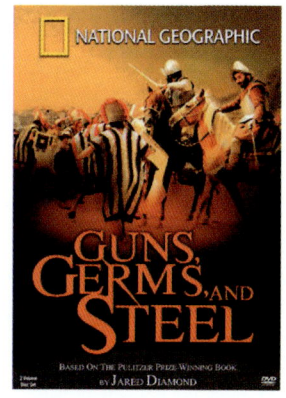

제러드 다이아몬드의 『총, 균, 쇠』

물은 인간의 지나친 확장에 제동을 걸거나 새로운 환경에 적응하지 못한 이들을 도태시키곤 했다. 이처럼 인류의 역사에서 미생물은 중요한 역할을 수행했는데, 미국의 과학자이자 저술가인 제러드 다이아몬드(Jared M. Diamond)는 이런 관점의 역사관을 사회적으로 널리 알리는 데 기여했다. 그는 인류 역사의 방향을 바꾸는 데에는 환경적인 요소가 매우 중요하며 그중에서도 '군사력, 전염병, 철기문화'이 큰 역할을 했다고 지적했다. 그의 이러한 주장은 1997년에 출간된 『총, 균, 쇠』(1998년 퓰리처상 수상)에 고스란히 담겨 있다. 여기서 잠시 미생물에 의한 전염병이 어떤 방식으로 인류 역사를 바꾸어놓았는지를 추적한 제러드 다이아몬드의 주장을 따라가보자.

콜럼버스의 항해 이후 유라시아와 아프리카 대륙의 저 바다 건너에 그동안 알지 못했던 신세계가 존재한다는 사실이 알려지자, 유럽의 많은 나라들은 '황금과 은이 넘쳐나는' 신대륙을 향해 탐욕스런 손길을 내밀었다. 하지만 그들의 입장에서만 '신(新)'대륙일 뿐, 선사시대 이래로 그곳에 거주해왔던 원주민에게 그곳은 대대손손 살아온 고향이었다. 이미 오랫동안 그 땅에 터 잡고 살고 있었던 원주민이 외부에서 그들의 것을 빼앗으러 온 자들에게 순순히 집과 땅을 내줄 리는 없을 터였다. 따라서 그들 사이에는 대규모 충돌이 예상되었다.

그러나 이 대결은 어이없을 정도로 외부 침입자의 일방적인 승리로 끝났다. 신대륙에 거주하던 원주민은 별다른 저항조차 해보지 못하고 영토를 내주고 노예가 되었다. 심지어 종족 전체가 몰살된 경우도 있었

피라미드를 세우고, 인구가 2천만 명에 달할 정도로 번성했던 아스텍 문명은 코르테스 일행과 그들이 묻혀 온 전염병으로 순식간에 멸망해버렸다. 멕시코시티 테나유카에 위치한 아스텍의 피라미드.

다. 이런 일련의 사건들 중에서도 가장 극적인 것은 중앙아메리카 문명의 몰락이다. 지금의 멕시코 지역에 존재하던 아스텍 문명은 에스파냐의 무법자 코르테스가 도착한 지 겨우 2년 만에 멸망해버리고 말았다. 동시에 2천만 명으로 추산되던 거주민은 모두 죽거나 뿔뿔이 흩어져 지금은 그저 찬란했던 문명의 잔재만 남아 있을 뿐이다. 더욱 놀라운 사실은 1519년 코르테스가 처음 아스텍 제국에 발을 들여놓았을 때 그가 거느린 부하들이 겨우 600여 명뿐이었다는 것이다. 물론 창과 활로 무장했던 아스텍 주민에 비해 총과 대포로 무장한 코르테스 일행의 화기가 강력했던 것은 사실이었다. 하지만 그들이 지닌 화력이 600명과 2천만 명의 차이를 극복할 정도는 아니었다. 그렇다면 이토록 압도적인 수적 열세에도 불구하고 코르테스가 아스텍 제국을 점령할 수 있었던 까닭은 도대체 무엇일까? 그것은 침략자들의 몸에 붙어 있던 초대받지 않은 작은 손님들, 즉 미생물의 영향이라고 제러드 다이아몬드는 설명한다.

이미 유럽은 오래전부터 두창, 페스트, 콜레라, 홍역, 인플루엔자, 결핵 등 각종 전염병의 유행을 겪은 바 있었다. 그리스의 도시국가들이 홍역과 비슷한 전염병의 유행으로 무너진 것처럼, 유럽 국가들은 이미 미생물의 공격으로 매우 큰 피해를 입었던 역사를 가지고 있었다. 하지만 이로 인해 해당 미생물이 일으키는 질병에 저항력을 갖게 된 것도 사실이었다. 그래서 16세기 코르테스가 아스텍으로 건너갈 즈음에 배에 탔던 이들은 대부분 이런 미생물이 일으키는 질환에 저항성을 가진 상태였다. 그들이 멕시코 연안에 상륙하는 동시에 본국에서 묻혀온 두창, 홍역, 인플루엔자, 페스트, 결핵, 콜레라, 말라리아 등을 일으키는 세균들도 상륙했다. 그런데 이런 세균들을 접해본 적이 없었던 아스텍 주민은 이들 질병에 대해 속수무책이었다. 코르테스가 아스텍 주민과 정식으로 싸움을 벌이기도 전에 이미 새로운 먹잇감을 찾은 미생물은 자신의 임무를 수행 중이었다. 아스텍 주민은 힘없이 쓰러져갔다. 얼마나 많은 사람들이 새로운 미생물과의 싸움에서 쓰러졌는지 16세기 초반 2천만 명에 이르던 아스텍인이 1세기 뒤에는 10분의 1도 안 되는 겨우 160만 명 남짓만 남았을 정도였다.

역병의 공격은 아스텍의 인구를 격감시켰을 뿐만 아니라 마치 역병이 아스텍인만 골라 공격하는 모양새를 띠었기 때문에 그들의 사기 저하에 결정적인 영향을 미쳤다. 당시 아스텍인의 눈에 비친 모습은 알 수 없는 괴질이 흰 피부의 백인은 놓아두고 검은 피부의 아스텍인에게만 죽음의 형벌을 내리는 것처럼 보였기 때문이다. 신마저 저버렸는데 싸워서 무슨 소용이 있으랴. 결국 코르테스는 전염병이 한바탕 휩쓸고 지나간 텅 빈 도시를 '손 안 대고 꿀꺽' 할 수 있었다.

세균이 정복자를 도운 것은 아스텍에서뿐만 아니었다. 잉카 제국, 북아프리카의 인디언 부족지, 오스트레일리아 등을 점령할 때에도 일어난 현상이다. 여기서 의문이 하나 든다. 도대체 왜 전염병을 일으키는 미생물은 그동안 유라시아 대륙에만 있었던 것일까? 왜 신대륙에는 이런 전염성 미생물이 적었던 것일까? 정말로 병원성 미생물이 유독 유럽인만 편애(?)해서 이런 일이 벌어졌던 것일까?

물론 세균에는 눈이 없다. 이런 일들이 일어난 것은 그저 시간과 환경의 차이였다. 농경과 목축이 발달하면서 수많은 가축을 키우던 유라시아 대륙민 가운데 많은 이들이 이미 오랜 세월 다양한 병원균과 경쟁하는 과정에서 생명을 잃었고, 그 뼈아픈 경험을 바탕으로 유라시아 대륙민은 병원균에 어느 정도 면역력을 갖게 되었다. 그러나 가축을 거의 기르지 않았던 아메리카 대륙의 원주민은 이런 미생물에 완전히 무방비 상태였다. 익숙한 적보다 낯선 적이 더욱 싸우기 어렵듯, 인간의 면역계는 한 번도 경험해보지 못한 것에 대해서는 대처가 서툴다.

만약 아스텍이나 잉카의 주민에게 두창이나 페스트 등에 대한 면역력이 있었다면, 인류의 역사는 지금과는 사뭇 달라졌을지도 모를 일이다. 아니, 애초에 페스트가 유럽의 인구를 그토록 감소시키지 않았더라면, 노동력 부족으로 인한 노예의 필요성은 그렇게 크지 않았을 것이고 세계의 역사도 달라졌을 것이다. 어쩌면 유럽에서 페스트가 지독하

"…더러우니까 가까이 좀 오지 마!"

남아메리카 원주민을 멸망시킨 건 에스파냐인이 가져간 병원균이었을까?

게 유행한 것이 아프리카인의 오랜 오욕을 불러일으킨 원인 가운데 하나라고 말할 수도 있을 것이다. 더욱 놀라운 사실은 흑인 노예제도의 시작이 유럽의 페스트에서 기인했다면, 노예제도의 폐지에는 아프리카의 황열(黃熱)이 큰 역할을 했다는 점이다. 원래 아프리카의 풍토병이던 황열은 흑인 노예무역을 통해 아프리카에서 다른 대륙으로 퍼져나갔다. 두창이 백인을 비껴서 아메리카 원주민만 공격하는 것처럼 보였던 것과 마찬가지로, 아프리카에서 유래한 황열은 흑인 노예를 놓아두고 백인에게만 덮치는 것처럼 보였다. 노예상과 노예주가 황열로 쓰러지자 흑인 노예는 정당한 권리를 되찾기 위해 반란을 일으켰고, 그러한 움직임을 더 이상 막을 수 없게 된 국가들은 마지못해 노예제도를 폐지하기에 이르렀다. 학자에 따라서는 미국의 남북전쟁과 링컨 대통령의 노예해방 선언은 이미 붕괴되고 있던 노예제도에 공식적인 마침표를 찍은 사건이라고 주장하기도 한다. 이처럼 흑인 노예무역의 시작과 끝에는 인간을 교묘하게 조종했던 작은 미생물이 존재했던 것이다.

> 황열(yellow fever)은 황열 바이러스에 의해 발생하는 질환으로 모기를 통해 전염된다. 고열과 오한, 두통과 요통, 혈액이 섞인 구토 등이 나타난다. 황열은 유행 정도에 따라 다르지만 사망률이 15~80퍼센트에 이르는 무서운 질환이다. 아프리카에서 시작되어 노예무역을 통해 아메리카로 퍼져나간 황열은 수많은 사망자를 냈다. 이미 수에즈 운하를 개통시켰던 레셉스가 파나마 운하 건설에 실패한 이유가 황열 때문이었다고 말할 정도로 엄청난 피해를 입혔다. 황열은 특별한 치료약이 없으나 한 번 앓으면 면역력이 평생 지속되므로, 이를 이용해 백신이 개발되었다. 현재 발생 빈도는 매우 낮아졌다.

윌리엄 블레이크, 〈이집트의 재앙: 역병〉, 1800년경

질병과 인간의 공진화

질병과 인간, 기생체와 바이러스의 경쟁관계를 통해 본 미생물과 숙주의 진화적 변화

 질병은 때로 인류 역사를 뒤바꾸는 원동력이었다. 그렇다면 여기서 다시 의문이 하나 든다. 앞에서 유라시아 대륙민은 오랜 세월 질병을 일으키는 미생물과 접촉해온 탓에 면역력을 갖추게 되었다고 이야기했다. 물론 미생물에 의한 질병을 앓고 회복된 이들은 면역력을 갖추게 된다. 그러나 이것만으로는 특정 질병에 대한 전반적인 면역성을 모두 설명할 수 없다. 가장 큰 이유는 특정 질병에 대한 면역은 선천적이 아니라 후천적이기 때문이다.

 우리 몸이 어떤 질병에 대해 면역성을 갖는다는 말은 그 질환을 물리치는 항체를 성공적으로 만들어냈다는 뜻이다. 인간은 항체 그 자체가 아니라 '항체를 만들 수 있는 능력'을 갖추고 태어난다. 이는 세상에 존재하는 미생물의 종류가 너무 많기 때문이다. 그 많은 미생물 중 어느 것이 체내에 유입되어 질병을 일으킬지 알 수 없기 때문에 미리 항체를 모두 준비해둘 수는 없다. 따라서 우리 몸의 면역계는 외부에서 미생물이 침입했을 때 이를 정확하게 인식하고 그에 맞는 항체를 만들어내는 과정을 통해 면역력을 획득한다. 어린아이가 어른에 비해 면역력이 약한 것은 면역계의 경험 부족으로 항체를 많이 갖추지 못했기 때문이다.
　이처럼 면역력은 선천적인 것이 아니기 때문에 부모가 특정 질병에 면역력을 갖추고 있다고 해서 이를 아이에게 물려줄 수 있는 것은 아니다. 다만 신생아는 태어날 때 모체의 일부 항체를 지니고 태어나며, 모유에서 몇 가지 항체를 공급받는다. 이것 역시 생후 6개월 정도면 사라지기에 이후의 아기는 스스로 자신의 면역계를 발달시켜 항체를 만들어내야 한다. 면역력이 유전되지 않는다는 것은 사람을 노리는 미생물에게는 20~30년을 주기로 항체를 갖추기 못한 신천지가 새로 제공된다는 것을 뜻한다. 이것만 고려한다면 인간 집단은 주기적으로 급감하는 추세를 보여야 한다. 하지만 다행스럽게도 실제로 그런 일이 나타난 경우는 많지 않다.
　왜 그럴까? 이는 인간과 인간에 기생해야만 살아갈 수 있는 미생물 사이에 모종의 계약과 공존 전략이 맺어졌기 때문이다. 실제로 한 지역에서 오랜 세월 동안 질병을 일으키는 미생물과 숙주가 공존하는 경우, 초기에는 매우 강력한 독성을 지니던 전염병이었을지라도 나중에는 주로 면역력이 약한 어린아이에게만 감염되는 풍토성 질병으로 변하곤 한다. 학자들은 이를 숙주에 기생하는 미생물과 기생생물을 퇴치하려는 인간 사이에 일어나는 진화적 적응의 결과로 보고 있다.
　기생생물과 숙주는 날을 세운 창과 무쇠를 덧댄 방패와 같다. 한쪽은 끊임없이 빼앗으려 하고, 한쪽은 어떻게든 방어하려 한다. 기생생물의 입장에서는 숙주에게서 양분을 빼앗지 않으면 살아갈 수 없기 때문에

"자, 외부에서 온 자들은 모두 등록하라고!"

면역체계의 초기 항원 등록 과정

필사적이다. 따라서 숙주에게서 양분을 빼앗기 위해 혈안이 되고, 때로는 수탈에 대한 욕구가 너무 커서 숙주의 모든 것을 빼앗아버리는 바람에 숙주가 죽는 경우도 생긴다. 이때 문제가 발생한다. 기생생물은 가능한 한 숙주로부터 많은 것을 빼앗는 것이 유리하지만, 숙주가 죽게 되면 기생생물에게도 오히려 해가 된다. 기생생물에게 숙주는 양분을 공급해주는 먹잇감인 동시에 살아가는 서식처이기 때문이다. 먹이에만 집착하다가 숙주가 죽게 되면 서식처를 잃게 된다. 다행히 숙주 집단의 밀도가 빽빽해 단시간 내에 다른 숙주를 만날 수 있으면 괜찮지만, 그렇지 않으면 다른 숙주를 찾기 전에 죽은 숙주의 몸속에서 기생생물 역시 몰살될 수 있다. 따라서 기생생물은 최적의 생활 조건을 유지하기 위해 '중용의 도'를 깨달아야 하는 상황에 놓인다. 이때쯤 되면 기생생물은 자신의 종족이 장기적으로 번성하려면 많은 양분을 한꺼번에 빼앗아 숙주를 죽이는 것이 아니라 견딜 수 있을 만큼만 빼앗아 숙주를 살려둔 상태로 장기간 수탈하는 것이 더 낫다고 판단한 것처럼 행동한다. 이전보다 독성이 약해져 숙주와 공존하는 형태를 보이는 것이다.

  보통 인간과 처음 마주치게 되면 미생물은 처음 접하는 낯선 숙주인 인간을 강력하게 공격한다. 설상가상으로 낯선 미생물을 접해본 적이 없는 인간의 면역계는 그에 대한 항체를 만드는 데 서투르기 때문에 낯선 미생물과 인간의 초기 전투는 미생물의 일방적인 승리로 끝난다. 2세기경 로마 제국에서는 알 수 없는 역병이 유행했다. 제국의 확장과 더불어 메소포타미아 지방으로 원정을 떠났던 군인들이 그곳의 향료와 귀중품뿐 아니라 알 수 없는 역병까지 데리고 돌아왔기 때문이었다. 그리고 그 위력은 어마어마해서 역병이 유행한 지역에서는 인구의 20~30퍼센트가 사망했을 정도였다. 잠시 잠잠한가 싶었던 역병은 3세기 중반 다시 로마 제국을 덮쳤다. 이때 로마 시에서만 하루에 5천 명가량이 사망했다는 기록이 남아 있을 정도로 위력이 강력했다. 두 번에 걸친 역병의 대유행으로 인구가 급감하고 지칠 대로 지친 로마는 4세기경 게르만족이 침입했을 때는 이미 싸울 기력조차 없었다. 학자들은 지중해의 패권을 쥐었던 로마를 속으로부터 골병들게 만들었던 장본인을 홍역과 두창으로 보고 있다. 이제는 유아 질환으로 자리 잡은 홍역의 위력이 당시에는 어마어마했던 것이다.

  소의 우역 바이러스에서 유래된 것으로 알려진 홍역 바이러스가 처음 인간의 몸에 유입되었을 때 이에 대한 항체가 거의 없었기 때문에 속수무책으로 당할 수밖에 없었다. 낯선 질환이 처음 발생할 때는 독성이 매우 강하게 나타난다. 그러나 대유행이 몇 번 지나가고 나면 점차 독성이 약해지는데, 이는 미생물이 숙주를 장기간 착취하려고 한 발 물러서는 한편 숙주가 항체를 만들어내면서 미생물 퇴치에 한 발 나아가면서 저울의 추가 균형점으로 이동하기 때문이다. 하지만 약해졌다고 해서 미생물이 과거의 위세를 완전히 잃은 것은 아니다. 면역체가 없는 숙주 집단과 접촉하게 되면 이들은 다시 숨겨두었던 발톱을 드러낸다. 페스트와 두창이 아스텍과 잉카에서, 황열과 매독이 아메리카와 유럽

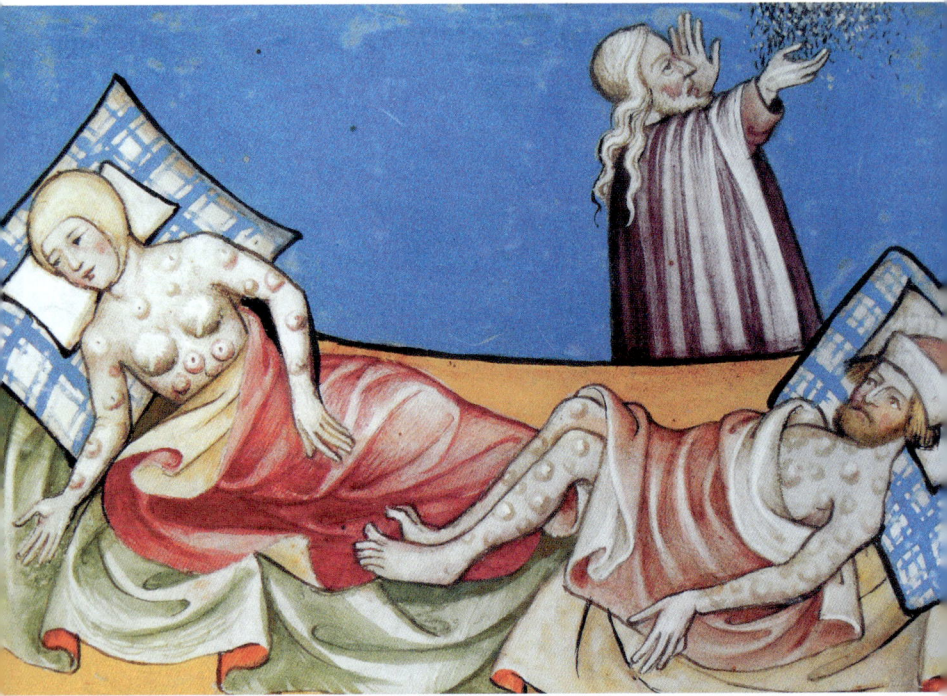

스위스의 토겐부르크에서 발간된 성경에 실린 전염병 삽화. 1411년경. 병의 원인과 치료법을 알 수 없었던 시기에는 속수무책으로 미생물의 공격에 당할 수밖에 없었다. 인류가 오로지 할 수 있었던 것은 기도하거나 하늘에 비는 것뿐이었다.

에서 그토록 맹위를 떨쳤던 것은 바로 이런 이유 때문이다.

  미생물과 인간의 공존관계가 반드시 미생물에게만 유리한 것은 아니다. 인간 역시 처음에는 귀찮은 방해자로 여겼던 미생물과 적절히 균형을 맞추면서 살아가는 방법을 익힌다. 인간의 장내에는 약 500여 종의 세균이 공존하고 있다. 아주 작은 미생물인 이들 장내 세균은 분명히 한때는 외부 침입자였지만 지금은 인간과 더없이 좋은 동반자관계를 유지하고 있다.

  장은 몸속에 있는 기관이지만, 입과 항문을 통해 열려 있는 구조를 가지고 있고 외부에서 끊임없이 음식물이 들어오기 때문에 항상 미생물의 침입에 노출되어 있다. 하지만 대개는 아무런 이상이 없다. 장내 정상 세균이 장 점막을 코팅하고 있기 때문에 외부에서 들어온 세균이 점막을 통해 혈액으로 침입하지 못한다. 어린 아기들이 항생제를 먹은 뒤 배탈이 나는 것은 퇴치하려던 세균뿐 아니라 장내 세균도 모두 죽어버렸기 때문이다. 장내 세균이 없어지면 오히려 장이 더 약해져서 배탈이 쉽게 발생한다.

  또한 장내 세균은 장의 면역력을 증가시키는 데 도움을 주기도 한다. 아무리 장내 세균이 해롭지 않다고 하더라도 세균은 세균이므로 장내 세균과 맞닿아 있는 장세포 주변에는 면역세포들이 늘 준비 태세를 갖추고 돌아다닌다. 이처럼 장내 세균은 면역세포들이 실전 연습을 하도록 도와주기도 한다. 이렇게 장내 세균들 덕에 면역세포는 항상 준비를 하고 있기 때문에 간혹 해로운 미생물이 나타나더라도 금방 물리칠 수 있게 된다.

마지막으로 장내 세균은 음식물의 소화와 영양분의 합성을 도와서 건강에 도움을 준다. 사람의 장 속에는 초식동물의 경우처럼 섬유질을 분해할 수 있는 미생물은 없지만, 다른 물질의 분해를 돕고 암모니아처럼 해로운 물질을 분해시키는 미생물이 존재해 소화를 돕는다. 그뿐만 아니라 사람의 장 속에 공생하는 미생물인 대장균은 비타민 K를 만들어내기도 한다. 비타민 K가 부족하면 피가 잘 멎지 않고 몸속에서 피가 나는 내출혈 증상이 나타나기 쉬운데, 대장균이 비타민 K를 만들어 공급하기 때문에 사람에게 비타민 K 부족증이 나타나는 경우는 매우 드물다.

이처럼 미생물과 인간은 서로가 서로를 공격할 뿐 아니라 서로가 상대에게 영향을 주며 공생하기도 한다. 공생관계로 진전되지 못하고 여전히 적대관계에 놓여 있더라도 미생물과 숙주 사이에 발생하는 미묘한 균형점이 오히려 생물의 진화를 촉진시켰다는 견해도 있다. 매트 리들리(Matt Ridley)는 『붉은 여왕』에서 기생충과 숙주의 경쟁관계를 '붉은 여왕 이론(The Red Queen Theory)'으로 설명한다. 붉은 여왕 이론이란 루이스 캐럴이 쓴 아동 소설 『거울 나라 앨리스』에 등장하는 '붉은 여왕'의 나

매트 리들리의 『붉은 여왕』

라가 지닌 특징에 착안해 붙인 이름이다. 붉은 여왕의 나라에서는 땅이 끊임없이 뒤로 움직이고 있기 때문에 제자리에 있고 싶으면 항상 뛰어야 한다. 만약 조금이라도 지체했다가는 가차 없이 뒤쪽으로 밀리게 되므로 조금이라도 앞으로 나아가려면 죽을힘을 다해 뛰어야만 한다. 매트 리들리는 붉은 여왕의 나라가 지닌 특성에 빗대어 기생충과 숙주는 제자리에 있기 위해서, 즉 생존하기 위해서 끊임없이 서로를 공격하고 방어해야 하는 관계로 설명하면서 경쟁을 통한 이러한 변화 과정을 진화의 원동력이라고 주장했다.

니콜라 푸생, 〈아슈도드에 번진 역병〉, 1630년

역병의 재습격
항생제 남용으로 인한 미생물의 항생제 내성 획득 메커니즘

　이처럼 미생물과 인간이 미묘한 균형을 이루고 있다고는 하지만, 그것은 전체 인구 집단과 미생물 집단의 관계를 나타내는 말일 뿐이었다. 인간 개개인에게 병원성 미생물은 여전히 질병을 일으켜 아프게 하고 생존을 위협하는 무시무시한 존재일 따름이었다. 사람들은 미생물을 퇴치할 수 있는 '기적의 치료제'가 탄생하기를 간절히 기다렸다. 하지만 기적이 결코 쉽게 일어나지 않듯, 기적의 치료제가 탄생하기까지 매우 오랜 시간을 기다려야 했다.

　오랫동안 미생물과의 싸움에서 수세에 몰렸던 인간이 처음으로 승기를 잡은 것은 20세기에 들어서였다. 최초의 항생제인 페니실린의 대량 생산과 상품화가 이루어진 1940~1950년대에, 항생제는 그야말로 '마법의 탄환(magic bullet)'이었다. 인간에게는 별다른 해를 주지 않으면서도,[1] 미생물만 골라서 퇴치하는 항생제는 마치 아군은 요리조리 피

---

[1] 페니실린이 모두에게 안전한 것은 아니다. 전체 인구의 약 3~5퍼센트는 페니실린에 과민성 알레르기 반응을 보인다. 대부분은 주사한 자리가 붉게 부어오르거나 열이 나는 정도이지만 드물게 급격한 혈압 저하와 호흡 곤란으로 생명이 위독해지는 사람이 있으므로 사용할 때 주의가 필요하다.

하면서 적군만 골라 맞추는 기적의 총탄처럼 보였다. 페니실린에 이어 스트렙토마이신(streptomycin), 메티실린(methicillin), 세파졸린(cefazolin) 등 다양한 항생제들이 계속해서 개발되면서 미생물에 의한 질병은 곧 퇴치될 것처럼 보였다. 하지만 장밋빛 희망은 오래가지 않았다. 페니실린이 널리 사용되기 시작한 지 20년도 채 되지 않아 항생제 내성을 가진 세균이 나타났던 것이다.

내성(tolerance)이란 세균이 약물에 대해 보이는 저항성이다. 항생제 내성 혹은 약제 내성이라고 한다. 어떤 항생제에 대해 내성을 갖게 된 세균은 더 이상 그 항생제에 반응하지 않는다. 예를 들어 보통의 대장균은 페니실린을 처방하면 죽지만, 페니실린에 내성을 갖게 된 대장균은 아무리 많은 양의 페니실린을 들이붓는다 해도 죽지 않는다. 인간이 세균과의 전쟁에서 사용할 수 있는 가장 효과적인 무기를 무력화시킨 내성 세균의 등장으로 인간은 또 다른 피해를 입게 되었다.

항생제를 처방하면 세균은 살아남기 위해 본능적으로 다양한 방법으로 저항한다. 가장 먼저 일어나는 변화는 세포막의 투과성을 변화시키거나 세포벽을 두껍게 만들어 항생제의 세포 내 유입을 막는 것이다. 종이는 물에 쉽게 젖지만 기름을 먹인 기름종이는 물을 적게 흡수해 우산으로도 사용할 수 있다. 이와 마찬가지로 세균은 항생제가 세포막을 투과하지 못하게 하는 방법으로 저항하는 것이다.

일단 항생제가 체내에 들어왔다면 그 다음에 세균이 사용하는 방법은 항생제를 재빨리 세포 밖으로 퍼내는 것이다. 폭우로 집에 물이 들

페니실린이 4시간 안에 임질을 치료한다는
1940년대 광고

어왔을 때 피해를 줄이려고 재빨리 물을 퍼내는 것과 같은 이치다. 만약 물을 퍼낼 수 없는 경우라면 어떻게 해야 할까? 사람이라면 집이 온통 물에 잠기기 전에 귀중품을 먼저 챙겨서 다른 곳으로 옮기려고 할 것이다. 마찬가지로 세포 속으로 들어온 항생제를 제거할 수 없다면 세균은 항생제가 노리는 표적물질을 변형시키기도 한다. 항생제는 특정 표적물질과 결합되지 않으면 소용이 없기 때문이다. 물론 이때 항생제가 목표로 하는 표적물질이 세균의 생존에 꼭 필요한 중요 물질이라는 사실은 굳이 설명하지 않아도 될 것이다.

이런 방법이 모두 통하지 않으면, 이제 세균은 직접 항생제를 공격하는 방법을 고안한다. 사나운 맹수가 집 안으로 들어오는 것을 막지 못했다면, 직접 나서서 잡아 죽이는 것밖에는 도리가 없는 것과 마찬가지다. 내성균 중에는 자체적으로 항생제를 비활성화시키는 효소를 만들어 저항하는 것도 있다.

흔한 질병에 속하는 폐렴과 중이염, 부비동염(축농증)의 가장 큰 원인은 폐렴구균(Streptococcus pneumoniae)의 감염이다. 그만큼 폐렴구균은 일상생활에 널리 퍼져 있는 세균이다. 페니실린은 폐렴구균에 특히 효과적이었기 때문에, 페니실린이 개발된 이후 폐렴구균으로 인한 염증 치료에 많이 사용된 것은 당연했다. 그런데 1967년 처음으로 페니실린에 내성을 가진 폐렴구균이 등장했고, 2000년대 초반 아시아와 동유럽 국가에서 발견되는 폐렴구균 중 50퍼센트가 페니실린 내성균으로 밝혀졌다. 우리나라에서는 이 비율은 더욱 높아서 폐렴구균의 70퍼센트 이상이 내성균이라는 보고가 있을 정도다.

왜 우리나라의 내성균 비율은 다른 국가에 비해 높을까? 이는 의약 분업 이전의 항생제 남용 풍조와 약을 꾸준히 먹지 않는 버릇이 한몫한 것으로 보고 있다. 항생제를 접하지 않은 세균은 당연히 내성을 갖추지 않는다. 내성이란 항생제를 접한 세균이 살아남은 경우에 발생한다. 따라서 세균에 감염되었더라도 항생제를 충분히 사용해서 유입된 세균을 완전히 박멸하면 내성을 갖춘 세균이 생성될 여지가 없다. 그러나 항생제를 자주 사용하면서도 세균이 완전히 박멸될 만큼 충분한 양과 기간 동안 사용하는 것이 아니라 찔끔찔끔 사용하게 되면 이는 세균에게 항생제에 저항할 필요성을 일깨우고 내성을 만들어낼 계기를 제공하는 것과 다름이 없다. 의약 분업 이전 우리나라 사람들은 의사의 처방 없이 약국에서 쉽게 항생제를 구할 수 있었기 때문에 약한 감기 증상에도 항생제를 복용했는데, 최소 1~2주 이상 복용해야 하는 항생제 치료 수칙을 무시하고 하루 이틀 복용한 뒤 특별한 자각 증상이 없으면 항생제 치료를 중단하곤 했다. 우리나라에서 특히 항생제 내성 세균 비율이 높은 것은 이러한 잘못된 항생제 사용 관행에 따른 결과였다.

하지만 일단 항생제 내성이 생겼다고 해서 그것으로 '게임 끝'은 아

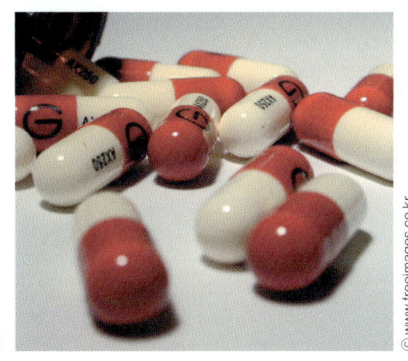
마법의 탄환, 항생제

니다. 일단 내성이 생긴 세균이라도 일정 기간 이상 항생제와 접촉하지 않으면 내성이 소멸한다. 항생제에 내성을 갖추고 있다는 것은 세균에게는 일종의 비상사태이므로, 항생제의 자극이 없다면 굳이 비상 체제를 유지할 필요가 없어진다. 따라서 충분히 오랜 시간 동안 항생제를 접하지 않게 되면, 세균은 내성을 잃고 다시 항생제에 무력해진다. 따라서 항생제 내성을 막기 위해서는 항생제를 꼭 필요한 때만 사용하고, 사용할 때는 정확한 용법과 용량과 기간을 지키는 습관이 필요하다. 항생제라는 '마법의 탄환'이 힘을 잃지 않기를 진정으로 바란다면 말이다.

에르네스트 앙투안 에베르, 〈말라리아〉, 1850년

말라리아의 아이러니

왜 치료제가 있는데도 질병의 박멸은 어려운가?

    2003년, 전 세계는 긴장했다. 새로운 전염병이 나타났기 때문이다. 2002년 11월경 중국 광둥(廣東) 지방에서 발생한 이 질환은 다음 해 봄부터 홍콩을 포함해 베트남, 태국, 유럽으로 번지기 시작했고, 그해 5월에는 33개 국가에서 7,000여 명의 환자와 500여 명의 사망자가 발생했다. 원인을 알지 못해 초기에는 괴질(怪疾)이라 부르던 이 전염병은 곧 중증 급성 호흡기 증후군(Severe Acute Respiratory Syndrome, SARS), 즉 사스라는 정식 이름을 가지게 되었다.

    전 세계 사람들은 새로운 질환이 다시 인류를 강타할까봐 공포에 질렸고, 수많은 의학자들이 병의 원인을 밝히기 위해 연구에 뛰어들었다. 곧 사스의 원인균은 코로나 바이러스의 일종으로 밝혀졌고, 바이러스의 염기서열이 알려지면서 2004년경에는 사스를 예방하는 백신이 임상 실험에 들어갔다는 발표도 나왔다. 다행히 사스는 애초에 우려했던 것과는 달리 대규모 유행으로 번지지 않았고 환자들도 대부분 쾌유하면서 다시 망각 속으로 사라져갔다.

    지난 세기 백신과 항생제의 위력을 맛본 사람들은 이제 새로운 질병이 나타나더라도 원인균을 정확히 파악하고 이를 이용해 백신이나 항생물질만 개발하면 병을 이겨내고 건강하게 장수할 것이라고 믿어 의심치 않는다. 그런데 질병의 원인균도 알고 치료제도 존재하지만 여전히 골칫거리인 질병이 있다. 심지어 질병의 원인균이 어떤 경로를 통해 감염되는지, 그리고 어떻게 하면 그 경로를 차단할 수 있는지도 낱낱이 밝혀져 있다. 이 정도까지 준비되었다면 이제 이 질병은 두창이 그랬듯이 역사 속으로 사라져야 할 것이다. 그런데 감염 경로, 원인균의 정체, 치료제 세트가 모두 갖춰졌지만 이 질병은 21세기가 들어서도 해마다 5억 명의 사람들을 감염시키고 100만 명 이상의 목숨을 앗아가는 맹위를 떨치고 있다. 병원체의 정체도 알고 대응법을 갖췄지만 여전히 위력을 떨치고 있는 이 질병은 바로 말라리아다.

말라리아(malaria)란 '나쁜'이란 뜻의 접두사 'mal'과 '공기'를 뜻하는 'aria'가 더해져 만들어진 단어로, 말 그대로 '나쁜 공기'라는 뜻이다. 이는 말라리아의 감염 경로를 알지 못했던 시절, 말라리아가 공기 중의 악취에 의해 전염된다는 생각에서 붙인 이름이다. 물론 말라리아의 감염 경로는 악취가 아니다. 진짜 범인은 모기와 그 속에 기생하는 말라리아 원충이다. 플라스모듐(Plasmodium)이라 부르는 말라리아 원충은 곤충과 사람의 몸을 모두 거쳐야 번식할 수 있는 특이한 생활사를 가지고 있다. 인간의 몸속으로 들어온 말라리아 원충은 혈액 내 적혈구 속으로 들어가 무성생식으로 분열한다. 그러다가 이 적혈구 내부가 꽉 찰 정도로 수가 많아지면 원충들은 적혈구를 터뜨리고 분출되어 다른

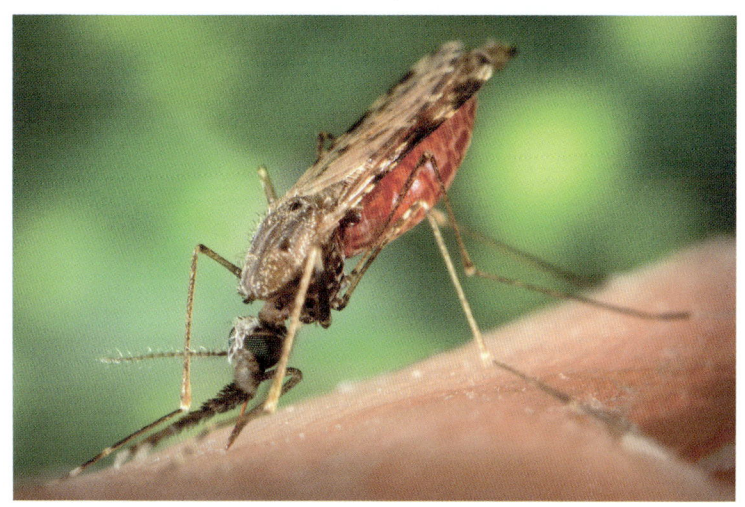
말라리아는 주로 얼룩날개모기가 전파한다. 이 모기는 엉덩이를 들고 앉는 게 특징이다.

적혈구로 옮겨가면서 수를 불리는데, 이 과정에서 환자는 주기적으로 고열에 시달리게 된다. 보통 말라리아에 걸린 환자는 3~4일 간격으로 열이 올랐다가 떨어지기를 반복하는데, 이는 적혈구 내부로 말라리아 원충이 들어갔다가 분열한 후 적혈구를 터뜨리고 나오는 데 걸리는 시간으로 인해 나타나는 현상이다. 인간의 적혈구 내에서 거듭 숫자를 불리던 말라리아 원충은 모기가 환자의 피를 빨 때 모기의 몸속으로 들어가고 다시 그 모기가 다른 사람을 물 때 새로운 숙주의 몸으로 옮겨가 말라리아를 일으킨다. 우리나라에서 주로 발생하는 온대성 말라리아는 독성이 약한 편이지만, 아프리카 등지에서 유행하는 열대성 말라리아는 독성이 매우 강해 주기적인 고열뿐만 아니라 뇌를 망가뜨리고 간질을 일으키며 신장에 염증을 일으키거나 신장 조직의 괴사를 유도해 제대로 치료하지 않으면 생명을 앗아가는 무서운 질병이다.

말라리아는 역사가 매우 오래된 질병이다. 2010년 2월, 이집트의 소년 왕 투탕카멘의 미라를 조사한 이집트 고고학위원회 연구팀은 19세의 어린 왕이 골괴사증과 말라리아의 합병증으로 사망했을 것이라는 연구 결과를 내놓았다. 기원전 13세기경에 생존했던 투탕카멘이 말라리아 합병증으로 목숨을 잃었다는 것은, 적어도 말라리아가 그보다 훨씬 이전부터 인류를 괴롭혀왔다는 말이 된다. 말라리아에 희생된 또 다른 유명한 인물은 '정복자' 알렉산드로스 대왕(Alexandros the Great, B. C. 356~B. C. 323)이다. 그리스와 페르시아를 시작으로 북부 아프리카와 인도까지 이르는 대제국을 건설했던 알렉산드로스 대왕을 33세의 나이로 요절하게 만든 원인이 말라리아였다는 것은 잘 알려진 사실이다. 이처럼 오랫동안 말라리아는 인류를 괴롭혀왔지만 인류는 이에 대해 속수무책이었다.

말라리아 병원균의 발견과 DDT

말라리아 치료에 처음 희망을 본 것은 16세기에 들어서였다. 당시 남아메리카 페루 지역에 선교하러 들어갔던 예수회 소속 선교사들은 말라리아에 걸린 원주민이 어떤 나무의 껍질을 다린 물을 마시고 병이 낫는 것을 보고 크게 놀랐다고 한다. 그들이 우려낸 나무 껍질은 키나나무에서 벗겨낸 것으로, 실제로 말라리아에 효과적인 퀴닌(키니네라고 부르기도 한다) 성분이 포함되어 있었다. 이후 키나나무 껍질은 유일한 말라리아 치료제로 자리 잡았고, 19세기 들어서 과학자들은 키나나무

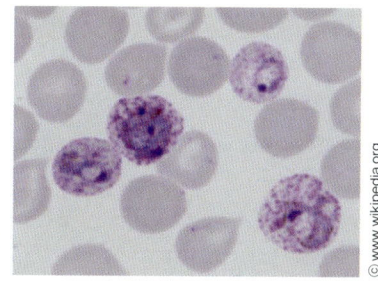

말라리아 환자의 적혈구. 적혈구 안에 보랏빛으로 염색된 부분이 말라리아 원충이다.

껍질에서 화학적으로 퀴닌을 분리하는 데 성공했다. 또 이를 바탕으로 인공적으로 퀴닌과 동일한 혹은 더 뛰어난 효과를 지닌 말라리아 약제들이 지속적으로 개발되어 말라리아는 거의 잡혀가는 것처럼 보였다.

그런데 실제로 말라리아의 확산 방지에 키니네보다 더 큰 위력을 발휘한 것은 살충제인 DDT였다. 영국의 의사 로널드 로스(Ronald Ross, 1857~1932)가 말라리아를 일으키는 말라리아 원충이 모기를 통해 전염된다는 것을 밝히자 모두들 모기 박멸이 말라리아 퇴치에 매우 큰 요건임을 깨닫고 있었다. 하지만 작고 재빠르면서도 개체수가 많은 모기를 박멸하기란 여간 어려운 일이 아니었다.

1939년 스위스의 과학자 파울 헤르만 뮐러(Paul Hermann Müller, 1899~1965)가 개발한 DDT(dichloro-dipenyl-trichloroethane)는 살충 효과가 탁월해 곧 가장 널리 사용하는 살충제가 되었다. DDT는 특히 티푸스를 옮기는 이나 말라리아를 전파하는 모기를 퇴치하는 데 매우 효과적이어서, 1955년에는 세계보건기구(WHO)가 말라리아 퇴치를 위해 DDT의 사용을 전 세계적으로 권고하고 나설 정도였다. WHO가 적극적으로 DDT의 사용을 장려하고 나선 그해 전 세계적으로 말라리아로 인한 사망률은 10만 명 중 192명에서 7명 수준으로 급격히 떨어졌고, DDT는 말라리아 예방에 효자 노릇을 톡톡히 해냈다. 이 시기의 말라리아 발생률의 저하는 거의 수직 낙하 수준이어서 WHO는 1962

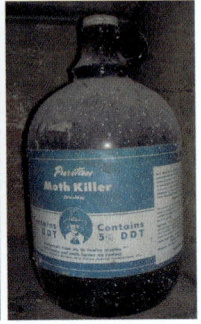

DDT를 개발한 헤르만 뮐러와
살충제로 사용된 DDT

년을 '말라리아 박멸의 해'로 선포했을 정도였다. 하지만 1957년부터 DDT의 유해성에 대해 의문이 제기되기 시작했고, 1962년 유해성에 대한 인식이 널리 퍼지면서 1970년대 이후 DDT는 사용이 금지되었다. 그리고 말라리아는 이때를 최저점으로 다시 발생률이 증가하고 있다.

말라리아 원충이라는 병원균의 발견, 퀴닌을 비롯한 다양한 치료제의 등장, DDT를 이용한 중간 매개체인 모기의 박멸 등 인간은 말라리아에 대항하는 여러 가지 정보와 무기들을 갖추었다. 그럼에도 불구하고 '말라리아 박멸의 해'로부터 반세기가 지난 오늘날에도 여전히 전 세계적으로 해마다 3~5억 명의 사람들이 말라리아에 걸리고, 100~200만 명이 사망하는 것으로 알려져 있다.

도대체 왜 이런 일이 벌어지는 것일까? 질병에 대한 연구가 가속화되면서 많은 종류의 질병에 대한 치료법이나 적절한 대응방식이 속속 제시되고 있다. 그러나 첫 번째 문제는 자본주의로 재편된 인간 사회에서 모든 혜택은 '금전적 보상'과 이어진다는 점이다. 즉, 치료를 위해서는 이에 상응하는 금전적 대가를 지불해야 한다. 말라리아를 옮기는 모기는 덥고 습한 곳을 좋아하며 변온동물이므로 온도가 낮으면 활동성이 떨어지고 유충 시절을 물속에서 보낸다. 따라서 온도가 높고 습한 열대 지방일수록 모기의 서식 비율이 높고, 이와 함께 말라리아의 감염률도 높다. 그런데 이 지역에 빈곤하고 의료와 보건 시설이 낙후된 국가가 몰려 있어 그곳 주민 대부분은 치료비를 제때에 지불할 만한 경제적 능력이 거의 없다. 약이 아무리 많아도 약값을 지불할 능력이 없으면 그 약은 없는 것과 마찬가지다.

의사도 연구자도 아닌 평범한 여성 멜린다 게이츠(Melinda Gates)가 수십만 명이나 되는 사람들을 살렸다고 평가되는 것이 바로 이런 이유에서이다. 2000년 마이크로소프트 사의 총수이자 대부호인 빌 게이츠(Bill Gates)가 자신의 재산을 기부해 만든 '빌 & 멜린다 게이츠 재단'의 멜린다 게이츠는 제3세계 빈민 구호와 질병 퇴치에 앞장섰는데, 특히 말라리아 퇴치에 앞장서 이로 인해 약 70만 명의 목숨을 살렸다는 평가를 받고 있다. 그녀는 자신의 '부'를 이용해 말라리아 확산을 저지했던 것이다. 주로 밤에 활동하는 모기의 특성상 구멍 나지 않은 10달러짜리 모기장 하나만 있어도 말라리아의 발병률은 급격히 떨어지기 때문이다.

두 번째 문제는 치료제든 살충제든 화학물질의 지나친 남용은 새로운 문제를 불러일으킬 수 있다는 사실을 종종 우리가 잊는다는 점이다. 어떤 화학물질이든 지속적으로 사용하면 이를 접하는 생명체는 자신과 종족을 지키기 위해 적응하려고 애쓰면서 생각지도 못한 변화를 일으키게 된다. 실제로 초기 말라리아 치료제였던 퀴닌은 지속적인 사용으로 퀴닌에 저항성을 가진 원충이 발생하면서 치료 효과가 상당히 떨어진 상태다. 이러한 경향은 새로운 말라리아 치료제를 개발해야 할 필요성을 변함없이 증가시키고 있다. 최근에는 쑥과 식물의 일종인 '개똥쑥(학명 $Artemisia\ annua$)'에서 효과적인 말라리아 치료제가 개발되고 있지만, 이 역시 남용하면 같은 결과를 불러오리라는 것은 충분히 예상할 수 있다.

DDT에 의한 악영향은 이보다 훨씬 더 컸다. 살충제인 DDT는 초기에는 해충 퇴치에 효과적이었으나, 곧 문제점을 드러내었다. 곤충이 DDT에 대해 저항성을 갖추게 되었을 뿐만 아니라 DDT 자체의 독성이 먹이사슬을 통해 생태계의 균형을 깨뜨렸기 때문이다. DDT는 대표적인 내분비계 교란물질로, 자체 독성이 말라리아 못지않은 피해를 인간에게 가져오지 않을까 우려되는 물질이다(이와 연관된 내용은 뒤의 '내분비계 교란물질'에서 자세히 다룬다). 항생제 내성과 마찬가지로 새로운 물질을 남용하게 되면 전혀 생각지도 못한 일이 일어나 새로운 문제를 발생시킬 수도 있다.

이와 같은 문제로 인해 많은 질병이 퇴치된 듯 보였다가도 다시 발생하고, 한숨 돌린 듯했다가도 새로운 문제가 발생하곤 한다. 때로는 한 가지 문제의 해결이 또 다른 문제를 불러일으키기도 하고, 문제 해결법을 발견하고도 제대로 사용하지 못하는 경우가 비일비재하다. 이것은 우리가 살아가는 세상 자체가 다양하고 유기적으로 얽힌 복잡계이기 때문에 일어나는 현상일 것이다. 또한 질병에 매우 다양한 배경과 유형이 존재하기 때문일 것이다. 하지만 한 가지 분명한 것은 인간에게는 어떤 새로운 문제가 닥쳐도 이에 도전할 수 있는 능력이 있다는 점이다. 인간의 꾸준한 도전은 문제를 일시에 해결하지는 못하더라도, 적어도 문제를 조금씩이나마 해결할 수 있는 실마리를 발견하도록 해줄 것이다.

케테 콜비츠, 〈어린이병원 방문〉, 1926년

내분비계 교란물질
인간이 만들어낸 해로운 물질

과학의 획기적 발전을 기준으로 시대를 나누는 사람들은 20세기가 화학이 지배하던 시대였다면 21세기는 생물학이 대세를 이루는 시대가 될 것이라고 말한다. 굳이 일일이 예를 들지 않아도 지난 세기가 '화학의 시대'였다는 것은 주변의 여러 가지 발전상만 보아도 알 수 있다. 근대 화학의 아버지로 불리는 앙투안 라부아지에(A. L. Lavoisier, 1743~1794)와 뒤이은 화학자들의 노력으로 폭발적으로 발전한 화학은 사람들의 생활을 완전히 바꾸어놓았다. 특히 석탄과 석유가 인간 생활에 끼어들면서 그 변화 속도는 엄청나게 빨라졌다.

석탄과 석유는 둘 다 탄소를 주축으로 하는 유기화합물로, 산업혁명이 일어나고 기차와 자동차 같은 탈것들이 보급되면서 그 에너지원으로 수요가 폭발적으로 증가했다. 먼저 인간과 관계를 맺은 것은 석탄이었다. 산업혁명의 상징이 된 시커먼 연기를 뿜어내는 공장 굴뚝이나 증기기관의 힘으로 달리는 기차의 위용은 모두 석탄에서 기인한다. 그러나 석탄은 땅속에서 파낸 그대로 연료로 사용하기보다 이를 정제해 순도를 높여 사용하는 것이 훨씬 효율적이다. 석탄은 탄소포화도와 성분에 따라 갈탄, 무연탄, 역청탄 등으로 나뉘는데, 이를 용도에 따라 구분해 사용하면서 석탄을 분리·정제하는 기술도 발달했다. 어떤 물질이든지 분리와 정제를 거치게 되면 원하는 물질 외에 부산물이 발생한다. 특히 석탄의 정제 과정에서는 부산물인 콜타르가 나온다. 검고 찐득찐득한 기름 상태의 콜타르는 초기에는 함부로 버릴 수도 없고 그렇다고 다른 곳에 쓸데도 없어 골치 아픈 애물단지 취급을 받았다. 그러나 곧 콜타르가 유기화합물의 복합체라는 것이 알려지면서, 여기에서 유용한 유기물질을 뽑아내는 기술이 발달했다. 석탄에서 건진 귀한 물질 중 하나가 바로 최초의 합성염료인 모브(mauve)다.

그러나 한 시대를 풍미했던 석탄은 곧이어 등장한 석유에 밀려 산업전선에서 2군이 된다. 석유가 화학공업의 전면에 서게 되자 석유화학, 즉 원유에서 석유 제품(가솔린, 경유, 등유 등) 이외의 여러 가지 화학물질들을 만들어내는 화학이 그야말로 눈부시게 발전하기 시작했다. 이렇게 해서 만들어진 석유화학 제품은 합성섬유, 플라스틱, 합성고무 등의 고분자화학 제품, 합성세제(계면활성제), 각종 유기용제(有機溶劑), 염료, 농약, 제초제, 살충제, 의약품 등 매우 다양하다. 석유화학 제품

> 1856년 석탄을 정제할 때 나오는 검은 찌꺼기인 콜타르가 여러 유기화합물의 잡탕 스프라는 것이 알려지면서 많은 이들이 콜타르에서 여러 가지 물질을 분리하는 실험을 시도했다. 당시 18살 청년이었던 윌리엄 퍼킨(William Perkin)도 그중 하나로, 스승인 빌헬름 폰 호프만(Wilhelm von Hofmann)을 도와 콜타르에서 말라리아 치료제인 키니네를 뽑아내는 실험을 하고 있었다. 그러나 실험 결과 퍼킨이 얻은 것은 키니네가 아닌 붉은색을 띤 보라색 가루였다. 실험은 실패했지만, 호기심이 동한 퍼킨은 이 가루를 메탄올에 녹였고 거짓말처럼 예쁜 보라색을 얻게 되었다. 이것이 바로 최초의 합성염료인 모브다.

이 없는 현대인의 생활은 상상할 수 없을 정도가 된 것이다. 현대인의 삶에서 석유가 없어진다면, 주변에 존재하는 물건의 절반쯤은 존재하지 않게 될 것이 분명하다. 이렇듯 눈부신 화학의 발전은 우리 생활을 편리하게 해주었다. 그러나 이러한 편리함의 대가가 무엇인지 밝혀지기까지는 그리 오래 걸리지 않았다.

최초의 합성염료 모브

발단은 한 권의 책에서 시작되었다. 1962년 생물학을 전공한 레이첼 카슨이 펴낸 『침묵의 봄(Silent Spring)』이 그 발단의 주인공이다. 이 책에서 카슨은 농약과 제초제의 남용이 해충을 죽일 뿐 아니라 다른 생명체에도 영향을 미치며, 결국 이 성분들이 생태계 먹이사슬을 통해 축적되어 상위에 있는 생명체에게도 치명적인 영향을 미칠 수 있다고 주장했다. 1960년대만 하더라도 DDT를 비롯한 각종 살충제와 제초제가 농업 생산력을 높여서 지구를 식량 위기에서 구한다는 장밋빛 낙관론이 가득하던 시기였던지라 그녀의 도발적인 주장은 센세이션을 일으켰다.

처음에 반신반의했던 그녀의 주장은 곧 환경오염으로 인한 다양한 피해들이 속속 보고되면서 진실성을 획득했다. 특히 1996년 테오 콜본(Theo Colborn), 다이앤 듀마노스키(Dianne Dumanoski), 존 피터슨 마이어(John Pererson Meyers)가 함께 쓴 『도둑맞은 미래(Our Stolen Future)』에서 화학물질이 구체적으로 어떤 경로를 통해 인간과

레이첼 카슨과 저서 『침묵의 봄』

생태계를 공격하는지 다뤄지면서 큰 파장이 일었다. 뒤이어 1997년 5월 일본 NHK TV 과학 프로그램에서 환경오염 물질이 체내로 유입되어 마치 호르몬처럼 여러 가지 기능을 한다는 의미에서 '환경호르몬'이라는 단어를 사용했으며, 이를 통해 환경호르몬의 위험성이 일반인에게도 널리 알려졌다. 최근에는 의미 전달을 더욱 정확히 하기 위해 내분비계 교란물질(endocrine disrupter, ED)이라는 용어로 지칭하고 있다.

내분비계 교란물질의 종류는 이것을 지정한 주체에 따라 조금 다르다. 세계생태보전기금(World Wildlife Foundation; WWF)에서는 67종을 지정하고 있으나, 일본 후생성에서는 이보다 월등히 많은 142종을 내분비계 교란물질로 지정하고 있다. 대표적인 내분비계 교란물질로는 DDT를 비롯한 수십 종의 살충제와 제초제, 음료수 캔을 코팅할 때 사용하는 비스페놀 A, 쓰레기 소각장에서 발생하는 다이옥신, 스티로폼의 성분인 스티렌, 수은이나 납 같은 중금속 등이 있다.

우리 몸속의 장기와 조직은 따로 떨어져서 존재하지만, 서로 매우 긴밀하게 영향을 주고받는다. 특히 멀리 떨어진 장기와 조직들 혹은 세포

내분비계 교란물질 및 주변 생활 용품

세계생태보전기금 (WWF) 분류 67종	일본 후생성 분류 (142종)	내분비계 교란물질의 용출이 우려되는 생활 용품
• 다이옥신류 등 • 유기염소 물질 6종 • DDT 등 농약류 44종 • 펜타-노닐 페놀 • 비스페놀 A • 다이에틸헥실프탈레이트 등 프탈레이트 8종 • 스티렌 다이머, 트리머 • 벤조피렌 • 수은, 납, 구리 등 중금속 3종	• 프탈레이트 에스테르 등 • 플라스틱에 존재하는 물질 17종 • 다이옥신 등 사업장 및 환경오염 물질 21종 • 농약류 75종 • 수은 등 중금속 3종 • 다이에틸스틸베스트롤 (DES) 등 합성 에스트로겐 8종 • 식품 및 식품첨가물 3종 • 식물에 존재하는 에스트로겐 유사 호르몬 6종	• 플라스틱 용기, 음료 캔, 병마개, 수도관의 내장 코팅제, 치과 치료 시 이용되는 아말감: 비스페놀 A • 합성세제: 알킬페놀 • 컵라면 용기: 스티렌 다이머, 트리머 • 폐건전지: 수은

* 자료 : 이강숙, 「산업보건」 241권, 「내분비계 교란물질과 건강영향」

들이 소통할 때 이들 사이의 정보를 전달하는 매개체 역할을 하는 것이 바로 호르몬이다. 호르몬은 몸속에서 각 세포에 신호를 전달하기 위한 수단이다. 직접 연결되어 있는 신경을 통해 이뤄지는 신호 전달에 비해서 호르몬에 의한 신호 전달은 속도가 느리지만 광범위한 영향을 주고자 할 때 더 효과적이다. 때문에 호르몬은 성장, 성(性), 영양 등과 관련된 다양한 신호 전달에 관여한다. 또한 내분비계란 '신체 내 메신저'인 호르몬을 생성하고 분비하고 조절하는 기관을 통칭한다.

내분비계의 구성은 호르몬을 만들어내는 내분비선, 그리고 실제로 분비되는 호르몬, 마지막으로 호르몬과 결합해 세포에 신호를 전달하는 수용체(receptor)로 이루어진다. 핸드폰으로 문자 메시지를 보낼 때 메시지를 보내는 사람, 문자 메시지 그 자체, 그리고 이를 받는 사람이 존재하는 것과 같다. 문자 메시지는 간단한 내용을 빠르게 전달하는 매우 효과적인 수단이지만, 때로는 불법 스팸 문자가 범람해 짜증과 불편을 불러일으키기도 한다. 이와 마찬가지로 호르몬 중에서도 호르몬 유사물질이 유입되어 호르몬처럼 기능하기도 한다. 이러한 내분비계 교란물질은 일종의 스팸 문자와 같은 것이다.

스팸 문자가 수신자가 원하지 않는 정보를 전달해 메시지에 혼선을 빚는 것처럼 내분비계 교란물질도 체내 호르몬 시스템에 교란을 일으키고 이로 인해 여러 가지 문제를 발생시킨다. 1980년 미국의 아포프카 호수(Apopka Lake)에서 서식하던 악어의 개체수가 급감했다. 조사 결과, 상당수 수컷 악어의 생식기가 정상 크기에 비해 월등히 작아져 있었고, 이로 인한 교미 불능으로 개체수가 줄어들었다는 사실이 밝혀졌다. 악어에게 본의 아니게 불임의 운명을 지운 것은 바로 디코폴(Dicofol)이었다. 주로 진드기류를 박멸하는 데 쓰이는 농약 디코폴이 빗물에 씻겨 호수로 유입되었고 이 호수에 살던 수컷 악어의 성호르몬 신호에 교란을 일으켜 이런 현상이 일어났던 것이다. 뒤이어 세계 곳곳에서 다양한 내분비계 교란물질로 인해 거북, 어류, 패류, 조류 등에 생식기 이상이 생겨 개체수가 급감했다는 사실이 보고되었다. 가장 충격적인 사건은 덴마크 코펜하겐 대학 닐스 스카케백(Niels Skakkebaek)

교수의 연구로, 그는 내분비계 교란물질이 인간 남성의 생식능력도 저하시킨다고 보고했다. 그는 세계 20개 지역에서 50년 동안 조사된 남성의 생식력에 대한 문헌들을 비교 분석한 끝에 1990년을 살아가는 남성은 1940년대 남성에 비해 정자 수는 50퍼센트, 정액의 양은 25퍼센트 감소했으며, 정액 1밀리리터당 정자 수가 2,000만 개 이하로 자연 임신이 어려운 남성의 비율이 3배나 늘어났다는 연구 결과를 내놓았던 것이다. 그뿐만 아니라 정자의 운동성은 과거에 비해 떨어진 반면 기형 정자의 비율과 생식기 암의 발생률은 높아져 전반적으로 남성의 생식력이 저하되었다고 언급했다.

아직 해결해야 할 부분이 많지만, 20세기 중반 이후 늘어나고 있는 각종 암과 아토피성 피부염 역시 내분비계 교란물질의 영향이라는 의혹도 있다. 대표적인 내분비계 교란물질인 다이옥신이 발암물질이라는 사실은 이미 알려져 있는 데다 다른 화학물질 역시 면역계를 자극해 알레르기를 유발할 것이라는 의심을 받고 있기 때문이다. 또한 내분비계 교란물질 중에는 살충제와 납을 비롯한 중금속이 포함되어 있는데, 이것에 미량이라도 지속적으로 노출되면 신경계를 손상시킨다는 보고가 있다. 특히 최근 학습 장애나 주의력 결핍 등으로 치료를 받는 아이들이 늘어나는 이유는 내분비계 교란물질 때문이라는 의혹이 일고 있는 실정이다.

산업화가 진행되고 화학이 발전됨에 따라 인간은 기존의 물질을 조립하고 분리할 뿐 아니라 자연계에 존재하지 않는 물질도 새로 만들어내고 있다. 최근 들어 인공적인 것보다 자연친화적인 물질을 선호하는 경향이 늘어나기는 하지만, 여전히 새로운 화학물질에 대한 연구가 계속되고 있다. 이 말은 앞으로도 어떤 물질이 내분비계 교란물질로 드러나 인간과 생태계 구성원의 삶을 위협하게 될지도 모른다는 뜻이다.

화학의 발달이 우리 삶을 풍요롭게 해주고 훨씬 더 편하고 빠르게 해준 것은 사실이지만, 지나친 화학물질의 남용으로 편리함과 풍요를 능가하는 대가를 치러야 할지도 모른다. 스티로폼으로 만든 일회용 그릇은 쓰기에 편하고 설거지의 불편을 덜어주지만, 뜨거운 음식을 담으면 내분비계 교란물질로 작용하는 스티렌 복합체가 녹아 나올 수 있다. 생산성을 높이기 위해 뿌려댄 제초제와 살충제의 잔량은 물에 녹아들어 곡식과 고기를 통해 인간의 몸으로 들어온다. 자원을 낭비한 결과로 생긴 별도의 쓰레기를 태우면 그 연기와 함께 다이옥신이 늘어난다. 자연은 결코 호락호락하지 않다. 우리가 자연의 균형을 생각하지 않고 파헤치게 되면, 그 충격은 생태계를 돌고 돌아 결국 인간의 뒤통수를 친다는 것을 늘 기억해야 한다.

 ### 봇물을 이룬 합성섬유

19세기 말에서 20세기 초는 합성섬유, 플라스틱, 합성고무 등 고분자화학 제품의 태동기라고 할 수 있다.

합성섬유의 제조는 원래 19세기에 면과 같이 값싼 천연섬유로부터 실크와 같이 비싼 인조견을 만들려는 노력에서 시작되었다. 그렇게 해서 만든 합성섬유는 1885년 드 샤르도네가 만든 레이온이다. 최초의 본격적인 합성섬유인 나일론은 1938년 미국 듀퐁 사에서 월러스 캐러더스(Wallace Carothers)가 발명했다. 현재 3대 합성섬유인 나일론, 폴리에스테르, 아크릴은 듀퐁 사에서 거의 대부분 생산한다.

합성 고분자물질인 플라스틱은 1907년 미국의 리오 베이클랜드(Leo Baekeland)가 발명한 페놀수지(베이클라이트)에서 시작되었다. 이어서 여러 종류의 플라스틱이 개발되었고 널리 쓰이게 되었다. 석유와 고분자화학이 더해져 탄생한 플라스틱은 가볍고 썩거나 녹슬지 않는 데다가 원하는 색깔과 모양을 만들기 좋으며 내수성과 전기절연성도 좋아, 플라스틱 없는 현대인의 생활을 생각하지 못할 정도로 널리 쓰이고 있다.

합성고무는 1914년 제1차 세계대전 중 독일에서 최초로 만들었다. 당시 독일은 연합군에 의해 고립된 상태였는데, 천연고무를 수입에 의존했던 터라 천연고무 부족에 시달릴 수밖에 없었고, 그것은 곧 합성고무 개발로 이어졌다. 그러나 천연고무에 비해 질이 떨어져 전쟁 이후에는 자취를 감췄다가, 1925년 천연고무의 가격이 인상되자 연구가 재개되어 품질 좋은 합성고무 개발이 성공적으로 이뤄졌다. 이제는 오히려 합성고무가 더 많이 쓰인다.

렘브란트 판 레인, 〈침대에 누운 병든 여인〉, 1640년경

21세기의 역병
프리온 질환 vCJD, 변형된 단백질이 인간을 공격하다

 2008년 광화문 앞은 밤만 되면 촛불을 들고 삼삼오오 모여드는 사람들로 가득 메워지곤 했다. 정부의 미국산 쇠고기 재수입 허가를 반대하는 시민의 자발적인 모임이었다. 우리나라는 전통적으로 돼지고기보다 쇠고기를 더 고급으로 치는 문화권이었고, 농사에 중요한 소를 보호하기 위해 소의 '밀도살'을 강력히 처벌하던 국가였기에 쇠고기는 없어서 '못' 먹는 것일 뿐, 있어도 '안' 먹는 것은 아니었다. 도대체 무슨 일이 있었던 것일까?

 쇠고기에 대한 집단 거부는 광우병의 공포와 연관된다. 광우병(mad cow disease)이란 글자 그대로 '소가 미치는 병'이다. 흔히 광우병에 걸린 소는 광견병에 걸린 개처럼 행동하기 때문에 혼동하기 쉽지만, 광우병과 광견병은 전혀 다른 질환이다. 광견병은 래브도바이러스(Rabdovirus)가 일으키는 바이러스성 질환인데 반해, 광우병은 프리온(prion)이 일으키는 질환으로 알려져 있다.

 단백질(protein)과 바리온(Virion, 바이러스 입자)의 합성어인 프리온은 말 그대로 '단백질로 구성된 감염 가능한 입자(proteinaceous infectious particle)'로, 단백질이지만 복제가 가능한 독특한 물질이다. 원래 프리온은 포유류의 중추신경 조직에 존재하는 상재(常在) 단백질이다. 프리온은 이 상태에서는 어떠한 문제도 일으키지 않지만, 어떤 이유에서든 변형이 일어나면 그때부터는 뇌를 공격해 파괴하는 악당으로 돌변한다.

소의 뇌 속에 변형된 프리온이 생겨나면 이들은 뇌세포를 파괴하고, 이런 일이 반복되다보면 파괴된 뇌세포가 늘어나 결국 뇌 여기저기에 구멍이 뚫리게 된다. '구멍 뚫린 뇌'는 프리온이 유발하는 질병에서 나타나는 특징적인 병변으로, 학자들은 이 질환에 '소의 해면상 뇌증(Bovine Spongiform Encephalopathy, BSE)'이라는 정식 명칭을 붙여주었다. 일반인은 이를 '광우병'이라 부르는 것을 아직 더 선호하지만 말이다.

프리온이 일으키는 질병은 드물지만 그렇다고 최근에 생겨난 질병은 아니다. 인간에게도 오래전부터 비슷한 질환이 있었다. 대표적인 것이 크로이츠펠트-야코프병(Creutzfeldt-Jakob disease, CJD)이다. CJD는 기억력 저하, 인격 변화, 환각, 언어 이상, 몸의 떨림, 치매 등을 일으키는 신경 질환으로, 이 질환으로 사망한 환자를 부검해보면 뇌세포의 파괴로 뇌의 여기저기에서 구멍이 뚫린 형태가 관찰된다. CJD는 치료 방법이 전혀 없는 불치병이지만, 100만 명의 1명꼴로 발생하는 매우 드문 질환이었고, 뚜렷한 전염력도 파악할 수 없었기에 큰 관심을 끌지는 못했다. 다만 오랫동안 이 병을 일으키는 원인이 발견되지 않아

학자들의 연구대상일 뿐이었다.

뇌를 파괴하는 질환에 CJD란 이름이 붙은 것은 1920년이었지만, 뇌에 구멍을 만드는 원인이 밝혀진 것은 1982년이었다. CJD 환자를 진료한 뒤 그 원인을 밝히는 데 매진했던 스탠리 프루지너(Stanley Prusiner)가 세계적인 과학 저널《사이언스》지에 「스크래피를 일으키는 새로운 단백질성 감염 입자(Nevel proteinaceous infectious particles cause scrapie)」라는 논문을 발표한 것이다(스크래피란 양에서 발생하는 CJD 유사 질환이다). 이 논문을 통해 프루지너는 CJD 유사 질환의 원인은 살아 있는 세균이나 바이러스가 아니라 자가증식이 가능한 '감염성 단백질'이라는 독특한 주장을 펼쳤고, 이 미지의 물질에 프리온이라는 이름을 붙여주었다.

프리온을 발견한 스탠리 프루지너

1953년 제임스 왓슨(James Watson)과 프랜시스 크릭(Francis Crick)에 의해 DNA의 구조가 밝혀진 뒤, 복제가 가능한 생명체는 반드시 DNA 혹은 RNA 같은 핵산을 가진 존재여야 한다는 것이 당연한 일이 되었던 터라, 단백질 그 자체가 복제 가능하다는 프루지너의 주장은 처음에는 '당연하게' 외면을 받았다. 또한 당시 프루지너 역시 '감염성 단백질이 존재한다'라고만 주장했지, 어떤 메커니즘에 의해 이것이 가능한지 알지 못했다. 하지만 이후 연구 결과, CJD 유사 질환은 단백질의 일종인 프리온이 일으킨다는 것이 밝혀졌고, 프루지너는 이 공로로 1997년 노벨 생리의학상을 수상했다.

생물학을 조금이라도 배운 사람이라면 단백질이 스스로 증식한다는 것을 쉽게 받아들이기 어렵다. 대부분의 단백질은 스스로 복제하는 것이 불가능하고, 세포는 DNA에 저장된 구성 정보를 바탕으로 단백질을 리보솜에서 합성할 뿐이다. 사실 프리온 역시 아무것도 없는 상태에서 저절로 만들어지는 것은 아니다. 다만 변형된 프리온이 정상적인 프리온을 만났을 때 자신처럼 모양을 변화시키는 능력을 지니고 있을 뿐이다.

원래 프리온은 인간을 비롯해 원숭이, 소, 양, 쥐, 고양이, 밍크에 이르기까지 대부분의 포유동물의 뇌 속에 존재하고 있는 단백질이다. 프리온의 기능은 확실하게 알려져 있지 않으며, 유전자 재조합을 통해 프리온을 없앤 동물을 인공적으로 만들어도 생존에는 지장이 없는 것으로 보아 생명체가 살아가는 데 결정적인 영향을 미치지 않는다고 추측될 뿐이다. 기능도 알 수 없고 없어도 생존에 지장이 없는 물질이 진화상 도태되지 않고 많은 종들의 뇌에서 폭넓게 발견되는 것은 커다란 수수께끼다.

포유동물의 뇌 속에 자연발생하는 정상 프리온은 DNA와 유사하게 나선형으로 꼬인 구조를 가지고 있다. 이런 모양을 가지고 있을 때 프리온은 아무런 해를 끼치지 않는다. 그러나 어떤 이유에선지 나선형의

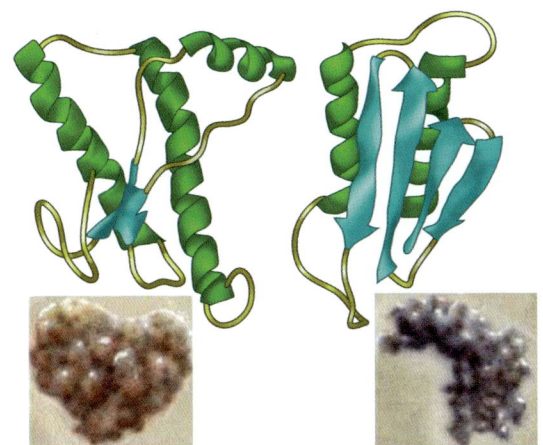

정상 프리온(왼쪽)과 변형 프리온(오른쪽)의 모습. 정상 프리온은 알파 나선 구조를 띠는 경우가 많지만, 변형 프리온은 베타 병풍구조를 띤다.

프리온이 병풍처럼 층층이 접히는 구조로 변화하면 비극이 시작된다. 프리온의 모양이 변형되었다고 해서 증식이 가능한 것은 아니지만, 변형 프리온은 정상 프리온을 만나면 구조를 변형시키는 능력이 있다. 즉, 변형 프리온은 기존에 존재하는 정상 프리온의 구조를 변형시키는 과정을 통해 '증식'하는 것이다.

CJD와 광우병, 그리고 스크래피가 변형된 프리온에 의해 발현된다는 것이 알려지면서 다시금 주목을 받은 질환이 있다. 바로 쿠루(kuru)이다. 이 질환은 증상과 병변이 CJD와 매우 유사하지만 오로지 파푸아뉴기니 섬의 원주민인 포레(Pore)족에게서만 발병하는 풍토병이었다. 오랫동안 쿠루를 연구했던 칼턴 가이듀섹(Carleton Gajdusek, 1923~2008)은 쿠루는 알 수 없는 감염원에 의해 발생하는 전염성 질병으로 죽은 사람의 시신을 먹는 포레족의 식인 풍습과 관련 있다고 주장했다. 실제로 포레족의 식인 풍습이 금지되면서 쿠루에 걸리는 사람이 거의 사라졌기 때문에 '시신을 먹는 행위'가 쿠루와 관계 있다는 것이 증명되었다.

현대 과학자들은 쿠루를 프리온에 의한 전염으로 설명한다. 쿠루와 비슷한 질환인 CJD는 드물지만 100만 명의 1명꼴로 자연발생한다. CJD를 일으키는 프리온은 주로 중추신경에만 존재하고 겉으로 직접 드러나지 않으므로 CJD가 옮겨지는 것은 거의 불가능하다. 그런데 포레족에게는 식인 풍습이 있었기 때문에 시신을 나눠 먹는 과정에서 뇌와 척수 속에 들어 있던 변형 프리온이 이를 섭취한 사람의 몸으로 옮겨질 수 있었던 것이다. 보통 소화기관은 뇌와 직접 연결되어 있지는 않지만, 소장의 일종인 회장(回腸)은 신경계와 연결되어 있어 이를 통해 뇌로의 유입이 가능하다. 게다가 변형 프리온은 펄펄 끓는 물에 삶거나 강산성의 위액을 만나도 소멸되지 않아 뇌 조직과 섞여 타인의 몸속에 유입된 뒤 회장을 통해 신경계로 들어가 새로운 쿠루 환자를 만들어낸 것이다.

만약 프리온이 같은 종 사이에서만 전염이 가능하다면 전혀 문제가

프리온에 의한 질병

명칭	종	원인
소의 해면상 뇌증 (BSE, 광우병)	소	1986년 보고. 스크래피 양에게서 전염
고양이 해면상 뇌증(FSE)	고양이	1990년 보고. 광우병 소에게서 전염
전염성 밍크 뇌증(TME)	밍크	1965년 보고. 스크래피 양에게서 전염
변형 크로이츠펠트-야코프병 (vCJD)	인간	1996년 보고. 광우병 소에게서 전염

되지 않을 것이다. 식인 풍습은 아주 예외적인 것이기에 이를 막는다면 변형 프리온이 전염되는 일은 거의 없을 테니 말이다. 하지만 프리온은 그 질긴 생명력만큼 적응력도 좋아서 종을 가리지 않고 넘나드는 특성도 지니고 있다.

애초에 소에게 BSE가 유행하게 된 이유가 바로 양에게서 변형 프리온을 전해 받았기 때문이다. 양 떼를 기르는 사람들은 300여 년 전부터 '스크래피(Scrapie)'라는 질환으로 양을 잃는 경우가 종종 있었다. 스크래피 역시 변형 프리온으로 인해 일어나는 질환이라는 사실이 알려지기 전, 사람들은 스크래피에 걸려 죽은 양의 사체를 수거한 뒤 이를 분쇄해 육골분 사료로 만들었고 이를 소에게 먹였다. 죽은 양의 사체가 들어간 육골분 사료는 영양분이 풍부하고 값도 쌌기 때문에 고기용 소를 단기간에 살찌우려고 하는 사람들에게 환영을 받았다. 육골분 사료를 먹이기 시작한 이후 '미친 듯한 증상'을 보이는 소들이 발생했다. 양의 스크래피를 유발했던 프리온이 육골분 사료를 통해 소에게 유입되어 BSE, 즉 광우병을 일으킨 것이었다. 이후 연구 결과, 프리온은 양에게서 소와 밍크로 전염될 뿐 아니라 다시 소에게서 고양이와 사람에게까지 전달된다는 사실이 밝혀졌다.

이 중에서 가장 세상을 발칵 뒤집어 놓은 것은 광우병 소로 인한 인간광우병, 즉 변형 크로이츠펠트-야코프병(vCJD)의 발생이었다. 앞서 말했지만 자연발생하는 질환인 CJD는 100만 명의 1명꼴로 발생하는 희귀 질환인 데다가 환자의 대부분이 50대를 넘긴 중년으로 젊은이가

 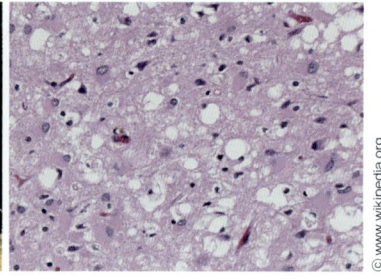

광우병에 걸린 소와 스펀지처럼 구멍이 난 광우병 소의 뇌조직

발병한 사례는 찾기 힘든 질환이다. 그러나 1990년대 들어 발생한 CJD 환자는 대부분 30대 이하의 젊은 층이었고 심지어는 10대 청소년도 있었다. 게다가 일반적인 CJD가 발병 초기부터 치매 증상을 나타내며 병의 진행 속도가 느린 데 반해, 1990년대 이후의 CJD 환자는 사망 직전까지 치매 증상을 거의 나타내지 않는 데다가 매우 빠른 속도로 병세가 나빠지는 특징을 지녔다. 따라서 학자들은 새로운 경향의 CJD를 이전과는 다른 특징을 보인다고 여겨 변형(Variant) CJD, 즉 vCJD로 칭했다. vCJD의 원인을 조사하는 과정에서 학자들은 환자 대부분이 소를 키우는 목장에서 일하는 사람들이었으며, 그들이 키우는 소 떼에 광우병 소가 포함되어 있다는 사실에 주목했다. 또한 쇠고기를 즐기는 사람들은 그렇지 않은 사람들에 비해서 발병 가능성이 3.5배나 높고 뇌나 골수를 먹는 사람들의 경우에는 이 비율이 가파르게 상승한다는 점이 드러나면서, 광우병 소와 vCJD 사이에 밀접한 연관성이 있다는 사실이 밝혀졌다. 광화문 앞에 모인 이들의 우려는 바로 이러한 일련의 사건에 바탕을 두고 있었다.

프리온은 비교적 최근에 알려진 전염성 단백질이며, 프리온에 의한 질환이 유행하기 시작한 데에는 인간의 개입이 절대적인 영향을 미친 것으로 알려져 있다. 질병에 걸린 가축을 도살해 사료로 만든 다음 다른 동물에게 먹이는 행위가 양-소-사람에게로 이어지는 죽음의 고리를 연결시켰기 때문이다. 또한 최근에는 쇠고기뿐 아니라 야채를 비롯한 모든 농산물도 이 죽음의 고리에 포함되고 있는 것이 아니냐는 우려가 일고 있다. 극히 드문 예이긴 하지만, 쇠고기를 전혀 먹지 않은 채식주의자에게서 vCJD가 발병한 사례가 있기 때문이다. 변형 프리온이 들어 있을지도 모르는 육골분 사료는 소뿐만 아니라 돼지, 닭, 오리 등의 가축에게도 제공되는데, 닭은 소화기관이 짧아 변형 프리온이 회장에서 흡수되지 않고 바로 배설물을 통해 배출될 가능성이 높다. 닭똥이 질 좋은 비료가 된다는 사실을 감안한다면 이를 이용해 재배한 작물 역시 변형 프리온에 노출될 위험을 안고 있다고 볼 수 있다.

변형 프리온은 이처럼 다양한 경로를 통해 인체에 유입된다. 질병에 걸린 가축을 몰래 도살해 사료로 만들고, 이를 다른 동물에게 먹이는 행위가 지속된다면 우리 식탁에 오르는 모든 음식물은 결코 안전할 수 없게 될 것이다. 영국의 목장에 BSE가 유행할 때 결코 그런 일이 재현되지는 않을 것이라고 장담하던 미국에서도 2003년 12월 비틀거리며 쓰러지는 소가 등장했고, 그 이유 역시 육골분 사료 때문이었다. 이후 육골분 사료의 판매가 금지되었지만, 여전히 뼈와 머리를 제외한 나머지 부분을 이용해 만든 동물성 사료가 판매되고 있으며, 소들은 본의 아니게 육식동물이 되어버린 것이 현실이다. 포근한 저녁 식탁에 오르는 맛있는 요리조차 마음 놓고 즐길 수 없는 세상이 오기를 원치 않는다면, 변형 프리온의 이동 고리를 철저히 차단하지 않으면 안 될 것이다.

에곤 실레, 〈에곤 실레의 가족〉, 1918년. 에곤 실레가 스페인 독감으로 죽기 전 남긴 작품이다.

일상적 질병으로 인한 공포

신종플루 유행을 둘러싼 현대 사회의 모습

 2009년 2월 중앙아메리카의 멕시코에서 다소 독특한 독감 환자가 발생했다. '독감 한 번 앓지 않았다'는 말이 건강함의 대명사처럼 여겨지는 현실에서 독감은 새삼스러울 것도 없는 병이었다. 그러나 늘상 경험하는 계절성 독감으로 보기에 이 '새로운' 독감의 위력은 매서웠다. 말 그대로 '새로운 독감'이라서 '신종플루'라는 이름을 얻은 이 질환은 순식간에 전 세계적으로 퍼져나갔고, 9개월 만에 1만 3,554명(세계보건기구 발표 자료, 2010년 1월 10일 기준)의 사망자를 발생시켰다.
 유행 초기에 예상했던 추정치보다는 훨씬 적은 수치이지만, 이로 인해 변화된 것은 엄청났다. 학생들은 학교생활의 거의 유일한(?) 즐거움인 수학여행과 소풍을 포기해야 했고, 다수가 한곳에 모이는 행사는 대부분 연기되거나 취소되었다. 너무도 많은 행사나 모임의 일정이 변경된 탓에 '신종플루 때문에'라는 말은 어떤 모임에 참석하기 귀찮거나 매년 열리는 행사를 건너뛰어야 할 때 가장 그럴듯하게 받아들여지는 핑계가 되었다. 사람들이 외출을 꺼린 탓에 백화점과 마트의 매출은 줄었지만 홈쇼핑과 인터넷 쇼핑몰, 택배회사의 매출은 늘어났다. 마스크와 손 세정제의 판매량은 수직 상승했고, 지하철 안에서 재채기라도 하는 날이면 순식간에 반경 2미터 이내에 사람들이 접근하지 않는 희한한 일도 벌어졌다. 2009년 하반기에 백신이 등장한 이후 확산세는 다소 주춤한 듯하지만, 여전히 신종플루의 그림자는 전 세계에 드리워져 있다. 도대체 신종플루가 무엇이기에 이토록 많은 변화를 일으킨 것일까?

독감(influenza)이란 인플루엔자 바이러스에 의해 발생하는 급성 호흡기 질환으로 기침과 콧물, 재채기와 함께 고열과 오한, 두통과 근육통을 동반한다. 대부분 일주일 정도 앓고 나면 낫는 질환으로 알려져 있지만, 드물게는 심각한 합병증을 일으켜 사망에 이르기도 하기 때문에 주의가 요구된다. 독감 바이러스는 RNA를 유전물질로 가지는 RNA 바이러스로, 이 유전물질을 단백질 껍질이 둘러싸고 있는 단순한 구조로 이루어져 있다. 다른 바이러스들과 마찬가지로 독감 바이러스 역시 단독적인 생활이 불가능하며 숙주세포에 유입되어야만 복제와 증식 등의 생명 활동이 가능하다. 따라서 바이러스의 단백질 껍질 표면에는 숙주세포에 달라붙는 것을 쉽게 만들어주는 갈고리 같은 조직이 존재한다. 독감 바이러스의 갈고리는 두 종류로, 헤마글루티닌(hemagglutinin, HA)과 뉴라이니다아제(neuraminidase, NA)[1]가 그것이다.

독감에 걸린 환자가 말을 하거나 기침을 하게 되면, 환자의 입을 통해 독감 바이러스가 섞인 비말(작은 침방울)이 배출되고, 이것이 다른 사람의 호흡기로 유입되면 독감이 전염되는데, 이런 형태의 전염을 비

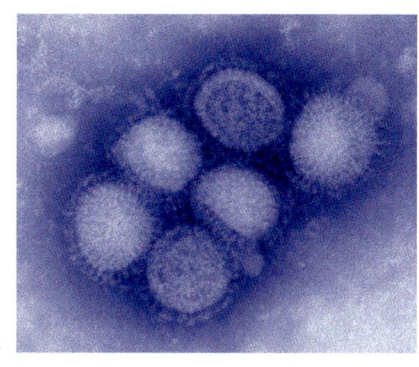

H1N1 바이러스

말 감염(droplet infection)이라고 한다. 대부분의 호흡기 질환은 비말 감염으로 전염된다. 비말은 보통 공기보다 무거워 시간이 지나면 가라 앉고 새로운 숙주를 찾지 못한 바이러스는 오래 생존하지 못하므로, 비말 감염은 주로 밀폐된 공간에 환자와 같이 있는 경우에 많이 일어난다. 호흡기 질환이 유행할 때 밀폐된 공간인 지하철, 백화점, 공연장에 가는 것을 주의하라는 것은 이런 이유 때문이다.

비말을 타고 새로운 숙주의 호흡기로 들어간 독감 바이러스는 HA와 NA를 사용해 인후 부위의 세포에 유입된다. 인플루엔자 바이러스는 유전자 타입에 따라 A, B, C, D타입으로 나뉘는데, 이 중 병을 일으키는 것은 주로 A형 바이러스다. 인플루엔자 A형 바이러스 표면에도 역시 HA와 NA가 존재하는데, HA는 총 15종, NA는 9종이며 하나의 인

> 신종플루 치료제로 잘 알려진 타미플루와 릴렌자가 작용하는 지점도 바로 이 부분이다. 타미플루는 바이러스 표면의 HA와 NA가 세포와 결합하는 것을 방해하는 작용을 한다. 이로 인해 타미플루는 바이러스와 인간 세포의 결합을 원천적으로 막을 수 있지만, 이미 결합되어 세포 안으로 유입된 경우에는 별다른 효과가 없다. 따라서 감염 초기로 아직 바이러스가 많은 수의 세포와 결합하기 전이라면 타미플루는 매우 효과적이다. 하지만 어느 정도 감염이 진행되어 이미 상당수의 세포가 바이러스와 결합한 뒤라면 치료 효과는 급속도로 떨어진다. 2009년 신종플루 감염으로 인한 사망자의 상당수가 초기 치료에 소홀했던 이들로 밝혀진 것은 타미플루의 이런 특성과도 연관이 있다.

플루엔자 A형 바이러스는 HA와 NA를 각각 1종씩 가지므로 각각의 조합에 따라 총 135(=15×9)종의 아형(subtype)을 가진다. 독감은 이처럼 원래부터 다양한 종류가 존재할 뿐 아니라 변이도 빠르게 일어나는 편이라 해마다 발생하는 유전자 타입이 조금씩 다른 것이 일반적이다. 그래서 같은 독감이라도 발생할 때마다 다른 이름을 붙이는데, 최초로 발생한 지명에 HA와 NA의 타입을 같이 표기한다. 예를 들어 '푸젠 독감(H5N1)'이라고 표기했다면, 중국의 푸젠 지역에서 처음 발생한 A형 독감으로, HA 5번과 NA 1번을 지니고 있는 종류라는 뜻이다. 올해 유행한 신종플루는 따로 이름이 붙여지진 않았지만, 이런 관례를 따른다면 '멕시코 독감(H1N1)'이라고 표기할 수 있을 것이다.

다행히 신종플루는 20세기에 있었던 세 번의 인플루엔자 대유행—1918년 스페인 독감(H1N1, 희생자 2천만~1억 명), 1957년 아시아 독감(H2N2, 희생자 100만 명), 1968년 홍콩 독감(H3N2, 희생자 70만 명)—에 비해서 희생자는 매우 적었지만 공포는 그에 못지않았다. 실제로 21세기 들어서 사스와 조류독감(Avian Influenza, AI) 등 새로운 감염성 질환의 유행이 되풀이되고 있어 사람들의 공포는 점점 커지고 있다. 과거에도 이런 류의 새로운 급성 전염병이 유행한 적이 있었지만, 사회 환경의 변화로 인해 현대 사회는 질병의 확산을 조장하고 희생을 증가시킬 위험성이 더 높아지고 있다.

가장 큰 변화는 글로벌화로 인한 질병의 빠른 확산이다. 과거에 질병의 유행은 몇 년 또는 몇 십 년을 두고 주변 지역으로 확산되어갔지만,

제1차 세계대전이 진행 중이던 1918년, 스페인 독감이 확산되는 것을 막기 위해 군인들이 마스크를 착용하고 있다(위). 1918년 대유행한 스페인 독감으로 희생된 사람은 2천만 명에서 1억 명 사이인 것으로 추정된다. 2009년 신종플루가 대유행함에 따라 멕시코시티에서 사람들이 인플루엔자 걸리지 않기 위해 지하철에서 마스크를 쓰고 있다(아래).

현재는 지구 한편에서 발생한 질환이 전 세계로 확산되는 데에는 몇 달, 심지어는 몇 주면 충분하다. 실제로 신종플루는 2009년 2월에 처음 멕시코에서 발생한 후 3월 말부터 빠른 속도로 미국 전역으로 퍼져 나갔고, 멕시코에서 최초의 신종플루 사망자가 발생한 4월 13일에서 채 2주도 지나지 않아 우리나라에서도 신종플루 첫 감염자가 등장했다. 2003년 발생했던 '괴질' 사스 역시 같은 해 2월에 중국 내 광둥성에서 첫 사망자가 발생한 이후 불과 석 달 만에 전 세계 33개국에서 7,296명의 환자와 526명의 사망자가 나왔다. 앞서 말했듯 호흡기 질환은 주로 비말 감염에 의해 전염되는데, 사람의 입에서 나온 비말이 영향을 미치는 것은 기껏해야 몇 미터 수준이다. 이처럼 불과 한두 달 사이에 몇 만 킬로미터나 떨어진 곳까지 바이러스가 퍼져 나갈 수 있었던 것은 빠른 운송수단과 빈번한 장거리 이동이 힙쳐진 결과물이다.

두 번째로 21세기 들어 인류를 떨게 했던 대부분의 질환이 공기를 통해 전염되는 호흡기 질환이라는 것이다. 인류 역사상 많은 질환이 기생충이나 오염된 물로 인해 일어났다. 페스트는 쥐에 기생하는 벼룩에 물려 발생했고, 말라리아는 모기에 의해 전염되고, 콜레라와 이질, 장티푸스는 오염된 물이 주범이었다. 지난 세기 동안 이루어진 꾸준한 환경개선과 기생충 박멸, 보건의식 향상과 수질 관리 등으로 이들 질환의 발생률은 드라마틱하게 떨어졌다(물론 이들 질환이 사라진 것은 아니다. 여전히 제3세계에서는 이들 질환들이 만연하고 있다는 사실을 기억해두어야 한다). 하지만 여전히 관리가 힘든 부분이 하나 남아 있다. 바로 '공기'

이다. 물은 정수해서 끓여 마시면 되고, 벼룩이나 모기는 소독과 살균으로 박멸하면 되지만, 공기는 그렇지 않다. 각 개인이 산소마스크라도 휴대하고 다니지 않는 한 공기는 통제하기 어렵다. 때문에 호흡기 질환에 대한 공포는 쉽게 사라지지 않는다. 사실 신종플루가 유행할 때 사람들을 두렵게 했던 것은 질병 자체에 대한 공포보다도 언제 어디서 전염될지 모른다는 확률의 공포였다.

특히 사스와 달리 신종플루는 독감이라는 질병의 일상성이 공포를 가중시킨 경향이 크다. 많은 사람은 질병 그 자체의 독성보다는 일상생활의 붕괴에서 오는 공포로 인해 신종플루를 더 두려워했던 것 같다. 대부분의 사람들은 잠자리에 들 때, 다음 날 아침에 눈을 뜨지 못할 것이라고는 상상하지 않는다. 마찬가지로 누군가가 독감에 걸렸다고 해서, 그를 다시 볼 수 없을 것이라고 여기지 않는다. 그런데 그런 독감으로 사람들이 죽어간다면 어떨까? 일상의 붕괴는 그 무엇보다도 두려운 일이다.

2장
인간, 스스로 망가지다

인체 내의 변화로 인한 질환

의학이 발전하면서 치료 가능한 질병의 목록이 늘어나도 사람들은 여전히 질병으로 괴로워한다.
때때로 새로운 질병이 생겨나기도 하고 사라진 질병이 다시 나타나기도 한다.
세균, 바이러스 등의 병원성 미생물들은 오랫동안 인간을 괴롭힌 존재였다.
다행히 20세기 초반 항생제의 개발로 이들의 행로를 잠시 주춤하게 만들 수 있었지만,
여전히 우리는 병원성 미생물들의 위협에서 벗어나지 못하고 있다.
게다가 프리온 유발 질환이나 내분비계 교란물질처럼
인간에 의해 유포되었거나 만들어진 물질도 우리를 위협하고 있다.
이런 상황에서 건강하게 살아가기 위해서는 이들 질환에 대한 '정보'가 필요하다.
이 장에서는 미생물에 의해 직접적으로 일어나는 질병이 아닌
몸 안에서 일어나는 변화 현상을 짚어보고자 한다.

볼프강 하임바흐, 〈병약자〉, 1669년

암, 죽지 않는 세포

헤이플릭 한계를 극복하고 불멸을 얻은 암세포의 정체

  3년 전, 건강하던 사촌 동생이 갑작스레 세상을 떠났다. 원인은 대장암이었다. 평소 배가 자주 아프고 변비가 심했지만, 혈기왕성했던 그는 그저 대수롭지 않은 소화불량으로 넘겨버렸다. 그러나 날이 갈수록 나아지기는커녕 점점 심해지는 증상에 심상치 않음을 느끼고 병원을 찾았을 때는 이미 대장암 4기, 간까지 전이가 된 상태였다. 25살, 아직 죽음이란 단어와는 인연이 없을 것 같던 젊은 청년은 그렇게 세상을 떠났다.

  그의 소식을 들은 일가친척들은 커다란 충격을 받았다. 젊은 청년에게 암이나 죽음이라는 단어는 전혀 어울리지 않았기 때문에 그랬고, 피붙이에게 이런 비극이 일어났다는 사실은 자신도 예외가 아닐 것이라는 생각을 불러일으켰다. 그래서였는지 장례가 끝난 뒤 친척들 중에는 건강검진을 받는 이들이 늘었는데 거짓말처럼 또 다른 친척에게서 암이 발견되었다. 다행히 자각 증상이 전혀 없을 만큼 초기였던지라 화학적 항암 치료 없이 수술만으로 깨끗이 절제할 수 있었고 지금까지 별다른 후유증이나 재발 없이 생활하시고 있다.

1872년 이집트 학자 게오르크 에버스가 발견한 에버스 파피루스(Ebers Papyrus). 암을 기록한 가장 오래된 문서로, 이 문서를 보면 기원전 1500년경 이집트에 이미 다양한 암 질환이 있었으며, 이를 치료하려고 애썼다는 것을 알 수 있다.

일 년도 채 못 되는 사이 가까운 친척 중에 암 진단을 받은 사람이 두 명이나 생기고 나니 암에 대한 공포가 피부에 와 닿는다. 실제로 현대인이 가장 무서워하고 가장 많은 사람이 고통 받는 질환이 암(癌)이다. 지난 몇 년간 암은 한국인의 사망 순위 1위를 차지하고 있고, 통계적으로 전 인구의 4분의 1은 암으로 사망한다.

사실 암은 최근에 발견된 질환이 아니다. 미라로 발견된 고대인의 시체에서도 암의 흔적을 찾을 수 있다는 보고가 있을 만큼 암은 오래된 질환이다. 하지만 최근 들어 암의 발병은 급증하고 있고, 이로 인해 피해를 보는 사람들도 많아지고 있다. 또한 암은 일단 적정 시기를 넘어서면 더 이상 손쓸 수 없는 질환으로 여겨진다. 도대체 암은 어떤 특징을 가지고 있는 질환인가?

우리는 흔히 일상적으로 '암세포'라는 말을 '나쁜 사람'과 동의어로 사용한다. '암적 존재'라는 말은 하등 쓸모가 없고 오히려 해만 끼쳐 잘라내야 하는 암처럼 사회에 해가 되므로 격리해야 한다는 뜻이 담겨 있다. 하지만 이렇게 미움을 받는 암세포는 외부에서 유입된 세포가 아니다. 즉, 원래부터 내가 가지고 있던 세포였으나, 어떤 이유로 인해 돌연변이가 일어나 변형된 세포인 것이다. 원래는 착실하고 성실했던 사람도 세월의 모진 풍파를 겪거나 결정적인 계기가 생기면 악인으로 변할 수 있듯, 원래는 인체를 구성하는 정상적인 세포가 특정한 스트레스—발암물질에의 노출, 유전적 특성, 바이러스 감염, 방사선 등—를 받아 더 이상 견디지 못하고 암세포로 변한 것이다.

정상세포와 암세포의 가장 큰 차이는 '불멸화(immortalize)'이다. 몸을 구성하는 정상세포—생식세포를 제외하고—는 모두 세포 분열에 한계를 지닌다. 즉, 아무리 이상적인 환경을 제공해준다고 하더라도 세포는 약 70~100회 정도 분열하고 난 뒤에는 분열과 성장을 멈추고 죽는다. 이런 세포 분열의 한계를 발견자의 이름을 따서 '헤이플릭 한계(Hayflick's limit)'라고 부른다. 헤이플릭 한계가 나타나는 것은 DNA와 DNA 합성효소가 지닌 구조적인 문제 때문이다.

세포는 한 번 분열할 때마다 DNA를 복제해 똑같이 나눠 가진다. 이때 구조적인 문제로 인해 한 번 복제할 때마다 DNA의 양쪽 끝이 조금씩 닳아 없어진다. 마치 운동화 끈을 오랫동안 묶었다 풀었다 하면 끝부분부터 헤지는 것처럼 말이다. 세포가 한두 번 분열할 때에는 큰 차이가 없지만, 여러 번 분열하면 닳아 없어지는 양이 많아져 DNA에 든

정보가 손상될 수 있다. 따라서 DNA의 양쪽 끝 부분에는 중요하지 않은 부분들로 채워져 있기 마련인데, 이 부분을 텔로미어(telomere)라고 한다. 텔로미어란 일종의 DNA 보호대이다. 부모는 어린아이가 처음 걸음마를 시작하게 되면 넘어질 때를 대비해서 무릎 보호대를 채워주곤 한다. 그렇게 하면 넘어져도 무릎을 다칠 위험이 줄어들기 때문이다. 하지만 아무리 무릎 보호대를 채워놓았더라도 아기가 넘어지는 일이 자꾸 반복되면 결국 보호대가 찢어지고 말듯이, 양쪽 끝 부위에 DNA를 보호하는 텔로미어가 있더라도 DNA 복제가 반복되면 텔로미어는 점점 짧아지게 되고 결국 위험 수준에 이를 만큼 짧아진다. 보통 이 수준에 이르게 되면 세포는 스스로 세포 자살(apoptosis) 시스템을 가동시켜 미련 없이 생명 활동을 멈춘다.

하지만 정상세포에 어떤 이유에서인지 짧아진 텔로미어를 만들 수 있는 효소인 텔로머레이즈(telomerase)가 다시 생성되면, 그 순간부터 정상세포는 다른 길로 들어서게 된다. 텔로머레이즈가 분비되면 아무리 세포 분열을 거듭하더라도 텔로미어의 길이가 유지되기 때문에 세포 자살 시스템이 가동되지 않게 되고, 끊임없이 분열을 거듭하며 죽지 않는 세포가 만들어진다. 그리고 그들 중 일부는 결국 암세포가 된다. 암세포의 분열 능력은 상상을 초월한다. 생물학 실험용으로 많이 쓰이는 헬라세포(HeLa cell)는 1951년 헨리에타 랙스(Henrietta Lacks)라는 여성의 자궁암세포에서 분리해낸 세포인데, 처음 발생한 이후 반세기가 지난 현재까지 수없이 분열을 했음에도 불구하고 여전히 살아 있을

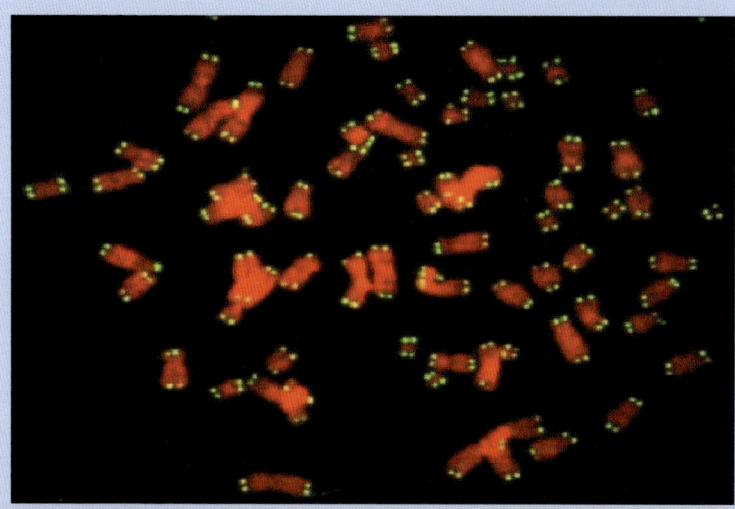

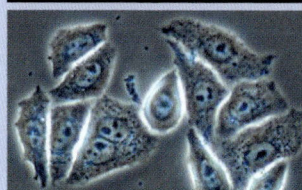

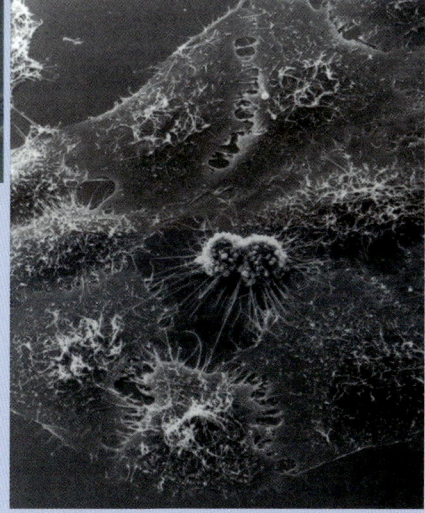

(위) 형광현미경으로 관찰한 인간 염색체의 모습. 붉은색으로 보이는 것이 염색체이고, 염색체 양 끝에 형광으로 빛나는 부분이 텔로미어다. 텔로미어는 염색체 양쪽 끝에 위치해서 DNA가 복제될 때 손상되지 않도록 보호하는 역할을 한다.
(아래 왼쪽) 배양 중인 헬라세포. 헬라세포의 엄청난 분열능력은 반세기가 지난 현재까지도 조금도 손상되지 않았고, 이로 인해 헬라세포는 전 세계 실험실에서 가장 많이 사용되는 세포주가 되었다.
(아래 오른쪽) 헬라세포

정도로 엄청난 분열능력과 생존능력을 자랑한다.
  암세포는 이처럼 엄청난 분열과 생존능력을 가지며, 일반적인 정상 세포에 비해 분열 속도도 매우 빠르다. 따라서 현재 시중에 나와 있는 항암제 중 많은 약들이 '암세포는 다른 세포에 비해 분열이 빠르고 많이 일어난다'는 것에 착안해 '세포 분열 시에 독으로 작용하는 물질'을 이용해 만들어지곤 한다. 이런 계통의 항암제는 반드시 암세포만 골라서 죽이는 것은 아니다. 다만 세포 분열이 빠른 세포에게 더 치명적인데, 정상세포에 비해 암세포의 세포 분열이 훨씬 활발하게 일어나므로 암세포를 죽이는 항암제로 작용하는 것이다. 하지만 정상세포의 경우라도 느리지만 세포 분열을 지속하고 있어서 항암제에 의한 부작용이 많이 나타난다. 항암 치료를 받는 환자들에게 흔하게 일어나는 부작용은 머리카락이나 손톱이 빠지고 구토를 하는 것이다. 앞서 말했듯이 이런 종류의 항암제들은 분열이 빠른 세포를 주로 공격하기 때문에, 우리 몸의 정상세포 중에서도 다른 부위에 비해 활발하게 분열하는 세포—모근세포, 위장내벽세포 등—가 타격을 입어 부작용이 나타나는 것이다.
  하지만 죽지 않고 분열한다고 해서 모두 암세포는 아니다. 흔히 몸속에 종양이 생기면 이 종양이 악성일까 걱정한다. 만약 양성이라면 큰 문제가 되지 않지만, 악성이라면 문제가 커진다는 것을 알고 있기 때문이다. 악성 종양이란 바로 암을 의미하는데, 암은 앞서 말했듯 죽지 않는 세포라는 특징과 함께 세포 자체가 혈관을 타고 다른 곳으로 이동해

"아, 이거 미안하네. 자꾸 나만 먹고 커지는 거 같네……."

암세포는 통제되지 않고 끝없이 분열하면서 무제한으로 증식한다.

전이될 수 있다는 특징을 가진다.
 세포가 자신의 자리를 이탈해 다른 곳에 가서 생착하는 경우는 매우 드물다. 만약 이런 일이 자주 일어났다가는 우리 몸 내부는 엉망진창이 될 것이다. 생각해보라, 간세포가 창자에 가서 붙어 있고 위장세포가 심장 근처에 자리 잡은 모습을 말이다. 간혹 자궁내막세포가 생리 중에 떨어져 나와 내부 장기에 달라붙는 자궁내막증을 일으키기도 하지만, 일반적으로 세포는 자신이 생겨난 자리에서 죽음을 맞이한다.
 그러나 암세포는 분열을 거듭해 종양이 일정 크기 이상으로 자라면 혈관 생성 인자를 분비해 종양에 직접적으로 영양분을 가져다줄 혈관을 새로 만들고, 나중에는 이 혈관을 타고 몸속 구석구석을 돌아다니다가 새로운 기관에 자리를 잡으면서 그 부위에도 암을 전파시킨다. 이로 인해 암이 진행되면 원래 발생했던 자리가 아닌 다른 부위에서도 암이 발견되는 경우가 많다. 이런 현상을 '전이'라고 하는데, 일단 암이 전이되었다는 것은 혈관을 타고 암세포가 돌아다니고 있다는 것을 의미한다. 그래서 기존에 발생한 암을 수술로 제거하더라도 혈관 속의 암세포가 다른 곳에 자리 잡아 암이 재발할 수 있으므로 예후가 좋지 못한 것이 보통이다. 암은 최초로 어디에서 발생했는지에 따라 전이되는 부위도 조금씩 다르다. 대개 대장암은 간으로, 피부암은 폐로, 폐암은 임파선으로, 유방암은 임파선이나 뼈로 전이되는 경우가 많다.
 암은 이처럼 '불멸화'와 '전이'라는 두 가지 특징을 지닌다. 하지만 암의 특징과 진행 과정에 대해서 알려진 것에 비해, 암이 '왜' 발생하는

지에 대해서는 확실한 해답이 없어 그만큼 치료도 난항을 겪고 있다. 하지만 모두는 아니더라도 몇 가지 원인은 밝혀진 상태다.

암을 일으키는 원인들

모든 종류의 암은 세포 내부의 돌연변이로 인해 일어난다. 여기서 중요한 것은 '무엇이' 돌연변이를 일으키냐다.

우선, 정상세포가 비정상적으로 돌변하는 계기에 바이러스가 일조하기도 한다. 특히 여성에게 많은 자궁경부암은 '인간유두종 바이러스(human papilloma virus, HPV)'와 매우 밀접한 관련을 맺고 있다. 인간유두종 바이러스는 감염되었다고 하더라도 초기에는 별다른 이상이 나타나지 않지만, 자궁경부세포에 돌연변이를 유발시켜 암세포로 변화한다. 이 경우에는 비교적 원인이 분명하기 때문에 치료와 예방에 많은 도움이 된다. 정기적인 검사를 통해 인간유두종 바이러스에 감염되었는지를 파악하고, 만약 바이러스가 검출되었다면 면밀한 검사를 통해 자궁경부암을 조기에 발견할 수 있기 때문에 암의 치유율을 높일 수 있다. 게다가 최근에는 인간유두종 바이러스의 특징을 이용해 만든 '자궁경부암 예방 백신'이 개발되어서 머지않아 자궁경부암이 퇴치될 것이라는 희망을 보여주기도 했다. 자궁경부암 백신은 간단하고 편리하게 자궁경부암을 예방할 수 있는 좋은 방법이지만, 일단 바이러스에

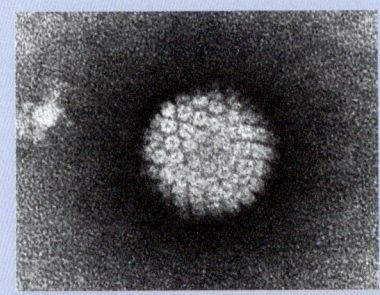

인간유두종 바이러스

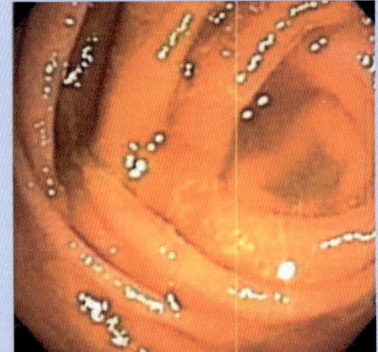

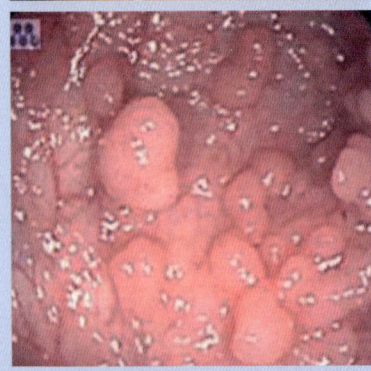

보통 사람의 대장 내벽(가운데)과 가족성 용종증을 가진 사람의 대장 내벽(아래). 육안으로 보기에도 이 둘 사이에는 확연한 차이점이 있는데, 용종이 많을수록 대장암 발병 확률이 높다.

감염된 이후에는 효과가 떨어지므로 성관계를 시작하기 전인 어린 시절(10세 전후)에 접종해야 효과가 있는 것으로 알려져 있다. 또한 직접적인 원인으로 지목할 순 없지만, 간암의 경우에도 간염 바이러스와 밀접한 관계를 지니는 것으로 추정된다. 만성 B형 간염이나 C형 간염에 걸린 이들의 간암 발생률이 그렇지 않은 사람에 비해 월등히 높게 나타나기 때문이다.

두 번째로, 암을 일으킬 수 있는 원인으로 지목되는 것이 유전이다. 최근에 들어서는 대부분의 암이 유전적인 소인과 관련 있다는 보고가 있을 만큼 암과 유전은 밀접한 관계가 있다고 의심되고 있다. 하지만 현재까지 암과 유전의 확실한 관계가 지목된 것은 유방암과 대장암, 두 종류뿐이다. 일명 유방암 유전자로 알려진 BRCA 유전자를 선천적으로 가지고 태어난 여성의 60~80퍼센트가 유방암에 걸릴 정도로 BRCA 유전자와 유방암은 밀접한 관계가 있다. 따라서 가까운 친척 중에 유방암 환자가 있는 여성은 유전자 검사를 통해 자신에게 BRCA 유전자가 있는지 확인해 암의 조기 발견에 노력하는 것이 좋다.

대장암의 약 5퍼센트 정도를 차지하는 유전성 대장암은 APC라는 유전자로 인해 일어난다. APC 유전자는 직접 암을 유발하지는 않지만 가족성 용종증(Familiar Adenomatous Polyposis)의 원인이 된다. 가족성 용종증이란 원래는 매끈해야 할 대장 내벽에 마치 종유동굴을 연상케 하는 수천 개의 작은 용종들이 발생하는 유전성 질환이다. 이 용종 자체가 건강에 큰 문제를 일으키지는 않지만, 시간이 지남에 따라 용종

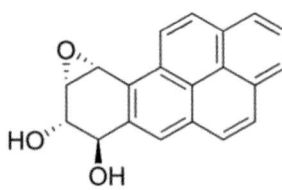

굴뚝 검댕 속에 포함되어 굴뚝 청소부에게
암을 일으켰던 벤조피렌의 화학구조와
1890년대 굴뚝 청소부 소년들의 모습

들 중 일부는 거의 확실하다고 할 정도로 대장암으로 변모하기 때문에 가족성 용종증을 가진 사람은 정기적인 대장암 검사를 반드시 받을 필요가 있다.

세 번째로, 화학물질이 암의 원인이 될 수 있다. 18세기 영국의 많은 가정에서는 벽난로에 석탄을 피워 난방을 해결했다. 이로 인해 신종 직업이 생겨났는데, 바로 주기적으로 벽난로 굴뚝 안의 검댕을 청소하는 굴뚝 청소부였다. 헐렁한 옷을 입고 굴뚝을 넘나들며 검댕을 닦아내는 여윈 소년의 모습은 당시 흔히 볼 수 있는 풍경이었다. 1775년 의사였던 퍼시벌 포트(Percival Pott)는 굴뚝 청소부에게 유난히 음낭암이 자주 발생한다는 사실을 알게 됐다. 대개의 암이 나이든 사람에게 발병하는 것과는 달리, 굴뚝 청소부의 경우 비교적 젊은 나이에 암이 발생한다는 사실에서 포트는 직업적 환경이 암을 일으키는 원인일 것이라고 예상했다. 그는 벽난로 굴뚝 안에 덕지덕지 붙어 있는 시커먼 검댕 속에 암을 일으키는 물질이 포함되어 있고, 이 물질이 음낭세포와 반응해 암을 일으키는 것으로 추측했다. 당시 포트는 어떤 물질이 암을 일으키는지 알아내지 못했지만, 이후의 연구를 통해 검댕 속에 포함된 벤조피렌(benzopyrene)이라는 물질이 굴뚝 청소부의 수명을 단축시킨다는 것이 밝혀졌다. 벤조피렌이 정상세포에 돌연변이를 일으켜 암세포로 바꾸는 능력을 지니고 있다는 사실이 알려진 것이다.

포트의 보고 이후, 여러 가지 화학물질이 암을 일으킬 수 있다는 의혹이 제기됐고, 실제로 몇몇은 암의 원인이 되는 것으로 드러났다. 그중에서 대표적인 것이 석면이다. 석면은 불에도 잘 타지 않고 단열 효과도 좋아서 한때 건축물의 단열재와 내장재로 많이 사용된 물질이다. 그러나 석면 공장에서 일하는 노동자에게서 폐암의 발병률이 10배 이상 높게 나타나고 악성중피종이라는 암의 80~90퍼센트 정도가 석면으로 인해 일어난다는 사실이 알려지면서 건축물에 석면 사용은 금지되었다. 하지만 이미 수많은 건축물에 내장된 석면은 어찌할 수 없는 실정이어서 여전히 석면으로 인한 피해 가능성은 남아 있는 상태다. 이 밖에도 타르, 비소, 벤젠, 다양한 금속 이온, 베타-나프틸라민, 아플라톡신, 다이옥신 등 다양한 화학물질이 암을 일으키는 발암물질로 지적되고 있다.

네 번째로, 유력한 발암 요인으로 방사선을 꼽을 수 있다. 지금이야 방사선에 대한 공포가 잘 알려져 있어서 방사선을 쬐는 것을 두려워하지만 처음 방사능 물질이 발견되었을 때는 지금과는 사정이 전혀 달랐다. 심지어 우라늄보다 월등히 강한 방사선을 방출하는 라듐은 만병통

치약으로 인식되어 불티나게 팔린 적도 있었다. 아이러니하게도 라듐이 만병통치약으로 팔리게 된 데에는 라듐이 암세포를 죽이는 기능이 있었기 때문이다. 라듐 방사선에는 강력한 에너지가 포함되어 있기 때문에 이것을 암세포에 직접 쬐어주면 독한 암세포라 해도 견디질 못한다. 아이러니한 것은 암세포를 죽일 만큼 에너지가 강력하다면 정상 세포도 해를 입힐 것이라 생각하는 것이 당연하건만 당시 사람들은 미처 거기까진 생각하지 못했다는 사실이다. 사람들은 '빛나는 물질'이라는 이름의 라듐에서 뿜어져 나오는 신비한 빛이 인체에 해로운 세균은 죽이고 조직 세포에는 활기를 가져다줄 것이라고 믿었다. 따라서 20세기 초반에는 상처에 바르는 연고나 붕대, 화장품과 치약, 비누 등에 라듐을 넣어 팔았고, 심지어는 라듐 성분이 든 생수를 마시는 사람들도 있었다. 당시 발행되는 신문에서는 라듐 성분이 들어 있다는 제품 광고를 쉽게 볼 수 있었고, 라듐이 들어 있지 않은데도 들어 있다고 과장광고한 업체를 고발하거나 소송을 거는 일이 심심찮게 일어났다. 사람들은 라듐을 인류가 발견한 획기적인 치료물질로 여겼던 것이다.

라듐의 위험성에 대한 일부 학자들의 경고는 초기부터 있었지만, 라듐

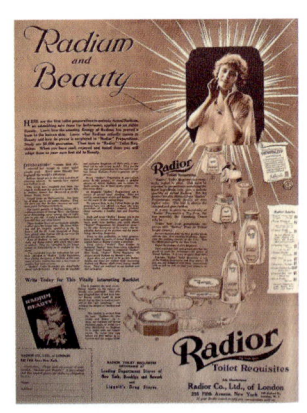

1918년의 신문 광고. 라듐 성분이 들어 있어 피부 미용에 좋다는 내용이 담겨 있다.

이 정말로 위험하다고 인식되게 된 계기는 1928년 한 시계 공장에서 일어난 여공들의 이상한 죽음이었다. 당시에는 시계를 만들 때 어두운 데서도 잘 보이도록 시곗바늘에 방사능 원소의 일종인 라듐을 칠하는 공법이 도입되어 있었다. 일종의 야광 시곗바늘을 만들기 위해 여공들은 시계 조립대 앞에 앉아 시곗바늘에 라듐이 든 도료를 칠했는데, 도료를 번지지 않고 깔끔하게 바르기 위해 종종 붓 끝을 침으로 뾰족하게 만들곤 했다. 마치 바늘귀에 실을 꿸 때 실에 침을 묻혀 뾰족하게 만드는 것처럼 말이다. 처음에는 별다른 이상이 없어 보였지만, 얼마 지나지 않아 십여 명이 시름시름 앓다가 결국 목숨을 잃었다. 그들을 죽음으로 몰아넣은 것은 혀와 구강에 생긴 암이었다. 라듐에서 발생한 강력한 방사선이 혀와 구강의 세포에 돌연변이를 일으켜 암이 발생했던 것이다. 그러나 원래부터 열악한 환경에서 살던 가난한 여공들의 죽음은 관심을 크게 끌지는 못했다. 하지만 부유한 미국인 사업가가 라듐이 든 생수를 마신 것이 원인이 되어 사망하자 이야기는 달라졌다. 사람들은 라듐이 해로운 것이 아닌지 의심하기 시작했고, 라듐이 방출하는 강력한 방사선이 인체에 해롭다는 사실이 공식적으로 확인되자 라듐이 들어간 모든 제품의 판매가 금지되었다. 이때가 1931년으로, 마리 퀴리(Marie Curie)와 피에르 퀴리(Pierre Curie)가 처음 라듐을 발견한 1898년 이후 30여 년 만의 일이었다(잘 알려져 있다시피 퀴리 부인은 1934년 백혈병으로 사망했는데, 이 역시 라듐 방사선에 의한 결과였다고 생각된다).

국제암연구협회(International Agency for Research on Cancer, IARC)가 제시한 대표적인 발암물질

1. 화학물질

1) 아스페르길루스 플라부스(Aspergillus flavus): 곰팡이의 일종으로 이 곰팡이가 생산하는 아플라톡신(Aflatoxin)은 강력한 발암제로 여겨진다.
2) 아미노비페닐(Aminobiphenyl)
3) 아리스톨로크산(Aristolochic acid)
4) 비소 및 비소화합물(Arsenic and arsenic compounds)
5) 석면(Asbestos)
6) 아자치오프린(Azathioprine)
7) 벤젠(Benzene)
8) 벤지딘(Benzidine)
9) 벤조피렌(Benzopyrene)
10) 베릴륨 및 베릴륨 화합물(Beryllium and beryllium compounds)
11) 클로르나파진(Chlornapazine)
12) 클로로메틸에테르(Chloromethyl ether)
13) 부타디엔(1,3-Butadiene)
14) 카드뮴(Cadmium): 카드뮴 증기는 코에 암을 일으킬 수 있다.
15) 사이클로스포린(Ciclosporin): 면역억제제의 일종
16) 다이옥신(Dioxin)
17) 에리오나이트(Erionite)
18) 에틸렌 옥사이드(Ethylene oxide)
19) 포름알데히드(Formaldehyde)
20) 니켈 화합물(Nickel compounds)
21) 쥐방울덩굴 추출물(Aristolochia)
22) 페나세틴(Phenacetin): 진통제의 일종
23) 탈크(Talc): 활석이라고도 한다. 파우더 등에 들어가는 재료
24) 항암제류: 티오테파(Thiotepa), 타목시펜(Tamoxifen), 클로람부실(Chlorambucil), 사이클로포스파미드(Cyclophosphamide), 멜파란(Melphalan)
25) 염화비닐 중합체(Vinyl chloride)
26) 여성호르몬제(Oestrogen): 과다한 여성호르몬제는 유방암, 생식기암을 증가시킨다.

2. 바이러스 및 감염체류

1) 엡스타인-바 바이러스(Epstein-Barr virus): 림프계 암을 일으킬 수 있다.
2) 헬리코박터 파이로리균(Helicobacter pylori): 위장에 기생하는 세균으로 위궤양, 위암의 원인이 될 수 있다.
3) B형 간염 바이러스(Hepatitis B virus): 간암의 원인이 된다.
4) C형 간염 바이러스(Hepatitis C virus): 간암의 원인이 된다.

5) 인간 면역결핍 바이러스(Human immunodeficiency virus, HIV): 에이즈 바이러스, 면역계를 약화시켜 암의 발생률을 증가시킨다.
6) 인간유두종 바이러스(Human papilloma virus): 자궁경부암의 원인이 될 수 있다.
7) T세포 백혈병 바이러스(Human T-cell lymphotropic virus): 백혈병(혈액암)의 원인이 될 수 있다.
8) 사람간흡충(Opisthorchis viverrini): 간암을 유발할 수 있다.
9) 주혈흡충(Schistosoma haematobium): 방광암의 원인이 된다.

3. 방사선류

1) 감마선(Gamma radiation): 방사선의 일종
2) 중성자 방사선(Neutron radiation)
3) 방사선 동위원소류(Phosphorus-32, Plutonium-239, iodine-131, Radium-224, Radon-222, Thorium-232): 방사능을 띠는 인, 플루토늄, 아이오딘, 라듐, 라돈, 토륨류
4) 태양빛(Solar radiation): 과다한 일광 노출은 피부암을 일으킬 수 있다.
5) 엑스레이(X-Radiation)

4. 혼합물류

1) 술(Alcoholic beverages): 지나친 음주는 간암과 위암의 간접적인 원인이 될 수 있다.
2) 아레카넛(Areca nut): 열대에서 자라는 빈랑나무의 열매
3) 담배(tobacco): 흡연은 폐암의 원인이 된다.
4) 콜타르(Coal-tar)
5) 염료류(Dyes metabolized to benzidine): 벤지딘이 들어간 염색제 혹은 페인트류
6) 젓갈류(Salted fish): 젓갈류를 비롯한 짠 음식을 많이 섭취하면 소화기계 암 발생률이 높아진다.
7) 혈암유(Shale-oils): 원유의 일종
8) 검댕(Soots): 굴뚝 청소부의 발암 원인

5. 작업환경: 다음과 같은 환경에서 일하거나 자주 노출되는 경우 암에 걸릴 확률이 높아진다.

1) 알루미늄 제련소(Aluminium production)
2) 음용수에 비소가 녹아 있는 경우(Arsenic in drinking water)
3) 페인트 공장, 특히 황색물감의 일종인 아우라민(Auramine), 자홍색 물감 마젠타(Magenta) 및 페인트 도색공
4) 굴뚝 청소
5) 석탄 정제 및 가공업체(Coal gasification, Coal tar distillation, Coke production)
6) 가구공장(Furniture and cabinet making)
7) 철광석 채굴(Haematite mining)
8) 직접흡연 및 간접흡연(Tobacco smoking & Secondhand smoke)
9) 제철산업(Iron and steel founding)
10) 이소프로판올 제조업(Isopropanol manufacture)
11) 고무가공업(Rubber industry)
12) 황산가스가 포함된 증기(inorganic acid mists containing sulfuric acid)

라듐과 우라늄을 비롯한 방사능 물질에서 발생하는 방사선은 강력한 에너지를 가지고 있다. 이 에너지는 DNA를 파괴하거나 DNA의 구조를 바꿔 돌연변이를 일으킬 만큼 강력하다. 따라서 세포가 방사선에 노출되면 대부분의 세포는 DNA 붕괴나 구조 변형으로 죽고, 간혹 살아남은 세포 중 일부는 유전자에 변화를 일으켜 암세포로 변하곤 한다. 현대인이 방사선에 노출되는 것을 두려워하는 이유가 바로 이것이다. 라듐 방사선보다는 약하지만 태양빛 속에도 X선과 자외선 등 에너지가 높은 광선들이 포함되어 있는데, 그것에 오래 노출될 경우 피부가 검게 그을리고 거칠어질 뿐 아니라 피부암의 발병 확률도 높아지므로 가능하면 직접적인 일광 노출은 피하는 것이 좋다.

이처럼 방사선은 세포를 죽이고 조직을 파괴시키며 때로는 암을 일으킬 수도 있다. 그런데 최근에는 방사선의 세포 사멸 능력을 역이용해 이미 발생한 암을 치료할 때 이용하고 있으니, 방사선은 인간에게 병도 주고 약도 주는 물질이라 할 수 있다.

암에 대처하는 방법

지금까지 인류에게 가장 무서운 질병은 두창이나 결핵, 페스트 같은 감염성 질환이었다. 그러나 백신과 항생제의 등장으로 예방과 치료의 길이 열리면서 그 위세는 감소되었고, 인간의 평균수명은 한 세기 반

만에 이전의 두 배 정도 길어졌다. 그러나 수명의 연장은 세포 내 돌연변이의 발생 가능성을 높여 암 발생의 증가를 초래했고, 때맞춰 인간이 만들어낸 각종 화학물질도 인간을 공격하는 발암물질로 작용해 암의 발생률을 증가시켰다. 레이첼 카슨이 『침묵의 봄』에서 유독한 화학물질로 인해 인류의 네 명 중 한 명은 암으로 죽을 것이라고 경고한 것이 결코 흰소리로 들리지 않는 이유는, 실제로 전체 사망자의 4분의 1이 암으로 세상을 떠났기 때문이다. 많은 학자들은 21세기에 인류를 가장 위협할 질환은 바로 암일 것이라고 생각한다. 그렇다면 이렇게 위험하고도 발생률이 높은 암에 어떻게 대처해야 하는가?

최근에 들어서는 성능이 좋은 항암제와 부작용이 덜한 방사선 요법으로 암을 치료하는 다양한 방법이 개발되고 있지만, 암을 치료하는 가장 일차적이고 기본적인 방법은 '암 절제'다. 즉, 암세포가 생겨난 부분을 도려내버림으로써 더 이상 암세포가 번지지 못하도록 막는 것이다. 암세포의 절제는 가장 확실하게 암세포를 없앨 수 있는 방법이기는 하지만, 암의 발생 범위가 광범위하거나, 이미 주요 기관에 전이된 경우에는 실행하기 어려운 방법이다. 아무리 솜씨 좋은 의사가 간암이 일어난 부위를 남김없이 떼어낸다고 하더라도, 암세포에 의해 침범당하지 않고 남아 있는 간세포가 없다면 인간은 살아갈 수 없기 때문이다. 암의 초기 발견이 중요한 이유가 바로 이것이다. 암을 초기에 진단하면 절제 범위가 작기 때문에 비교적 큰 후유증이나 장애 없이 생존하는 것이 가능하지만, 그렇지 못한 경우 잘라낼 수도 없을 뿐더러 설사 잘라낸다고 하더라도 정상적인 생활이 불가능하기 때문에 생존율은 떨어질 수밖에 없다. 따라서 암은 발병 이전에 미리 예방하는 것이 가장 중요하다. 그렇다면 일상생활에서 암을 예방할 수 있는 방법은 무엇일까?

암은 매우 심각한 병이지만, 의외로 아주 간단한 방법으로 발생률을 낮출 수 있다. 암을 예방하는 첫 번째 규칙은 금연(禁煙)과 금주(禁酒)다. 담배에는 약 4,000여 종의 화학물질이 포함되어 있는데, 앞서 굴뚝 청소부를 사망케 했던 벤조피렌을 비롯해 69종의 발암물질이 포함되어 있다. 한마디로 담배는 발암물질의 집합소라 할 수 있다. 흡연 행위는 말 그대로 발암물질을 코를 통해 몸속으로 집어넣는 것과 다르지 않다. 술 역시 마찬가지다. 술 자체가 암의 직접적인 원인이 되는 경우는 많지 않지만, 과도한 음주는 간에 부담을 주고 이로 인해 이차적으로 간경화나 간암 같은 질환으로 이어질 수 있다.

두 번째는 먹는 것을 조절해야 한다. 흔히 탄 음식이나 맵고 짠 음식이 위암을 일으키고, 기름진 음식이 대장암을 일으킨다고 알려져 있다. 물론 발암물질이 암의 직접적인 원인이 되는 것과 달리, 어떤 음식을 먹는다고 해서 바로 암에 걸리는 것은 아니다. 하지만 음식이란 인간이 살아가면서 매일 접하는 것이기 때문에, 식습관은 평생에 걸쳐 인체에 영향을 미치게 되고 결국 이는 암과 같은 만성 질환을 일으키는 간접적인 원인이 되기도 한다.

우리나라 사람에게는 유난히 위암이 많이 발생한다. 이는 맵고 짠 음식을 즐기는 식생활과 다소간 연관이 있다. 김치와 장아찌, 젓갈 등의 맵고 짠 음식은 담백한 주식인 '밥'과 어우러져 자연스레 발달한 것이지만, 아무래도 세포에는 자극이 되기 마련이다. 이로 인해 음식물이 일차로 소화되는 위벽이 지속적인 자극이 되어 위암의 발생률을 높인다고 추정된다. 그러나 최근 들어 고염식의 위해성이 널리 알려지고 음식의 가짓수가 다양해지면서 이와 비례해 위암의 발생률도 점차 줄어들고 있다고 한다. 그러나 이러한 음식문화의 변화로 인해 오히려 대장암의 발생률은 높아지고 있는 실정이다. 과도한 지방 섭취와 섬유질이 적은 식사는 대장암과 밀접한 관련이 있기 때문이다. 또한 곰팡이가 핀 음식은 곰팡이에서 유래한 강력한 발암물질인 아플라톡신(aflatoxin)으로 오염된 경우가 많기 때문에 가능하면 이들 음식을 피하는 것이 좋다. 또한 음식을 가려 먹는 것은 주혈흡충이나 간흡충 등 기생충의 유입을 막을 수 있어 암 예방에 도움이 된다. 이들 기생충은 방광암이나 간암의 발생률을 높인다.

세 번째는 암과 관련된 미생물의 접촉을 막는 것이다. 앞서 말했듯이 자궁경부암은 인간유두종 바이러스의 감염과 관련이 있다. 또한 간염 바이러스(B형, C형)로 인한 간염이 만성화되는 경우 간암으로 발전할 위험이 크고, 헬리코박터 파일로리(Helicobacter pylori) 균이 위장 속에 자리 잡은 경우 위염과 위궤양뿐 아니라 위암의 발생률도 두 배 정도 높아진다는 보고가 있다. 다행히도 최근에는 B형 간염 백신뿐 아니라 인간유두종 바이러스에 대한 백신이 개발되었고 헬리코박터를 치료하는 항생제도 개발되어 있다. 이런 미생물의 침입을 막거나 조기에 치료하는 것은, 이들에 의한 일차적 질환을 예방할 뿐 아니라 암도 예방할 수 있는 지름길이다.

네 번째는 균형 잡힌 식생활, 적당한 운동, 스트레스 해소 등으로 건강한 몸을 유지하는 것이다. 인간의 몸은 자연적으로 질병에 대응할 수 있는 면역계를 지니고 있다. 그런데 영양 불균형이나 운동 부족, 지나친 스트레스 등은 몸의 균형을 깨뜨리고 면역계를 허약하게 하여 질병에 쉽게 노출되게 한다. 또한 암세포란 세포의 생존과 사멸 메커니즘의 조절이 깨지면서 일어나는 현상이므로, 면역계의 약화는 암의 발생률을 높이는 데 일조할 수 있다.

마지막으로, 정기적인 검진을 통해 암을 조기에 발견해 치료하는 것이 중요하다. 암은 크기와 조직의 침범 정도에 따라 1에서 4기까지 네 단계로 나뉘는데, 암이 1기에 머물러 있을 때 발견하면 5년 생존율(암을 치료하고 5년 이상 더 살 수 있는 가능성)이 90~95퍼센트에 달하지만, 단계가 진행될수록 생존 가능성은 낮아진다. 2009년 국립암센터 중앙암등록본부가 발표한 자료에 따르면(http://www.ncc.re.kr), 우리나라 암 발생자의 5년 생존율은 57.1퍼센트이지만, 암 진행 시기에 따라 그 차이가 컸다. 예를 들어 유방암의 경우 1기에 발견하면 약 95퍼센트 정도가 완치 판정을 받는 반면, 4기에 발견되면 10퍼센트만이 암을 이겨냈다. 다른 종류의 암들도 마찬가지여서 1기에 발견하면 90~95퍼센트의 생존율을 보이지만 4기에 발견되는 경우 5~10퍼센트의 낮은 생존율을 보였다. 암은 외부에서 미생물이 들어와 일어나는 병이 아니라 원래부터 자신이 지니고 있던 자기 몸의 세포가 변형되어 생기는 것이기 때문에, 그만큼 면역계의 저항을 덜 받아 초기에는 자각 증상이 거의 없다. 불에서 연기가 나지 않으면 경계심이 줄어들듯이, 대부분의 암은 자각 증세가 거의 없기 때문에 아무리 예민한 사람이라고 하더라도 증상을 통해 암을 초기에 발견하는 것은 대단히 어려운 일이다. 따라서 정기적인 검진으로 미리미리 몸 구석구석을 살펴두는 것이 최선의 방법이다.

암을 일으키는 원인은 매우 다양하다. 그러나 화학물질에 의한 것이든 바이러스에 의한 것이든 암은 근본적으로 세포가 지닌 DNA 안에 돌연변이가 일어나 텔로머레이즈가 활성화되고 세포가 적당한 시기에 스스로 사멸하는 능력을 잃어버릴 때 발생한다. 즉, 근본적으로는 유전자 상에 일어나는 돌연변이가 암의 직접적인 원인이다. DNA 상의 돌연변이는 화학물질이나 바이러스처럼 자극적인 요인이 있을 때 더 자주 발생하지만, 그렇지 않더라도 자연적인 세포 분열 과정에서 우연한 복제 실수로 일어나기도 한다. 복제 과정이 많이 되풀이될수록 오류의 위험도 높아지고, 그만큼 암이 생성될 가능성도 높아진다. 따라서 암은 나이를 먹을수록 발생할 위험이 높아진다. 현대인이 암으로 더 많이 고통 받는 이유 중의 하나는 발암물질을 많이 접해서이기도 하지만, 과거에 비해 평균수명이 훨씬 늘어났기 때문이라는 사실을 간과해서는 안 된다.

이처럼 최근에 보이는 암 발생률의 증가는 일부분 세균성 질환에 대해 우위를 가지며 평균수명이 늘어났던 시기와 맞물린다. 의학의 발달에 따라 인간의 평균수명이 길어지고 노년의 시간도 점차 연장되고 있다. 이런 현실에서 인간에게 주어진 가장 큰 숙제는 어떻게 암을 극복하고 늘어난 수명을 제대로 누릴 수 있는 방법을 찾느냐에 있다. 암은 이제 특정한 누군가가 앓는 질병을 넘어서, 우리 모두가 언젠가는 접할지도 모르는 보편적인 질환이 될 가능성이 높다. 우리가 21세기의 당면 과제로 암의 극복을 꼽는 것은 바로 이런 이유에서이다.

바이러스로 암을 치료할 수 있을까?

지금까지 바이러스는 질병을 일으키는 병원체로만 지적되어왔다. 실제로 많은 바이러스들이 질병을 일으킨다. 일 년에도 몇 번씩 걸리는 감기를 비롯해 독감, 수두, 홍역, 풍진, 두창, 대상포진, 입술 물집, B형 간염은 모두 바이러스가 일으키는 질환이다. 몇 년 전 세상을 떠들썩하게 했던 SARS(중증 급성 호흡기 증후군)와 2009년 전 세계로 퍼져나간 신종플루 역시 바이러스성 질환이다. 이처럼 바이러스는 수없이 많은 질병을 일으키므로 항상 퇴치의 대상이었다. 하지만 최근에는 바이러스를 이용해 암을 치료하는 방법이 연구되고 있다. 2007년 미국의 존스홉킨스 대학 연구진은 엡스타인-바 바이러스(Epstein-Barr virus)를 이용해 종양을 치료할 수 있는 가능성을 제시했다.

바이러스를 암 치료에 이용할 수 있는 것은 바이러스가 가진 독특한 생활 패턴 때문이다. 먼저 바이러스는 스스로는 생명 활동을 하지 못하므로 숙주세포 속에서만 살 수 있는데, 바이러스가 침투할 수 있는 숙주세포는 바이러스의 종류에 따라 다르다. 예를 들어 에이즈를 일으키는 바이러스는 사람의 세포 중에서도 면역세포, 그것도 T-세포에서만 작용한다. 또한 바이러스는 숙주세포에 침입해 그것을 이용한 뒤 죽이고 탈출하는 특성이 있다. 이처럼 특정 세포만을 공략하고 숙주세포를 죽이는 바이러스의 특성을 이용하면, 정상세포는 건드리지 않고 암세포만 골라서 침투한 뒤 그들을 죽이고 다른 암세포로 침투하는 바이러스를 만들 수 있다. 이 방법은 암세포만을 골라서 공략하기 때문에 항암 치료 중 나타나는 부작용도 줄일 수 있을 뿐 아니라 육안으로는 구별할 수 없는 초기 암세포를 치료할 수 있는 장점이 있어 현재 활발하게 연구되고 있다.

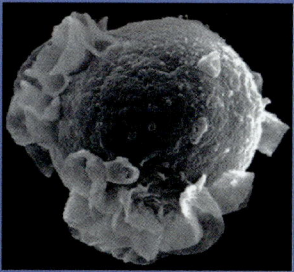

새로운 암 치료제로 연구되고 있는 엡스타인-바 바이러스

에리히 헤켈, 〈정신병자의 식사 시간〉, 1914년

치매, 인간성을 잃다
퇴행성 신경 질환을 통해 본 신경세포의 특성과 치료법

여기 막 결혼한 젊은 부부가 있다. 아내와 남편은 서로를 지극히 사랑했기에 이 부부의 삶은 이제 행복으로만 가득할 것처럼 보였다. 그러나 행복에 겨웠던 순간도 잠시, 아내의 행동이 점차 이상해진다. 아내는 자꾸만 기억을 잃기 시작한다. 가벼운 건망증으로 여기던 아내의 행동은 점차 방금 전에 했던 말도 기억하지 못하게 되고, 심지어 외출했다가 집으로 오는 길을 찾지 못할 정도로 심해진다. 이렇게 변해가는 아내를 안타까운 눈으로 바라보는 남편, 그의 가슴을 가장 아프게 한 것은 사랑하는 아내의 기억 속에서 자신이 점차 지워지고 있다는 사실이었다.

이것은 2004년에 개봉되었던 정우성, 손예진 주연의 멜로 영화〈내 머리 속의 지우개〉의 줄거리다. 영화 속에서 손예진은 젊은 나이지만 치매에 걸려 점차 기억과 인지능력을 상실해가는 사랑스러운 아내 역을 맡아 관객의 눈물을 쏙 빼놓았던 걸로 기억한다.

치매(dementia)란 특정 질환의 명칭이라기보다는 '인지능력의 감퇴'와 관련된 다양한 증상을 일컫는 말이다. 애초에 정신적 능력이 발달하지 못한 발달 장애와는 달리, 한때는 정상적인 정신능력을 지녔으나 여러 가지 이유로 이 능력이 감퇴할 때 '치매'라고 한다. 인지를 담당하는 기관은 뇌이기에, 뇌에 존재하는 신경세포의 파괴 혹은 손상은 치매 현상을 불러올 수 있다. 신경세포의 손상은 물리적인 충격이나 뇌경색 등 질환의 합병증으로 급작스럽게 생겨날 수도 있지만, 노화 현상의 일종으로 나타나기도 한다(여기에서는 노화와 함께 퇴행성 질환으로 일어나는 노인성 치매를 중점적으로 다루고자 한다). 치매의 경우 신체적인 손상에 비해 정신적인 손상이 더 크다. 따라서 인간으로서 지니는 독특한 정신적 능력에 심각한 훼손을 일으킨다는 점에서 치매는 그 어떤 질환보다 잔인한 일면이 있다. 인간성의 상실을 가져오는 치매의 원인은 무엇이며, 어떻게 대처해야 하는 것일까?

우리는 흔히 치매를 단일한 질환으로 받아들이는 경우가 많지만, 사실 치매 증상을 일으키는 원인은 많다. 알츠하이머병, 파킨슨병, 헌팅턴병 등 다양한 퇴행성 뇌 질환과 뇌출혈이나 뇌졸중으로 인한 뇌세포의 파괴, 혹은 뇌에 가해지는 물리적 충격은 모두 치매를 일으키는 원인이다.

이처럼 치매의 원인은 다양하지만, 그중에서도 가장 높은 비율을 차지하는 것은 바로 '알츠하이머병(Alzheimer's disease)'이다. 1906년 독일의 의사 알로이스 알츠하이머(Alois Alzheimer)가 처음 분류해 보고했기에 알츠하이머병이라고 부르는 이 병은 대뇌의 세포가 점차 죽어 탈락되면서 일어난다. 20세기 초 알츠하이머는 신경 질환으로 여겨지

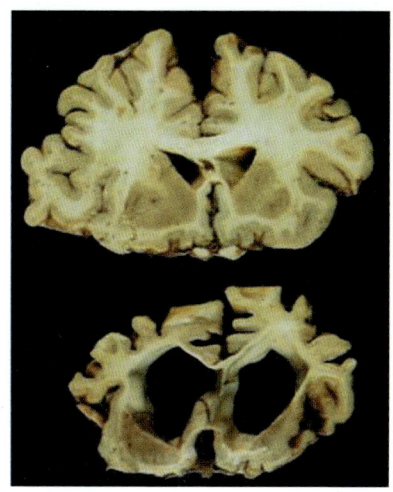

정상인의 뇌(위)와 알츠하이머 환자의 뇌(아래)의 단면 사진. 육안으로도 알츠하이머 환자의 뇌는 정상인에 비해 뇌세포가 파괴되어 쪼그라든 모습이 확연하다.

는 희귀병—알츠하이머병은 노인성 질환이기 때문에 평균수명이 짧았던 시대에는 흔치 않은 질환이었다—을 앓다가 사망한 여성 환자를 부검하던 중 뇌에서 특징적인 현상을 발견했다. 육안으로도 환자 전두엽 부분의 뇌세포가 많이 상실되어 이 부분이 확연히 줄어든 것이 관찰되었고, 현미경으로 관찰해보니 보통 사람의 뇌에서는 보이지 않는 반점들과 신경세포 섬유들의 이상한 꼬임이 발견되었다. 알츠하이머는 이런 특징적인 증세들—전두엽 소실, 노인성 반점, 신경섬유 농축 등—을 일컬어 '알츠하이머병'이라는 이름을 붙였고, 이 병은 노인성 치매를 일으키는 대표적인 질환으로 알려지게 되었다.

알츠하이머병 외에도 치매를 일으키는 질환은 여러 가지다. 각각의 질환은 조금씩 다른 양상으로 진행되기는 하지만, 치매를 일으킨다는 공통점을 가지고 있다. 그리고 이러한 질환들이 치매의 원인이 되는 것은 신경세포의 근본적인 특징, 즉 한 번 분열이 끝나면 다시는 재생되

알츠하이머병이란?

'알츠하이머병(Alzheimer's disease)'란 1906년 독일의 의사 알로이스 알츠하이머(Alois Alzheimer, 1816~1915)가 처음 분류해 보고한 질병이다. 알츠하이머는 신경 질환을 앓다가 사망한 여성 환자를 부검하던 중 육안으로도 전두엽 부분의 뇌세포가 많이 손실되어 뇌가 축소된 것을 보게 되었다. 또한 전두엽 부분을 현미경으로 관찰한 결과, 정상적인 뇌에서는 존재하지 않는 특이한 반점들과 이상하게 꼬여 있는 신경세포 섬유들을 발견했다. 이에 알츠하이머는 전두엽 소실, 노인성 반점, 신경섬유 농축 등의 증상을 가져오는 증상을 일컬어 '알츠하이머병'이라는 이름을 붙여주었다.

신경세포는 정교하게 연결되어 감각, 인식, 기억 등의 활동을 하는데, 알츠하이머병에 걸리게 되면 신경세포들이 잘라지고 굳어져 뇌세포의 구조가 엉망으로 뒤엉켜버리게 된다. 또한 이 과정에서 원래는 뇌에서 중요한 역할을 하던 '아밀로이드'와 '타우'라는 단백질이 자기들끼리 엉겨서 뭉치게 된다. 잘라진 신경세포들과 단백질들이 뭉쳐지게 되면, 주변의 정상적인 뇌세포도 꼬이고 주름이 생겨 결국 파괴되게 된다. 이렇게 단백질은 굳어서 엉켜버리고, 뇌세포는 자꾸 죽어나가면 결국 환자는 정상적인 정신 활동을 수행할 수 없게 된다.

전체 치매 환자의 약 60퍼센트는 알츠하이머병에 의한 것으로, 알츠하이머병은 노인성 치매를 일으키는 가장 큰 원인이다.

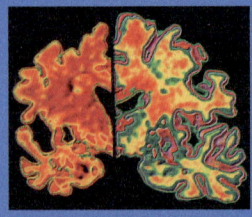

알츠하이머병 환자의 뇌(왼쪽)는 보통 노인의 뇌(오른쪽)와 비교해 볼 때 현저히 비활성화되어 있다.

드물게는 젊은 나이에 발병하기도 하지만, 55세 이전에는 거의 나타나지 않는 알츠하이머성 치매는 65세 이상에서는 약 5~7퍼센트, 80세 이상이 되면 20퍼센트 정도에서 나타난다. 세계보건기구(WHO)가 발표한 『세계보건통계 2009』에 따르면, 한국인의 평균수명은 79세이며, 해마다 꾸준히 늘고 있다. 이처럼 노령 인구의 수가 많아지면서 알츠하이머병을 비롯한 노인성 질환의 증가는 간과할 수 없는 문제가 되고 있다.

지 않는다는 특징에 기인한다.

　우리 몸의 세포들이 분열에 한계를 지닌다는 것은 앞서 살펴보았다. 하지만 분열 가능 횟수는 적은 편이 아니어서 일반적으로 인간이 늙어서 사망할 때까지도 세포 분열은 계속된다. 예를 들어 사고로 인해 찢어진 피부가 치유되는 과정은 그 부위의 세포가 조직을 재생하는 현상으로 이는 노인에게서도 분명 일어난다. 물론 노인이 되면 젊었을 때에 비해 과정이 느리게 진행되지만, 그렇다고 일어나지 않는 것은 아니다. 하지만 뇌의 신경세포만큼은 한 번 분열이 끝나면 다시는 재생되지 않는다. 그렇기 때문에 어떤 이유로든 뇌세포를 잃게 되면 그걸로 끝이다. 잃어버린 신경세포의 빈자리를 새로운 세포가 보충해주지 못하기 때문에 이 과정이 쌓이고 쌓이면 결국 인지 기능에 문제가 생기는 치매가 발생하는 것이다. 그렇다면 신경세포는 왜 재생되지 않는 걸까?

재생되지 않는 신경세포

　먼저, 인간을 구성하는 신경계의 조직과 각각의 특징을 살펴보자. 신경계는 크게 몸의 중앙에 위치하며 뇌와 척수로 이루어진 중추신경계, 그리고 신체의 각 조직들과 중추신경계를 잇는 말초신경계로 나뉜다. 이 중에서 말초신경계에 존재하는 세포는 상처를 입었을 때 재생과 복구가 가능하다는 특징을 지닌다. 일례로 현대 의학은 사고로 사지가 절단된 환자일지라도 빠른 시간 내에 적절한 조치와 접합 수술을 함으로써 이전처럼 사지를 사용할 수 있도록 만들 수 있다. 이때 절단으로 인해 해당 부위의 신경세포가 타격을 입었다 하더라도 접합수술이 적절하게만 이루어진다면, 접합된 사지를 움직이고 감각을 느끼는 것은 일정 부분 회복할 수 있다. 사지의 움직임(운동신경)과 감각(감각신경)은 각각 신경의 몫이니 이것이 가능하다는 것은 손상을 입었던 신경이 재생되었음을 의미한다.

문제는 중추신경계다. 재생이 가능한 말초신경계와는 달리 중추신경계는 한 번 손상을 입어 파괴되면 다시는 복구되지 않는다. 2004년 사망한 '슈퍼맨' 크리스토퍼 리브(Christopher Reeve)는 1995년 승마 도중 말에서 떨어져 목뼈가 부러지면서 안쪽을 지나던 척수가 끊기는 사고를 입은 이후 여생을 마비된 상태로 휠체어에 의존해 살아가야 했다. 이처럼 사고 등으로 인해 목부터 허리까지 이어지는 척추, 정확히 말해서 척추뼈 안에 든 척수신경을 다치게 되면 손상 받은 부위로부터 아래쪽에 위치하는 신체들은 운동 마비나 감각 이상 증세를 보이게 되며, 불행하게도 이는 영구적인 손상으로 남을 가능성이 크다.

말초신경계든 중추신경계든 이를 구성하는 신경세포 자체는 큰 차이가 없다. 도대체 왜 말초신경계는 재생되는 데 반해, 중추신경계는 재생되지 않는 걸까? 중추신경계는 원래부터 재생이 불가능한 것일까, 아니면 뇌와 척수 속의 환경에 의해 재생이 방해 받는 것일까? 이를 알아내기 위해 학자들은 중추신경계에서 신경세포만을 추출해내어 실험실에서 인공적으로 배양하면서 손상과 재생이 가능한지를 측정해보았다. 그 결과 신경세포 단독으로 배양한 경우에는 손상을 복구하고 재생하는 능력을 가지고 있다는 사실이 드러났다. 세포 자체가 재생이 완전히 불가능한 것이 아니라면, 답은 신경세포가 존재하는 곳에 재생을 방해하는 무언가가 있다는 것이다. 학자들은 중추신경계에 존재하는 신경세포 외의 다른 세포들의 방해공작이라고 생각하고 있다.

우리의 뇌는 신경세포가 중요한 역할을 하고 있는 장소이기는 하지만, 실제로 뇌의 구성을 살펴보면 신호를 전달하고 명령을 내리는 신경세포보다는 신경세포의 유지·지탱·보호·영양공급·절연·면역 등을 담당하는 비(非)신경세포가 훨씬 더 많이 존재한다. 이런 세포를 교세포(glial cell)라고 부르는데, 교세포에는 신경세포가 생존할 수 있도록 온갖 잡일을 다 떠맡아 해주는 성상세포(astrocyte), 신경세포의 축색에 달라붙어 전선의 피복 역할을 하면서 신경세포의 전기신호가 다른 곳으로 누전되는 것을 막아주는 희돌기세포(oligodendrocyte), 중추신경계에서 외부 침입자를 걸러냄으로써 면역 작용을 하는 마이크로글리아(microglia) 등이 있다. 이 중에서 학자들이 주목하는 것은 희돌기세포다.

신경세포는 단순하게 보면 가오리와 닮아 있다. 가오리의 몸통과 같이 생긴 세포의 몸체에서 가오리의 꼬리와 같은 축색돌기가 길게 뻗어 나오기 때문이다. 신경세포 안에서 정보는 전기적인 흐름을 따라 전달되기 때문에 축색돌기는 일종의 전선과 같은 작용을 한다. 그러나 우리

실생활에서도 전선을 이루는 구리선이 그대로 노출되어 있으면 누전이나 전기 누출의 위험이 크듯이 신경세포 역시 마찬가지다. 따라서 신경세포에서 전기 신호가 누전되는 것을 막고자 절연물질이 축색을 감싸고 있다. 그런데 말초신경계에서는 이 절연 기능을 슈반세포(Schwann cell)가 담당하는 반면, 중추신경계에서는 희돌기세포가 담당한다. 말초신경계의 신경세포가 손상을 입으면 슈반세포는 손상을 입은 부위를 감싸고 안쪽 부위에 새로운 신경돌기가 자리 잡을 수 있는 터널을 만들어줌으로써 세포의 재생을 유도하는 데 반해, 중추신경계에 자리 잡은 희돌기세포는 신경세포가 손상을 입으면 이를 보듬는 것이 아니라 오히려 반대로 축색돌기의 성장을 방해하는 물질을 분비해 신경세포의 재생을 방해하는 역할을 하게 된다. 따라서 중추신경계의 신경세포가 손상을 입으면 재생이 상당히 어려운 것이다.

그렇다면 여기서 의문이 하나 생긴다. 말초신경계의 슈반세포는 신경세포의 재생을 돕는 데 반해 왜 중추신경의 희돌기세포는 신경세포의 재생을 억제하는 것일까? 그것은 같은 신경세포라도 하는 일이 다르기 때문이다. 알다시피 인간 뇌의 신경세포는 단순한 운동기능, 감각 기능만을 담당하는 것이 아니라 복잡한 기억과 학습, 인지 기능까지 담당한다. 따라서 이 부위의 신경세포는 최적화된 상태에 놓여 있기 때문에 일단 한 번 특정한 정보를 담게 되면 가능하면 바뀌지 않는 것이 유리하다. 예를 들어 우리가 자전거 타는 법을 익힌다는 것은 단순히 발로 페달을 밟고 손으로 핸들을 돌리는 것에만 익숙해지는 것이 아니

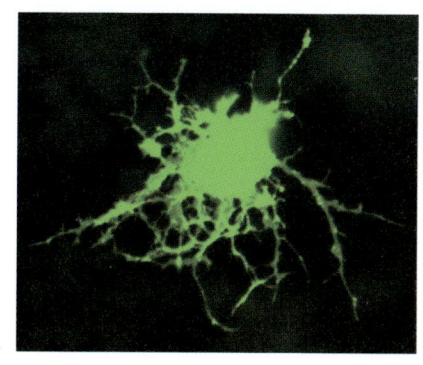
희돌기세포

다. 이는 뇌의 신경세포가 자전거를 탔을 때 신체 균형을 유지하는 법이라든지, 자전거를 굴러가게 하기 위해서 페달을 밟는 발의 힘을 어떻게 조절하고 방향을 어떻게 전환하는지 기억하고 있다는 말이다.

그런데 신기하게도 자전거 타는 법은 처음에 배울 때는 쉽지 않지만 일단 익숙해지고 나면 자전거를 몇 년 동안 한 번도 타지 않았다고 해도 쉽게 잊지 않는다. 이것이 가능한 이유는 뇌의 신경세포에 자전거 타는 방법이 그대로 기록되어 있기 때문이다. 이렇게 뇌의 신경세포는 특정한 정보나 행동을 기억하고 이를 유지해야 할 필요성이 있다. 따라서 신경세포는 신체의 다른 부위에 있는 세포처럼 세포의 분열과 재생이 활발한 경우에는 오히려 이로 인해 기존에 만들어졌던 정보의 저장 부위가 흐트러질 수 있기 때문에 이를 제한하는 것이 더 유리하다. 백지로만 구성된 빈 노트라면 중간에 몇 장을 더 끼워 넣거나 철해진 종이의 배열을 바꿔도 아무런 상관이 없지만, 이미 완결된 이야기가 들어 있는 책이라면 배열을 바꾸거나 새로 페이지를 끼워 넣게 되면 오히려 책의 완결성을 망쳐 쓸모없는 종이 낭비가 되고 마는 것과 비슷한 이치다.

따라서 우리의 중추신경계는 기억된 정보를 보존하기 위해 진화 과정에서 신경세포의 재생을 방해하는 쪽으로 가닥을 잡았던 것이다. 그러나 이처럼 세포 분열과 재생이 엄격하게 제한되는 중추신경계의 특징으로 말미암아 사고나 질병으로 인해 중추신경세포가 손상을 받았을 경우 세포의 재생이 불가능하다는 부작용 또한 어쩔 수 없이 지니게 되었다. 신경세포의 재생이 불가능한 것은 인간의 뇌가 효율적으로 기능하기 위해 한 발 양보한 대가인 것이다. 모든 것이 시간이 지나면 닳고 낡은 것처럼 세포 역시 오랜 세월 기능하다보면 여러 가지 스트레스와 손상 등이 겹쳐서 약해지거나 죽는 경우가 생긴다. 따라서 인간이 오래 살면 살수록 재생되지 않는 신경세포는 약해지고 죽어서 점차로 줄어들게 된다. 따라서 나이가 들게 되면 이와 비례해 퇴행성 뇌 질환과 퇴행성 관절염 등 여러 가지 퇴행성 질환에 시달리는 사람들이 늘어난다. 이로 인해 치매 인구는 자연스레 늘어나기 마련이다.

21세기 우리 사회가 당면한 과제는 고령화 사회라는 말이 있다. 의료와 보건 위생의 발달로 평균수명이 늘어난 데 비해, 출산율은 갈수록 낮아지면서 우리나라는 그 어느 국가보다 빠르게 고령화 사회로 진입하고 있다. 고령화 사회로의 진입은 단순한 우려가 아니라 현실이다. 2005년 통계청이 발표한 자료에 따르면, 2005년 우리나라의 여성 1인당 평균출산율은 1.19명이었다. 인구가 줄어들지 않고 현 수준을 유지할 때의 출산율이 여성 1인당 2.1명 선인 것을 감안해볼 때, 이는 얼마 못 가 우리나라가 인구 감소국이 될 것이라는 말이 된다. 아이는 적게

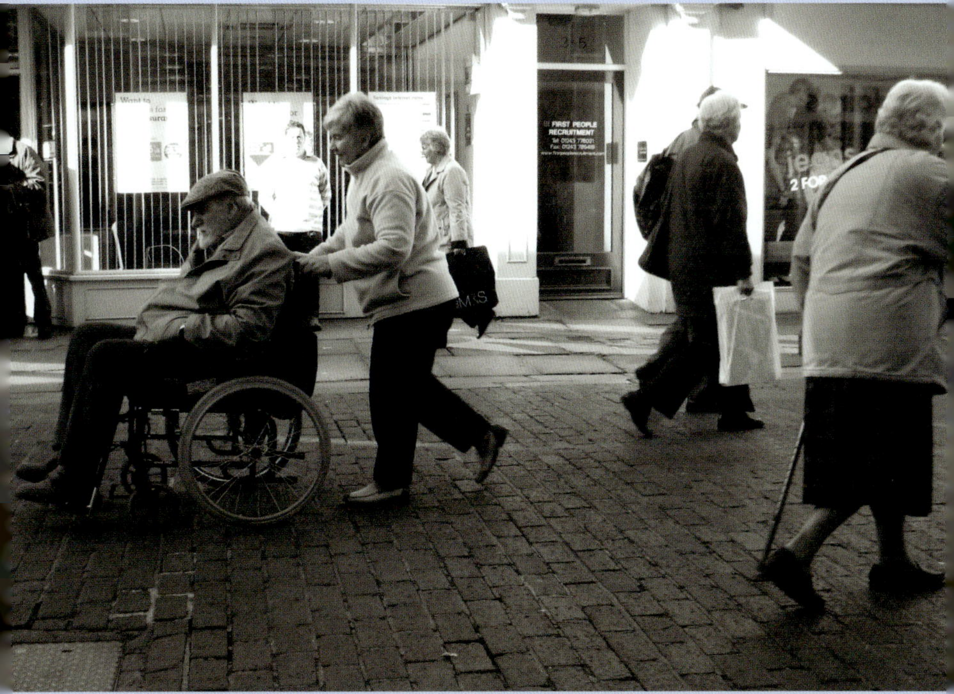

세계의 많은 국가들이 고령화 사회로 급속히 진입하고 있다.

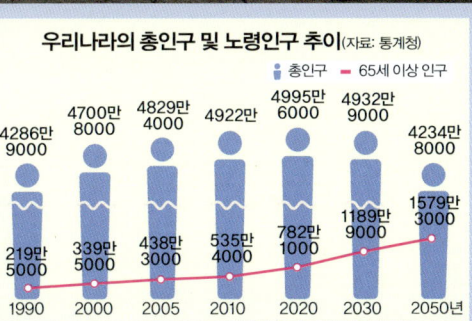

우리나라의 총인구 및 노령인구 추이 (자료: 통계청)

👤 총인구   ━ 65세 이상 인구

연도	총인구	65세 이상 인구
1990	4286만 9000	219만 5000
2000	4700만 8000	339만 5000
2005	4829만 4000	438만 3000
2010	4922만	535만 4000
2020	4995만 6000	782만 1000
2030	4932만 9000	1189만 9000
2050년	4234만 8000	1579만 3000

태어나는데 평균수명은 길어지고 있어서, 65세 이상 고령층의 인구는 1990년 219만여 명(총 인구의 5.1퍼센트)에 불과했으나, 2005년에는 438만 명(총 인구의 9.1퍼센트)으로 늘어났다. 이 비율은 계속 증가해 인구 전체에서 고령층이 차지하는 비율은 2020년에는 15.7퍼센트, 2050년에는 37.3퍼센트에 이를 것으로 전망된다. 고령 인구가 많다는 것은 사회의 생산성이 떨어짐을 의미할 뿐 아니라 노화에 따른 다양한 노인성 질환의 유병률 역시 크게 늘어날 것을 암시한다.

각종 노인성 질환 중에서도 특히 노인 자신뿐 아니라 가족까지 걱정하는 질환이 바로 치매다. 노인성 치매를 일으키는 대표적인 질환인 알츠하이머병이 나이가 들수록 더 많이 발병하는 특징을 보이기 때문에 치매 역시 노인층의 나이가 높아질수록 점점 더 많이 일어난다. 치매 환자의 경우, 나이가 5세씩 많아질 때마다 발병률이 약 두 배씩 증가하는 특징을 보인다. 평균수명이 점차 늘어가는 현실에서 치매는 이제 '누군가의 일'이 아니라 '나와 내 가족의 일'이 될 확률이 높아지고 있는 것이다.

나이에 따라 치매 유병률이 높아진다는 사실과 인간의 평균수명이 점차 늘어난다는 사실이 합쳐질 때, 치매가 앞으로의 우리 사회에서 매우 중요한 문제가 될 것이라는 사실을 쉽게 짐작할 수 있다. 이로 인해 치매를 치료하거나 예방하는 약품 개발, 치매 환자를 효과적으로 보호하고 치료할 수 있는 시설 확충 및 간호 프로그램 보급, 치매 환자를 바라보는 사회적 인식의 개선, 법적·제도적 보조 등이 절실히 필요한 시

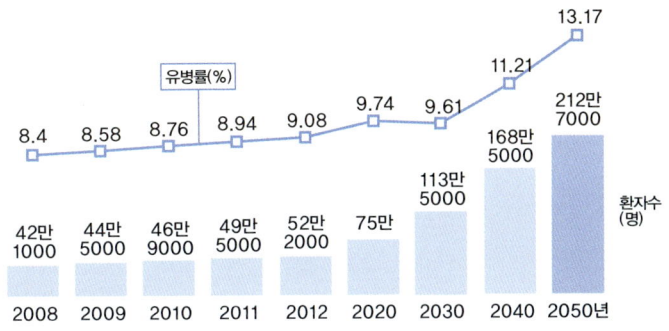

65세 이상 노인 치매 유병률 및 치매 환자수

자료 : 보건복지가족부, 서울대병원(2008)

기가 코앞으로 다가왔다. 하지만 우리 사회의 현실은 아직도 이에 대한 대응 수준이 미비한 편이다. 사회적 인식이 아직까지 치매는 치료와 현상 유지가 필요한 '병'이라기보다는 늙어서 자식을 고생시키는 '노망'으로 인식되어 적극적으로 치료하는 경향이 낮을 뿐 아니라, 사회적으로도 이를 질병으로 인식하고 보조해주는 제도가 미비해 절대 다수의 치매 환자가 전문적인 관리와 치료를 받기보다는 가족이 전적으로 이를 짊어지는 것이 현실이다. 우리 모두 늙어가며 언젠가는 치매에 걸릴 수 있다는 현실을 직시하고 치매 환자의 문제를 개인적인 차원이 아니라 사회적인 차원에서 대응하는 자세가 필요하다. 인간이 인간다울 수 있는 것은 인간이 정신을 가지고 있기 때문이다. 치매란 바로 그 인간의 정신을 파괴해 인간성을 상실케 한다는 점에서 그 어떤 질병보다 잔인하다. 인간의 고유한 본성을 지키기 위해서라도 치매에 좀 더 적극적으로 대응할 필요가 있다.

"보시다시피, 이 방은 청소하지 말아주세요."

뇌세포의 비가소성: 복구되면 정보가 사라진다!

대니얼 람베르트, 〈초상화〉, 19세기

비만, 시대를 배반하는 질환

비만의 생물학적 · 진화학적 원인과
비만으로 인해 왜 질병에 걸리기 쉬운지에 대해

제약회사 연구원 시절, 사내에서는 이런 이야기가 떠돌았다. 누군가 부작용 없이 살 빠지는 약, 효과가 빠른 발모제, 먹는 순간 기분이 좋아지는 약 중에 하나라도 만들면 단박에 인생역전할 것이라는 이야기였다. 농담처럼 한 말이었겠지만, 이는 사실 현대인이 많이 괴로워하는 3대 증상, 즉 비만과 탈모와 우울증 치료제에 대한 이야기로, 전 세계 제약업체는 모두 이것에 주목하고 있다. 그중에서도 비만은 이제 남녀노소를 불문하고 가장 많은 이들이 괴로워하는 '질환'으로 자리 잡았다.

사실 인류가 비만으로 인해 고민한 것은 극히 최근의 일이다. 지금처럼 먹을 것이 풍부한 시절은 없었기 때문에 오랜 세월 풍만한 육체는 다산과 풍요의 상징으로 칭송되곤 했다. 이런 현상은 석기 시대의 '빌렌도르프의 비너스'에서 시작되어 근대까지 이어졌으며, 루벤스나 르누아르의 그림에서도 터질듯 풍만한 여인의 모습을 어렵지 않게 찾아볼 수 있다. 당시 현실에서 사람들은 식량 부족과 질병의 만연으로 여위어 있기 마련이었는데, 그에 대한 반대급부로 풍만한 육체가 선망의 대상이 되었던 것이다. 당시에 비만이란 부(富)와 일맥상통하는 경우가

오스트리아에서 발견된 빌렌도르프의 비너스. B.C. 25000~B.C. 20000년 사이에 제작된 것으로, 터질 듯한 가슴과 엉덩이는 당시 사회가 원하던 여성상을 반영하고 있다.

많았기 때문이다.

그러나 시대가 바뀌고 과학기술의 축복으로 먹을 것이 풍족해지면서 인간의 미적 기준은 변화했다. 특히 선진국의 경우, 지방과 탄수화물의 과다 섭취로 남는 열량을 몸속 여기저기에 지방으로 쌓아두는 사람이 늘어갔고, 사람들이 가진 평균 지방의 양이 늘어갈수록 '아름다움'의 기준은 날씬한 배와 군살 없는 팔다리로 옮아갔다. 이상적인 신체는 늘 시대의 평균을 배반한다.

현대에서 비만은 부의 상징이 아닐 뿐 아니라 일종의 질환이라고 인식될 정도로 그 시각이 바뀌었다. 또한 많은 연구 결과, 비만인 사람은 그렇지 않은 사람에 비해 당뇨, 고혈압, 심혈관 질환 등 '성인병'에 걸릴 확률이 두 배 이상 높다는 것이 관찰되었다. 사람들의 체내 지방량이 점점 많아지는 현실은 그대로 성인병의 발병률 상승과 동시에 나타났다. 이로 인해 많은 이들이 건강이나 미용상의 이유로 살을 빼려고 하지만, 그것이 생각만큼 쉬운 일은 아니다.

비만(肥滿)은 '살찌고 가득 차다'라는 말 그대로 생물체가 표준이라고 요구하는 양보다 과다한 에너지를 몸속에 축적한 상태를 의미한다. 인간은 포화지방을 저장용 에너지원으로 이용하기 때문에 대개의 비만은 체내에 포화지방이 많이 존재한다는 뜻이 된다. 그래서 체중이 그다지 많이 나가지 않더라도 몸의 구성 성분 중 체지방 비율이 높은 것도 비만이다. 이른바 '마른 비만'도 존재한다는 것이다. 마른 비만이란 체중 자체는 정상 체중의 범위에 있거나 오히려 약간 부족하더라도 체성분 중 지방이 차지하는 비율이 높은 경우를 말한다. 이런 경우 본인은 비만이 아니라고 생각하기 때문에 오히려 비만으로 인한 합병증에 노출될 위험이 더 높아질 수 있다. 이로 인해 최근에는 단순히 몸무게보다는 체지방계로 측정한 체내 지방량이 남성은 25퍼센트, 여성은 30퍼센트가 넘어가면 비만으로 분류한다.

일반적인 비만이든 마른 비만이든 체내에 에너지가 남아돈다는 것은 근본적으로 '유입된 에너지가 유출된 에너지보다 많기' 때문이다. 인체는 식물처럼 스스로 에너지를 합성하지 못하기 때문에 생존하고 신체 활동을 하기 위해서는 에너지원으로 쓸 수 있는 물질을 먹어야 한다. 따라서 음식을 먹고 싶다는 욕구는 생명을 유지하기 위해 매우 중요하다. 만약 어떤 이유로 인해서 먹고 싶은 욕구가 사라진 사람이 있다면, 그는 살아남지 못할 것이다. 따라서 적당한 식욕은 있어야 하지만, 이것도 과하면 문제가 될 수 있다. 도대체 식욕은 어떤 원리에 의해 조절되는 것일까?

췌장에서 분비되는 인슐린과 글루카곤은 혈액 속 포도당, 즉 혈당량을 조절하면서 식욕에 영향을 준다. 그보다 더 근본적인 물질은 '식욕을 조절하는 호르몬'이라 부르는 것으로, 대표적인 것이 렙틴(leptin)과 그렐린(ghrelin)이다. 먼저 발견된 것은 렙틴이었다. 렙틴은 지방세포에서 만들어져 분비되며 식욕을 억제하는 역할을 한다. 체내에 지방이 존재한다는 것은 그만큼 에너지가 남아돈다는 뜻이므로, 신체는 에너지를 더할 필요가 없다는 뜻이 된다. 따라서 지방세포는 렙틴을 분비해 식욕을 억제하고 더 이상의 지방을 저장하지 않으려고 한다. 참으로 '똑똑한' 전략이 아닐 수 없다. 렙틴에 대한 관심은 한때 엄청났다. 특히 동물 실험에서 유전적으로 렙틴을 만들지 못하는 생쥐는 예외 없이 정상 쥐보다 훨씬 뚱뚱해지는 현상이 관찰되었고, 곧이어 인간도 렙틴을 분비한다는 사실이 알려졌다. 이를 통해 성마른 사람들은 사람의 비만 원인 역시 렙틴이 부족해서라고 서둘러 짐작했다. 뒤이어 동물 실험에서 비만 쥐에게 렙틴을 투여하면 살이 빠지는 현상이 관찰되면서 획기적인 비만 해결 방법이 곧 도래할 것이라는 기대도 부풀어올랐다.

렙틴에 대한 열기는 부풀어오른 속도만큼이나 빠르게 식었다. 렙틴의 조절이 인간의 비만을 해소하는 데 그다지 큰 영향력을 발휘하지 못한다는 사실이 밝혀졌기 때문이었다. 실제로 비만인 사람들 중에 렙틴이 효과를 발휘하는 경우는 5~10퍼센트에 불과했고, 나머지 사람들에게는 전혀 효과가 없었다. 비만인 사람들은, 체내 렙틴 농도가 이미 높아져 있는 상태여서 추가적으로 렙틴을 주입해도 반응하지 않는, 이른바 '렙틴 저항성'을 갖는 경우가 많은 것이 그 원인으로 추정되었다.

비만 치료에 큰 효능을 발휘하지 못한다고 해서 렙틴 자체가 인간의 식욕 조절에 영향을 미치지 않는 것은 아니다. 렙틴은 그렐린과 함께 식욕 조절에 중요한 역할을 하는 물질이다. 혈당이 떨어지면 췌장에서 분비되는 글루카곤이 일차적으로 혈당을 높이는 작용을 하지만, 글루카곤의 양이 한정되어 있기 때문에 혈당을 계속 유지하려면 외부에서 열량을 보충해야 한다. 그렐린이 작용하는 것이 바로 이 시점이다. 그렐린은 주로 위장에서 분비되는데 식사 전, 그러니까 위장이 비어 있는 때 분비량이 많아진다. 그렐린의 분비량이 늘어남과 동시에 뇌의 시상하부에 존재하는 뉴로펩타이드 Y(Neuropeptide-Y, NPY)라는 물질이 활성화되면서 시상하부에 존재하는 섭식중추를 건드리게 된다. 이렇게 이어지는 일련의 신호를 통해 우리는 식욕을 느끼게 되고 허기진 배를 달래기 위해 무언가 먹을 것을 찾기 시작한다. 이때 음식을 먹어 위장이 채워지고 혈당이 다시 높아지게 되면 그렐린의 분비는 줄어들게 되는데 바로 이 시점에서 렙틴의 분비량이 늘어난다. 그리고 렙틴은 CART(Coccain amphetamine regulated transcript)를 증가시킴으로써 시상하부의 포만중추를 자극해 '배가 부르다'는 느낌이 들도록 만든다. 이런 조절과정을 통해 인간은 적당한 식욕을 가지게 되고 적당한 범위 내에서 체중을 유지하게 되는 것이다.

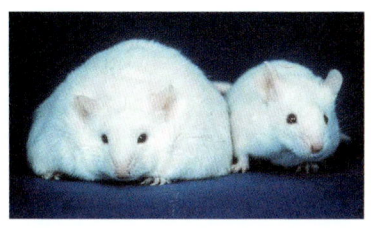

렙틴을 만들지 못하는 쥐(왼쪽)와 정상 쥐(오른쪽). 쥐에게 렙틴의 효과는 매우 뚜렷해서 렙틴이 만들어지지 않으면 금방 뚱뚱해져버린다.

이처럼 인간의 식욕은 한 가지로만 조절되는 것이 아니다. 렙틴과 그렐린 외에도 여러 가지 물질이 조화를 이루어 식욕을 조절한다. 이때 중요한 것은 이런 물질의 절대량보다는 이들의 조화다. 이들이 얼마나 조화롭게 분비되느냐에 따라서 식욕이 조절되고 혈당이 조절되며 나아가 건강이 유지될 수 있다. 인간의 가장 근본적인 욕구인 식욕 조절에 한 가지가 아닌 두 가지 물질이 작용하며, 그 작용 방식이 서로가 서로를 조절하는 길항 시스템으로 되어 있다는 것은 매우 흥미로운 일이다. 인간이 식욕이라는 근본적인 욕구부터 조화와 균형이 이루어져야 살아갈 수 있는 그런 존재로 진화되어왔다는 사실은, 어떤 마음가짐으로 세상을 살아가야 하는지를 보여주는 것 같다는 생각이 들기 때문이다.

 이처럼 식욕을 조절하는 과정은 서로 길항 작용을 하며 조화를 이루지만, 그 무게중심은 '식욕을 줄이는' 쪽보다는 '식욕을 늘리는' 쪽으로 쉽게 이동한다. 균형을 이루어야 하는 무게중심이 걸핏하면 '식욕 증가' 쪽으로 옮겨갈 뿐 아니라, 이렇게 해서 필요량보다 많은 양의 음식이 몸속으로 들어와도 알뜰하기 그지없는 신체는 이를 절대 내다버리는 법이 없다. 우리 몸은 쓰고 남는 열량을 지방으로 바꾸어 차곡차곡 저장해 둔다. 이렇게 저장된 지방은 체내의 포도당과 간에 저장된 글리코겐보다 사용 순위가 훨씬 더 낮다. 즉, 일단 지방으로 바꾸어 쌓아둔 에너지는 아끼고 아꼈다가 가장 나중에 사용한다. 이로 인해 비만이 발생한다.

 왜 우리 몸은 이런 시스템을 갖게 되었을까? 먹고 남는 걸 체내에 쌓아두지 말고 그때그때 배설시키는 시스템이었다면, 혹은 저장된 지방부터 에너지로 사용하는 시스템이었다면 비만에 대한 걱정은 하지 않아도 좋을 텐데 말이다. 하지만 이는 오랜 진화의 산물이다. 인간은 단맛의 유혹에 너무도 약하다. 단것을 많이 먹는 것은 치아를 상하게 하고 비만을 일으키며 당뇨병의 발생률을 높인다는 상식은 누구나 알고 있지만, 달콤하고 감칠맛 나는 사탕과 초콜릿, 입 안에서 스르르 녹는 부드러운 케이크와 푸딩, 시원하면서도 부드러운 아이스크림과 셔벗의 유혹을 떨쳐내는 것은 쉽지 않다. 이렇듯 달고 기름진 음식을 즐기는 것은 개인의 의지박약 때문이기도 하지만, 일부는 인간의 생체 시스템 때문이기도 하다. 즉, 우리의 유전자가 이를 끌어당긴다는 것이다. 기름지고 달콤한 맛을 지닌 음식은 뇌의 내인성 오피오이드(opioid) 분비를 촉진한다. 오피오이드는 원래 아편과 같은 작용을 하는 진통제를 일컫는 말이지만, 우리 체내에도 오피오이드와 비슷한 작용을 하는 물질이 존재하기에 이를 내인성 오피오이드 또는 천연 오피오이드라고 부른다. 그 대표 주자가 그 유명한 엔도르핀(endorphin)이다. 이러한 이유로 단것은 마약처럼 인간을 끌어당기는 것이다.

미국 샌디에이고에 있는 신경과학연구소 다니엘레 피오멜리(Daniele Piomelli)의 연구에 따르면, 초콜릿에는 아난다마이드(anandamide)와 비슷한 물질이 들어 있다고 한다. 아난다마이드는 마리화나의 정신활성 성분인 테트라하이드로카나비놀(tetrahydrocannabinol, THC)과 마찬가지로 도취감을 유발하는 작용을 한다고 한다. 게다가 초콜릿에는 마약 성분인 암페타민(amphetamine)과 비슷한 유사물질이 들어 있어 기분을 좋아지게 하고, 마그네슘이 들어 있어 여성의 생리전 증후군 완화에도 효과가 있다. 이런 특성 때문에 단맛의 유혹은 여간해서 물리치기가 쉽지 않다. 단맛을 내는 성분이 칼로리가 높다는 것을 감안한다면 우리는 태초부터 뚱뚱해지는 유혹에 매우 약하게 만들어진 존재다.

이는 진화상 어쩔 수 없는 변화였다. 우리의 유전자는 아주 척박한 환경에 적응하게끔 진화되어왔다. 자연 상태에서 가장 시급하고도 중요한 일은 '먹는 일'이다. 생물체는 '먹고' 살기 위해 고군분투한다. 먹다 버린 썩은 고기나 큰 동물의 이 사이에 끼어 있는 찌꺼기, 심지어는 배설물조차도 어떤 동물에겐 훌륭한 먹을거리다. 인류는 수백만 년 이상을 영양이 부족한 환경에서 악전고투해야 했고, 그래서 남는 에너지를 배설하는 소모적인 시스템은 생각조차 하지 못했을 것이다. 유전자가 지방을 에너지 저장원으로 택한 이유도, 지방은 1그램당 9킬로칼로리의 에너지를 낼 수 있어서 1그램당 4킬로칼로리밖에 내지 못하는 탄수화물이나 단백질에 비해 에너지 효율이 높기 때문이다. 한정된 육체 속에 보다 많은 에너지를 저장하기 위해서는 당연히 에너지 효율이 높은 방식을 선택해야 했고, 생존을 위해 지방을 아끼고 아꼈다가 마지막에 사용하는 시스템이 진화적으로 가장 유리한 전략이었을 것이다.

비만은 당분과 지방 친화적인 유전자의 열망과 넘쳐나는 음식물 그리고 둔화된 행동 패턴이 결합되어 나타난 복합적인 현상이다. 참, 나이도 빼놓아서는 안 된다. 사람이 중년을 넘으면 체내의 신진대사율이 떨어져 스무 살 때 먹던 양의 80퍼센트만 먹어야 그때와 같은 몸무게를 유지할 수 있다. 어쨌든 간에 이런 복합적인 결과들로 인해 사람들은 이전 세대에 비해 더 무거워지고 있다. 이에 몇몇 선진국에서는 '비만과의 전쟁'을 선포하고 전 국민의 살빼기 운동을 독려하고 있다.

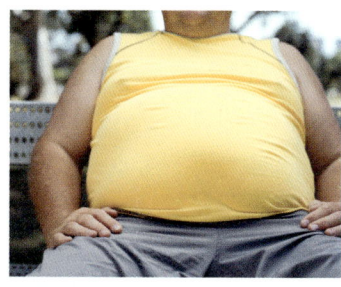

비만이 문제가 되는 이유는 인간에게 여러 가지 질병을 불러일으키기 때문이다.

지금까지 살펴본 대로 살 찌는 것이 살을 빼는 것보다 인간에게 더 자연스러운 일이다. 그런데 왜 유독 이 문제에서만큼은 자연을 거스르려고 하는 것일까? 그것은 비만이 인간에게 여러 가지 질병을 불러일으키는 원인이기 때문이다. 실제로 체질량지수[1]가 28 이상인 사람들에게서, 고지혈증은 3.7배, 고혈압은 4.1배, 당뇨는 2.2배, 지방간은 2.2배 정도 높게 발병하는 경향을 보였다. 우리 몸은 오랫동안 열량이 부족한 상태에 적응해왔기 때문에 상대적으로 에너지가 남아도는 환경에 대한 적응력은 취약한 편이다. 따라서 체내에 지방 성분이 많을 때 여러 가지 신체적 이상을 일으키곤 한

체질량지수(Body Mass Index, BMI)는 키와 몸무게를 이용해 지방의 양을 추정하는 비만 측정법이다. 몸무게(kg)를 키(m)의 제곱으로 나눈 값이다. 예컨대 키가 160센티미터이고, 몸무게가 55킬로그램인 사람의 체질량지수는 55÷(1.6×1.6)=21.5가 된다. 체질량지수가 20 미만이면 저체중, 20~24이면 정상 체중, 25~30이면 경도 비만, 30 이상이면 비만으로 본다. 이러한 기준은 16세 이상의 모든 남성과 여성에게 적용된다. 성인 체중은 여성 18세, 남성 20세에 완성되는데, 이후의 체중 증가는 체내 지방의 증가 때문이다. 또한 50세 이후에는 체중이 늘지 않아도 근육이 줄어들면서 체내 지방이 증가한다.

다. 뒤에 자세히 이야기하겠지만, 비만의 합병증으로 주로 지목되는 당뇨병의 발병률이 우리나라 사람들에게서 매우 높게 나타난다. 이는 육류가 식단의 중요한 구성 성분이었던 유럽인에 비해 전통적으로 곡류와 채소를 주식으로 삼았던 우리네 생활 습관 탓에 고열량 음식에 대한 저항성에서 차이가 나기 때문으로 알려져 있다.

살을 빼라는 것은 '빼빼 마른 사람'이 되라는 게 아니라 정상 체중의 범위 내에서 체중을 유지해야 한다는 뜻이다. 하지만 체중은 일단 정상점을 넘어가는 순간 쉽게 빠지지 않는다. 진화로 다져진 유전자의 힘이 막강하기 때문이다. 대부분의 사람들은 살 찌기보다 빼기를 몇 배는 더 힘들어 한다. 그래서 사람들은 '살 빼는 약'의 유혹에 쉽게 넘어간다. '설마 약으로 살이 빠지겠어?' 싶다가도 실제로 이를 이용해 살을 뺐다는 사람을 만나보면 가뜩이나 얇았던 귀가 종잇장처럼 변하기 십상이다. 하지만 실제로 국내에서 '살 빼는 약'으로 정식 등록된 약품은 제니칼(Xenical)과 리덕틸(Reductil), 단 두 종류뿐이고 심지어 리덕틸은 2010년 초부터 기대했던 것에 비해 체중 감소 효과도 부족한 데다가 심장 질환이나 뇌졸중의 발병률을 높인다는 이유로 시장에서 퇴출당했으니, 남은 것은 단 한 종류뿐이다.

하지만 '살 빼는 약'으로 시중에 유통되고 있는 것은 10여 가지가 넘는데, 대부분 우울증 치료제, 간질 치료제, 고혈압 증상 완화제, 당뇨 관련 약, 이뇨제 성분으로 원래 지닌 효능 외에 부작용으로 오심, 구토, 식욕 감퇴 등의 증상을 일으키기도 한다. 원래는 없었어야 하는 부작용을 이용해 살을 빼도록 하는 약인 것이다. 이들 성분은 체중 감소에는 도움을 줄지는 몰라도 건강에는 절대적으로 악영향을 미친다. 이 약들이 '약'으로 등록된 것은 부작용 때문이 아니라 원래의 효능 때문이므로, 해당되는 증상이 없는데 비만 치료용으로 이런 약들을 쓴다는 것은 억지로 우리 몸의 호르몬을 교란시키고 혈압을 낮추며 뇌를 자극하고 수분을 배설시키는 것과 마찬가지다. 이는 신체의 균형을 깨뜨리고 건강을 망가뜨리는 지름길이다. 또한 일부 약들은 향정신성 약물들이어서 중독 증상을 일으킬 수도 있다. 매달 겪는 생리통에는 혹시나 약물에 대한 내성이 생길까 진통제조차 먹기를 꺼려하는 사람이 향정신성 의약품이 잔뜩 들어 있는 '살 빼는 약'에는 거부감이 덜하다는 것은 이상한 일이다. 애초에 건강을 위해서라는 명분 하에 시도된 체중 감량이 오히려 건강을 해치는 일이 된다는 것은 또 다른 아이러니다.

이처럼 사람들이 건강을 해쳐가면서까지 살을 빼기 위해 노력하는 것은 현대 사회에서 비만이 의학적 문제라기보다는 사회적 문제라는 특징을 더 많이 가지고 있기 때문이다. 고열량 식품을 싼 값에 얻을 수 있는 이 시대는 평균체중에 미치지 못하는 가벼움을 미인의 기준으로 잡고 있다. 이런 시선으로 인해 더 이상 체중을 줄일 필요가 없는 사람조차도 아름다워지기 위해서 살을 빼려고 한다. 이런 사회 풍조 속에서는 '건강을 위해 살을 빼자'라는 의미를 잃어버리기 십상이다. 비만은 이렇게 현대 사회가 만들어낸 또 다른 건강 위협 인자이자 새 시대에서 길을 잃은 혼란스러운 현상이다.

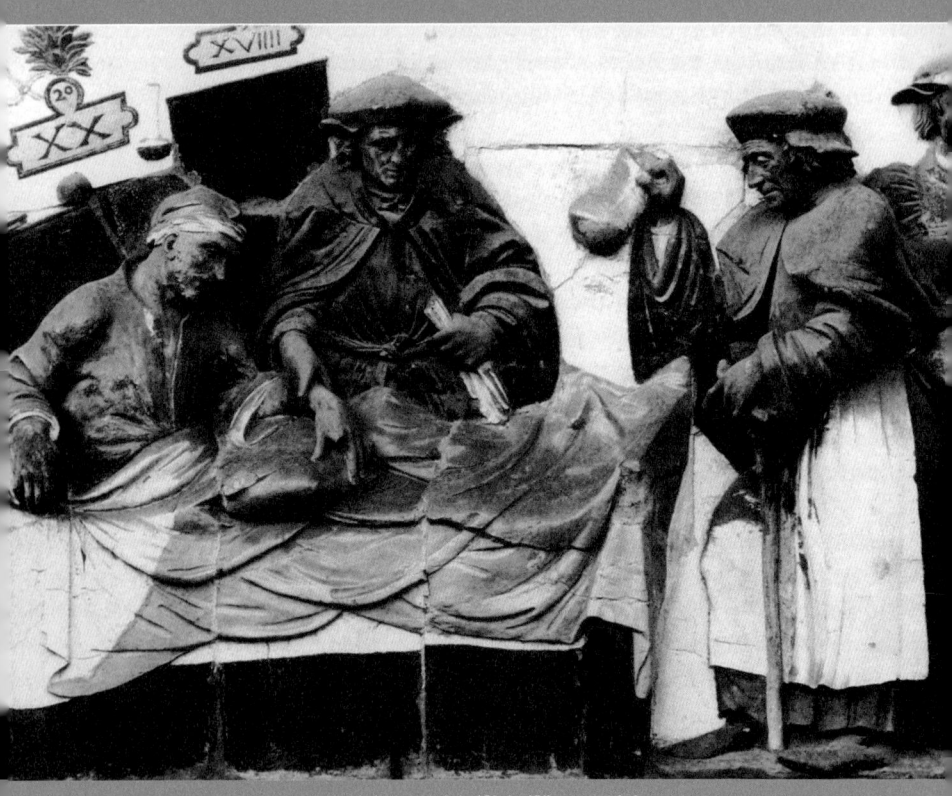
조반니 델라 로비아, 〈환자 진찰〉, 1525년경

당뇨, 달콤한 피에 숨은 진실

섭식 조절 메커니즘과 당뇨

　미국 드라마 〈프리즌 브레이크(Prison Break)〉는 억울하게 누명을 쓰고 사형수가 된 형을 탈옥시키기 위해 일부러 감옥에 갇힌 천재 동생 마이클 스코필드의 이야기다. 수감되기 전 감옥의 모든 정보를 조사한 마이클은 감옥 내 의무실을 통해 탈출로를 확보하고자 의무실에 자주 드나들 핑계를 만든다. 그가 선택한 방법은 당뇨 환자인 것으로 가장하는 것이었다. 당뇨 환자는 매일 인슐린 주사를 맞아야 하므로 매일 정당하게 의무실을 출입할 수 있다. 하지만 문제는 마이클이 당뇨 환자가 아니라는 것이다. 이에 마이클은 일시적으로 가짜 당뇨 환자가 되기 위해 감옥 안의 약종상에게서 퍼스낵(PuSNAc)이라는 항인슐린제를 구해 복용한다. 퍼스낵은 원래 인슐린의 효과를 떨어뜨려 혈당을 높여주는 물질로, 저혈당을 방지하기 위해 사용되는 약물이지만 마이클은 이를 역이용했던 것이다.

　혈당(血糖)이란 말 그대로 혈액 속에 포함된 당 성분, 특히 포도당을 의미한다. 혈액 내 포도당이 많으면 혈당이 높다고 하고, 반대로 혈액 내 포도당이 적으면 혈당이 낮다고 한다. 세포는 미토콘드리아라는 세

미국 드라마 〈프리즌 브레이크〉에서 주인공 마이클 스코필드는 가짜 당뇨 환자 행세를 한다.

포 내 에너지 생산 공장을 가동시켜 살아가는 데 필요한 에너지인 아데노신 삼인산(adenocine triphosphate, ATP)을 얻는데, 미토콘드리아를 가동시키는 에너지원으로 사용되는 것이 포도당이다. 이처럼 포도당은 세포가 에너지를 얻기 위해 반드시 필요한 물질이므로 가능하면 안정적으로 공급(혈액 중 약 0.1퍼센트의 농도)되는 것이 좋다. 포도당의 공급이 극단적으로 들쭉날쭉하면 세포가 만들어내는 ATP의 양도 들쭉날쭉해질 수밖에 없기 때문이다. 따라서 인체 내에는 혈당을 일정하게 유지시키기 위한 정교한 조절 메커니즘이 존재한다.

음식을 먹게 되면 소화 과정을 통해 음식에 들어 있던 포도당이 흡수되면서 혈당이 높아지므로 식사 직후에 채취한 혈액에서는 혈당이 높게 나타난다. 이렇게 혈당이 높아지게 되면 췌장의 베타세포(β-세포)는 혈당을 낮추는 물질인 인슐린을 분비한다. 인슐린은 일차적으로는 포도당을 모아서 간으로 가져가 글리코겐 형태로 저장시키는 일을 돕고, 이차적으로는 이를 지방으로 바꿔 지방세포에 축적하는 일을 돕는다. 혈당이 떨어질 때를 대비해 남는 포도당을 미리미리 비축해놓는 것이다. 반대로 한동안 음식을 먹지 않아 혈당이 떨어지게 되면 췌장의 알파세포(α-세포)가 글루카곤을 분비한다. 글루카곤은 간으로 가서 인슐린이 저장해두었던 글리코겐을 다시 포도당 형태로 바꾸어 혈액 속으로 내보낸다. 이처럼 혈당이 인슐린과 글루카곤의 길항 작용을 통해 일정 범위 내에서 유지됨으로써 세포는 항상 안정적인 혈당을 공급받을 수 있는 것이다. 만약 어떤 이유로든 이 균형 상태가 깨지게 되면 혈당을 조절할 수 없게 되어 신체에 이상이 오게 되는데, 대표적인 현상이 바로 당뇨병이다.

당뇨병(diabetes mellitus)이란 혈액 속에 지나치게 높은 양의 포도당이 존재해 신장에서 모두 걸러지지 않고 소변 속에 섞여서 배출되는 질환을 말한다. 당뇨병의 증세는 이미 기원전 1500년경부터 기록될 정도로 매우 오래전에 발견된 질환이다. 당뇨병에 걸린 환자는 일단 참을 수 없는 갈증과 함께 소변의 증가를 경험하고 점차 체중이 줄어들게 되는데, 고대의 의사는 "마치 팔다리의 근육이 소변으로 녹아나가는 듯한 병"이라고 기록했다. 또한 이 병이 '당뇨'라는 이름을 가지게 된 가장 큰 이유는 소변의 변화 때문이다. 당뇨병에 걸린 환자는 소변량이 늘 뿐 아니라 소변에서 달착지근한 냄새와 단맛이 난다. 그리하여 이 질환을 그저 소변량이 늘어나는 요붕증과 구별하기 위해 꿀(mellitus는 그리스어로 '꿀'을 뜻한다)과 같이 '달다'는 말을 첨가해 당뇨병이라고 이름 붙였다.

설탕이 섞인 듯한 소변을 보는 것이 당뇨병의 특징적인 증상이라는 사실은 오래전에 알려졌지만, 그 원인이 밝혀진 것은 19세기에 들어서였다. 이 시기가 되어서야 소변에서 당을 검출하고 분석할 수 있는 화학적인 검사법이 발달했기 때문이다. 환자의 소변에서 포도당이 검출되자, 그때부터 관심은 어떻게 포도당이 소변에 섞여 배출될 수 있는지를 밝히는 것에 모아졌다. 신장에서 소변이 만들어질 때 포도당은 모두 걸러져 다시 혈관으로 재흡수되므로 소변에서는 포도당이 전혀 검출되지 않는 것이 정상이다. 그런데 왜 당뇨병 환자의 소변에서는 포도당이 검출되는 것일까?

당뇨병의 원인을 규명하는 첫 번째 단서는 19세기 말 프랑스 스트라스부르 대학의 조제프 메링(Joseph Friedrich von Mering, 1849~1908)과 오스카 민코프스키(Oscar Minkowski, 1858~1931)의 연구에서 찾을 수 있다. 메링과 민코프스키는 개를 이용해 동물의 내장기관이 어떤 기능을 하는지 알아보는 연구를 수행하고 있었는데, 1889년 우연히 췌장을 제거한 개의 소변에 유난히 파리와 벌레들이 많이 꼬인다는 것을 사실을 발견했다. 췌장을 떼어낸 개의 소변에 유독 많은 포도당이 남아 있었기 때문이었다. 이 결과를 토대로 두 사람은 췌장에서 분비되는 물질이 포도당이 섞인 소변을 보게 하는 병, 즉 당뇨병과 관계가 있을 것이라고 추론했다. 이를 바탕으로 에드워드 샤피셰이퍼(Edward Sharpey-Schafer, 1850~1935)는 췌장의 랑게르한스섬이라는 부분에 이상이 생기면 당뇨병이 발생한다는 사실을 알아내고, 그곳에서 어떤 물질이 분비되어 혈당을 조절할 것이라고 생각했다. 그리고 이 미지의 물질에 인슐린(Insuline, 섬이란 뜻의 라틴어 insula에서 유래)이라는 이름을 붙여주었다. 물론 그때까지 인슐린의 정체가 밝혀진 것은 아니었다. 아직 췌장에서 인슐린을 분리·추출하는 데 성공하지 못했기 때문이었다. 드디어 1921년 루마니아의 니콜라스 파울레스쿠(Nicolas Paulescu, 1869~1931)는 처음으로 췌장 추출액 속에서 인슐린을 정제하는 데 성공했다. 하지만 '최초의 인슐린 발견자'가 된 과학자는 그가 아니다. 행운의 과학자는 파울레스쿠가 좀 더 순수한 물질을 분리하기 위해 실험을 계속하던 시기에 비슷한 연구를 하고 있던 캐나다의 프레더릭 밴팅(Frederick Frant Banting, 1891~1941)이었다. 1922년 밴팅은 동료들과 함께 소의 췌장에서 특정 물질을 추출했을 뿐 아니라 이를 이용해 당뇨병 환자를 대상으로 한 임상실험에 성공했다. 이 물질이 확실히 당뇨병 치료에 효과가 있다는 것을 증명했던 것이다. 샤피셰이퍼가 추측했던 인슐린을 발견한 밴팅과 동료 연구자들은 정식으로 그 물질에 인슐린(insulin, e가 없다)이라는 이름을 붙여주었다. 얼마 지나지 않아 인슐린은 당뇨병을 치료하는 치료제로 개발되어 팔려나갔고, 이 공로로 밴팅은 1922년 12월 노벨 생리의학상을 수상했다.

치료제로 개발된 이후에도 인슐린에 대한 연구는 계속되었다. 1955년 프레더릭 생어(Frederick Sanger, 1918~)는 인슐린을 구성하는 51

> 흥미로운 것은 노벨생리의학상 수상 분야에서 밴팅은 아주 특이한 기록을 두 개나 갖고 있다는 점이다. 첫 번째로 노벨상을 수상할 당시 밴팅의 나이는 32세로, 노벨 생리의학상 분야에서 최연소 수상자였다. 두 번째로 밴팅은 가장 최단기간의 연구로 노벨 생리의학상을 받았다. 밴팅이 처음 인슐린 연구를 시작한 것은 1921년 여름이었고, 노벨 생리의학상을 받은 것은 1922년 12월이었다. 불과 1년 반 남짓한 짧은 시간 동안 그는 과학사에 길이 남을 연구를 해냈던 것이다.

인슐린을 구성하는 51개 아미노산의 순서를 밝힌 프레더릭 생어

개 아미노산의 순서를 밝혔으며, 1982년 미국의 생명공학회사인 제넨텍(Genetech) 사가 세계 최초로 유전자 재조합 기술을 이용해 인슐린을 만들어냄으로써 당뇨병 환자에게 안정적으로 인슐린을 공급하기 시작했다.

당뇨병은 혈액 속의 포도당이 높아져서 나타나는 현상으로, 특정한 세균이나 바이러스에 감염되어 일어나는 질환이 아니다. 하지만 당뇨병은 제대로 관리하지 않으면 사망에 이르는 무서운 질환이다. 당뇨병은 처음에는 갈증과 다뇨증 등 가벼운 증상으로 시작되지만, 방치하면 당뇨병성 망막증, 신부전증, 당뇨족 등의 무서운 합병증으로 이어져 사망에 이르게 된다. 또한 당뇨병의 가장 무서운 점은 완치가 어렵다는 것이다. 앞서 말했듯이 당뇨병은 인슐린 분비 혹은 기능 이상에 의해 일어나는 질환으로 제1형과 제2형 두 가지 타입이 존재한다. 제1형 당뇨병은 췌장에 있는 랑게르한스섬의 베타세포가 파괴되었거나 기타 이유로 아예 인슐린을 만들어내지 못해 발생하고, 제2형 당뇨병은 인슐린은 분비되지만 여러 가지 이유로 그 기능을 떨어뜨리는 '인슐린 저항성'을 지닐 때 발생한다. 한 번 파괴된 췌장세포는 다시 만들어지는 법이 없고, 한 번 생성된 인슐린 저항성은 없어지는 경우가 거의 없기 때문에 당뇨병은 일단 발병하면 완치가 힘들고 평생을 인슐린과 식이요법을 통해 조절하며 살아가야 한다. 최근 췌장 이식 또는 줄기세포를 이용한 베타세포의 이식을 통해 제1형 당뇨병을 근본적으로 치료하는 방법이 개발되고는 있지만, 아직은 실험 단계다.

처음 인슐린이 개발된 1920년대까지만 하더라도 당뇨 환자의 대부분은 제1형 당뇨병에 속하는 사람들이었기 때문에 인슐린 주입은 매우 효과적이었다. 그러나 현대인의 당뇨병은 85퍼센트 이상이 제2형이기 때문에 인슐린 주입만으로는 증상이 완화되지 않는다. 인슐린이 부족해서가 아니라 인슐린이 많아도 저항성 탓에 이를 제대로 사용하지 못하는 것이 원인이기 때문이다. 우리 몸에서 인슐린 저항성이 왜 나타나는지 명확히는 알 수 없지만, 많은 경우 비만을 그 원인으로 꼽고 있다. 고열량 식사를 한 뒤 신체 활동을 충분히 하지 않게 되면 핏속의 혈당은 높은 상태로 오랜 시간 유지되며 이를 정상화하기 위해 췌장은 더 많은 인슐린을 지속적으로 분비하게 된다. 인슐린의 분비와 억제는 적당한 선에서 반복되어야 하는데, 계속 인슐린이 분비되어 높은 상태로 유지되면 어느 순간 더 이상 인슐린에 반응하지 않는 인슐린 저항성이 나타나게 된다. 고무줄을 잡아당겼다 놓으면 원래 상태로 되돌아가는 것이 정상이지만 지속적으로 잡아당기게 되면 어느 순간 완전히 늘어나버려 원래 상태로 되돌아가지 않는 것처럼 말이다. 이런 경우 인슐린 양이 부족한 것이 아니기 때문에 증상을 완화시키기는 더 어렵다.

생물체가 살아가는 데 가장 중요한 것은 항상성(恒常性, homeostasis)이다. 인간을 비롯한 모든 생물체의 몸은 넘치지도 모자라지도 않은 상태에서 균형을 이룰 때 가장 건강하게 유지된다. 그 균형점은 생물 종마다, 특정 인구 집단마다, 혹은 개인마다 다를 수 있다. 우리나라 사람은, 다른 나라 사람에 비해 유독 당뇨병으로 인한 치사율이 높게 나타난다. 의료정책연구소에서 발표한 자료(2003년 기준)에 따르면, OECD 회원국 중 인구 10만 명당 당뇨병 사망자의 비율이 한국은 35.3명으로 일본(5.9명)이나 프랑스(11.4명)에 비해 월등히 높았다. 일본은 그렇다고 쳐도, 우리나라보다 비만 환자가 더 많고 국민의 4분의 1이 비만이라는 미국(20.9명)과 비교해도 매우 높은 수치다. 우리나라 사람이 유독 당뇨병에 취약한 이유가 무엇일까?

이는 각 민족들의 식습관으로 인한 적응의 차이로 알려져 있다. 전통적으로 우리의 식단은 밥과 채소를 중심으로 한 식물성 식단이었고 육류는 별식으로 치부되었다. 이런 식습관을 가진 민족에게 필요한 인슐린의 양은 낮은 수준이었고, 오랜 세월 이 수준이 지속되면서 우리의 몸은 자연스레 낮은 인슐린 양에 익숙해지게 되었다. 그런데 최근 들어 급속도로 식습관이 서구화되면서 고칼로리, 고당분, 고지방질의 음식 섭취가 늘어나게 되자 갑작스레 늘어난 인슐린에 몸이 제대로 적응하지 못하는 사람들이 생겨나게 되었다. 오랫동안 굶주렸거나 절식을 하던 사람은 처음에는 부드럽고 소화가 잘되는 미음과 같은 유동식부터 시작해서 점차 영양가가 높은 음식으로 옮겨가야 한다. 이는 오랫동안

우리나라 당뇨병 환자 현황(2003년 기준)

	추정 환자수(명)	환자 비율(%)	의료 이용 환자(명)	신규 환자(명)
남성	125만 6,708	7.3	74만 2,904	12만 5,333
여성	143만 7,512	8.2	70만 3,440	13만 7,402
합계	269만 4,220	7.8	144만 6,344	26만 2,735

자료 : 건강보험심사평가원

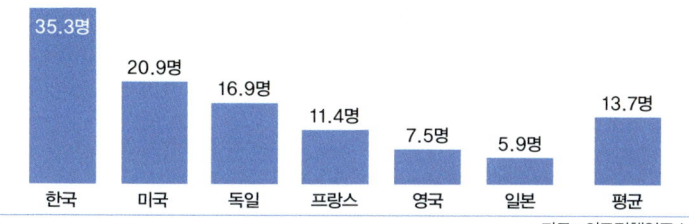

OECD 회원국 인구 10만 명당 당뇨병 사망자(2003년 기준)

한국 35.3명, 미국 20.9명, 독일 16.9명, 프랑스 11.4명, 영국 7.5명, 일본 5.9명, 평균 13.7명

자료 : 의료정책연구소

제대로 기능하지 못했던 소화기관이 천천히 제 할 일을 하도록 유도하는 것이다. 만약 오래 굶주린 사람이 그간 굶은 것을 보상한답시고 기름진 것부터 먹기 시작했다가는 오히려 탈이 나기 마련이다. 마찬가지로 우리나라 사람의 인슐린 분비 패턴은 매우 낮은 편이었는데 최근 들어 급격히 높아진 탓에 부작용이 그만큼 더 크게 나타나고 있는 것이다. 같은 논리로 우리나라보다 비만한 사람들이 훨씬 많은 미국이나 유럽에서 당뇨병 사망률이 오히려 낮게 나타나는 것은 빵과 고기를 주식으로 했던 전통적인 식습관으로 인해 미국이나 유럽 사람이 상대적으로 높은 인슐린 농도에 익숙해져 있었기 때문으로 볼 수 있다. 당뇨병이 가족력을 가지고 나타나는 것도 이 때문이다. 유전적으로 고인슐린에 취약하고 인슐린 수용체의 부족으로 쉽게 당뇨가 나타날 수 있는 사람들이 존재한다는 것이다. 이로 인해 부모 한쪽이 당뇨병을 지닌 경우 자식이 당뇨병에 걸릴 확률은 그렇지 않은 사람에 비해 15~20퍼센트

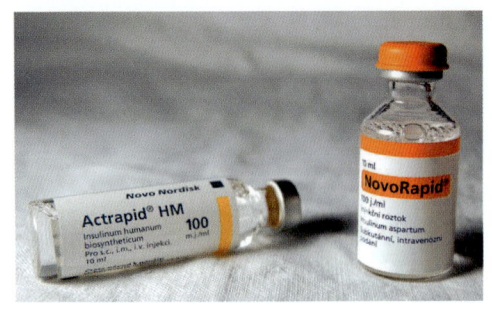

혈당을 낮추는 인슐린

나 높아진다. 만약 부모가 모두 당뇨 증상이 있다면 이 확률은 30~40퍼센트까지 올라간다.

  오랜 시간 적응된 신체적 특징은 단시일 내에 바뀌지 않는다. 인간의 식생활이 고열량 식단으로 계속된다면 우리의 신체도 이에 맞춰 변화하겠지만, 그 변화의 속도는 인간이 한 세대 만에 인지할 수 있는 시간보다 훨씬 긴 시간을 필요로 한다. 따라서 우리는 당분간은 달착지근해진 피로 인한 문제를 겪을 수밖에 없다. 당뇨로 고생하기 싫다면 우리 신체가 고당분에 익숙해지기 전까지 스스로 자신의 몸을 좀 더 세심히 살펴볼 필요가 있다.

당뇨병 치료에 효과가 있는 미지의 물질 '인슐린'을 추출하고자 했던 과학자들. 인슐린을 최초로 추출한 행운의 과학자는 서른두 살의 젊은 과학자 프레더릭 밴팅이었다.

윌리엄 하비의 모습을 담은 스테인드글라스. 1943년경. 하비가 왕에게 혈액 순환 체계를 설명하고 있다.

심장은 피곤하다
현대 사회에 심혈관계 질환이 늘어나는 이유

개인적으로 지방으로 출장을 가게 되면 버스나 비행기보다는 기차를 탄다. 비행기는 빠르기는 하지만 비싼 데다가 절차가 번거롭고, 버스는 경제적이고 운행편이 많기는 하지만 흔들림이 심해 한 시간도 못 가 멀미 나기 일쑤기 때문이다. 그러다 보니 자연스럽게 가격도 적당하고 번거롭지 않으며 흔들림도 심하지 않은 기차를 선호하게 되었다.

며칠 전에도 대구행 KTX를 타려고 서울역을 찾았다. 서울역은 자주 이용하는 곳이긴 하지만 늘 스쳐 지나가기만 해서 잘 몰랐는데, 그날따라 조금 일찍 도착한 덕에 주변을 둘러볼 여유가 생겼다. 그리고 승강장 한쪽에서 자동 제세동기(automated external defibrilator, AED)를 발견했다. 제세동기라는 말이 무엇을 의미하는지 언뜻 떠오르지 않아 사전을 찾아보니 제세동기란 '세동(細動)을 제거하는 기계'란 뜻이란다. 심장은 보통 일정한 간격을 두고 박동한다. 하지만 심장마비가 오게 되면 심장은 일정한 박동을 멈추고 마치 근육이 경련하듯 미세하게 떨리다가 결국 멈추게 된다. 이때 나타나는 비정상적인 떨림이 바로 '세동'인 것이다. 심장에 세동이 발생했을 때, 전기충격을 주면 세동이 멈추고 정상적인 박동이 돌아올 가능성이 있기 때문에 심장마비 환자에게는 제세동기를 적절하게 사용하는 것이 매우 중요하다.

우리나라에서는 '응급의료에 관한 법률'에 따라 사람들이 많이 다니는 터미널이나 경기장 등 다중이용 시설에 자동 제세동기를 필수적으로 갖추도록 하고 있지만 아직 시행 초기라 실제 제세동기 보급률은 20퍼센트 선에 불과하다고 한다.

한국보건사회연구원이 발표한 '한국인의 사망원인(2008년 기준)'을 살펴보면 심장 질환은 악성신생물(암)과 뇌혈관 질환 다음으로 유력한 사망 원인으로 꼽힌다. 지난 1998년의 조사에서도 사망원인은 암-뇌혈관 질환-심장 질환순이었다. 지난 10년간 뇌혈관 질환자의 사망률(인구 10만 명당 사망자수)이 73.6명에서 56.5명으로 감소한 것에 비해 심장 질환자의 사망률은 38.4명에서 43.4명으로 오히려 증가한 것을 보면 심장 질환은 우리의 생명을 위협하는 주요 질병으로서의 위치를 확고히 해왔음을 알 수 있다. 도대체 우리의 심장은 왜 자꾸만 약해지는 것인가?

가장 부지런한 기관, 심장

가슴 왼편에 가만히 손을 대어보라. 강하지는 않지만 지속적인 리듬의 심장 박동이 느껴질 것이다. 심장의 두근거림은 나 자신이 살아 있

한국인의 사망원인 순위 추이(1998~2008)

순위	1998		2008			
	사망원인	사망률	사망원인	사망자수(명)	구성비(%)	사망률
1	악성신생물(암)	108.6	악성신생물(암)	68,912	28.0	139.5
2	뇌혈관 질환	73.6	뇌혈관 질환	27,932	11.3	56.5
3	심장 질환	38.4	심장 질환	21,429	8.7	43.4
4	운수사고	25.6	고의적 자해(자살)	12,858	5.2	26.0
5	간 질환	24.6	당뇨병	10,234	4.2	20.7
6	당뇨병	21.0	만성하기도 질환	7,338	3.0	14.9
7	고의적 자해(자살)	18.4	운수사고	7,287	3.0	14.7
8	만성하기도 질환	12.7	간 질환	7,164	2.9	14.5
9	고혈압성 질환	8.4	폐렴	5,461	2.2	11.1
10	호흡기 결핵	7.1	고혈압성 질환	4,724	1.9	9.6

*자료 : 한국보건사회연구원, 2008년. 사망률은 인구 10만 명당 사망자수다.

음을 새삼 느끼게 만든다. 죽은 이들의 심장은 더 이상 뛰지 않고 피도 돌지 않는다. 그래서인지 심장은 예로부터 생명력의 원천으로 인식되었고, 이로 인한 전설도 많다. 고대 이집트인들은 죽으면 신이 망자의 심장을 저울에 올려 살아생전 죄의 무게를 가늠한다고 여겼고, 그리스 신화 속 사랑의 신 에로스는 사람의 심장에 황금 화살을 쏘아 그가 사랑에 빠지도록 만들었다. 이처럼 심장은 예로부터 생명력의 원천이자 '사랑을 간직하는 마음이 담긴 곳'이라고 여기는 문화가 널리 퍼져 있다. 영어 'heart'라는 단어에 심장과 사랑이라는 의미가 모두 담겨 있는 것은 바로 이 때문이다.

하지만 정작 심장이 실제 어떤 역할을 하는지 밝혀진 것은 17세기에 들어서였다. 이전까지는 고대 그리스의 의학자 갈레노스(Galenos,

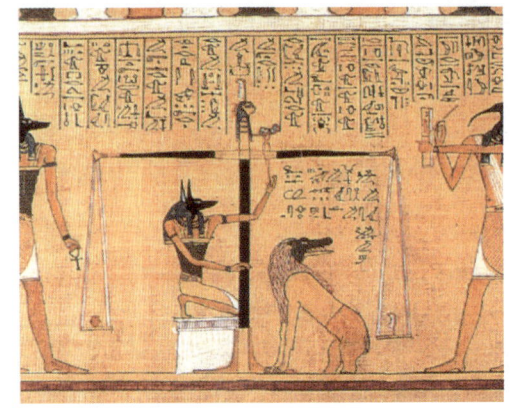

망자의 심장의 무게를 달고 있는 아누비스. 이집트의 『사자의 서』에 따르면, 망자의 심장이 깃털보다 가벼우면 그는 새 생명을 하사받지만, 그렇지 못한 경우 죄에 대한 대가를 치러야만 했다.

129~199)가 말한 대로 우리가 먹은 음식은 소화되어 간(liver)으로 옮겨진 뒤 거기서 혈액으로 변한다고 여겨졌다. 즉, 혈액은 계속 만들어지고 없어진다고 생각한 것이다. 이렇게 만들어진 혈액은 심장으로 들어가는데, 이때 갈레노스는 심장이 혈액을 몸 전체에 전달할 뿐 아니라, 혈액 속 불순물을 제거해 마음의 열정을 가라앉히고, 혈액에 '생명의 기운'을 부여하는 역할을 하며, 체온을 조절한다고 생각했다. 이러한 개념은 이후 1500여 년이나 지속되었다.

오랜 통념이 의심받기 시작한 것은 17세기에 들어서였다. 영국의 의사 윌리엄 하비(William Harvey, 1578~1657)가 갈레노스의 주장이 틀렸을지도 모른다고 의심하기 시작한 것이다. 무엇보다도 하비는 혈액이 매순간 간에서 만들어진다는 사실을 믿을 수 없었다. 피가 매순간마다 만들어진다면 우리 몸은 곧 넘쳐나는 피로 꽉 차게 될 것이다. 이런 상태를 방지하기 위해서는 피는 만들어지는 만큼 파괴되어야 한다. 하지만 이게 무슨 낭비인가! 그렇게 귀중한 피를 매번 만들고 없애다니.

또한 죽은 동물을 해부했던 갈레노스와는 달리 살아 있는 동물을 해부했던 하비는 심장이 수축할 때마다 피가 동맥으로 밀려나오는 것을 직접 보면서 자신의 생각을 확신하게 된다. 그는 심장의 수축은 동맥에 전달되어 맥박으로 나타나고, 수축된 심장이 다시 이완되면서 정맥을 통해 심장으로 피가 다시 공급되는 것도 관찰하였다. 기존의 이론대로라면 심장에서 뿜어져나간 혈액만큼 간에서 피가 다시 만들어져 공급되어야 했지만, 심장에 공급되는 피는 정맥을 통해 들어왔다. 게다가 하비는 관찰을 통해 보통 맥박이 한 번 뛸 때마다 심장에서 약 56그램 정도의 피가 밀려나감을 알게 되었다. 맥박이 분당 70회 정도 뛴다면 한 시간이면 70회×60분×56그램=235,200그램, 즉 약 235킬로그램이나 되는 혈액을 간이 만들어내야 한다. 하비는 이것이 상식적으로 불가능하다고 생각했다. 혈액은 매번 새롭게 만들어지는 것이 아니라 동맥으로 뿜어져나갔다가 정맥을 통해 돌아오며, 심장은 혈액을 '순환'시켜주는 역할을 한다고 여기는 것이 훨씬 합리적이라고 생각한 것이다.

하비는 자신의 관찰과 생각을 1628년 「동물의 심장과 혈액의 운동에 관한 해부학적 연구(Exercitatio Anatomica de Motu Cordis et Sanguinis in Animalibus)」라는 논문으로 발표했다. 당시 학자들은 하비의 논문을 통해 심장이 혈액 순환을 담당하는 '펌프' 역할을 한다는 것은 인정했지만, 혈액이 순환된다는 것에 대해서는 완전히 납득하지 못했다. 해부학적으로 보건대 동맥과 정맥은 전혀 이어진 것처럼 보이지 않았기 때문이었다. 이 비밀의 열쇠는 1661년이 되어서야 풀렸다. 이탈리아의 생리학자 마르첼로 말피기(Marcello Malpighi, 1628~1694)가 현미경을 이용해 모세혈관을 찾아내면서 심장에서 뿜어져나온 피가 동맥을 지나

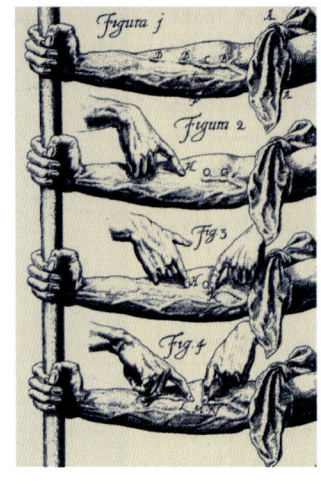

윌리엄 하비의 「동물의 심장과 혈액의 운동에 관한 해부학적 연구」에 실린 삽화. 하비는 팔을 천이나 끈으로 묶었을 때 혈관에 피가 모이고 혈관이 부풀어오른다는 것을 보여주면서 혈액이 순환하고 있다고 주장했다.

모세혈관을 통해 정맥으로 이어지고 다시 심장으로 돌아와 순환된다는 것을 밝혔던 것이다. 하비가 사망한 지 4년 후의 일이었다.

심장, 성능 좋은 혈액 펌프

보통 심장은 분당 60~100번 정도 박동한다. 평균적으로 계산해보면 심장은 하루 동안 약 10만 번, 평생 동안 약 20~30억 회를 뛰는 셈이다. 엄청난 체력이다. 또한 심장은 인체 내장 기관 중에서 가장 먼저 발생하는 기관 중 하나다. 수정란이 형성되고 3주 정도 지나면 훗날 복잡한 혈관으로 가지를 칠 튜브 모양의 관이 만들어지는데, 이 중 머리 쪽에 가까운 부분이 부풀어오르면서 심장을 만든다. 심장은 수정 후 4주경이 되면 벌써 박동하기 시작하는데, 이 시기 이후 죽을 때까지 심장 박동은 멈추지 않는다. 아니, 그래야 한다. 심장은 초기에는 긴 튜브 모양이었다가 두 개의 방으로 나뉘고 다시 두 개의 방 사이에 심장중격이라고 부르는 칸막이가 만들어지며, 6주경이면 4개의 방(좌심방-좌심실-우심방-우심실)으로 나뉜 심장이 된다.
 앞서 말했듯이 심장은 혈액을 만드는 것이 아니라 만들어진 혈액을 전신으로 순환시키는 역할을 한다. 혈액은 기본적으로 신체 각 조직에 산소와 영양분을 전달하고, 조직으로부터 이산화탄소와 노폐물을 받아오는데, 이를 위해서 심장은 폐순환과 대순환이라는 두 가지 회로를 가동시킨다. 먼저 폐순환이란 심장과 폐 사이에 일어나는 순환으로, 우심실은 폐동맥을 통해 폐로 혈액을 보내고 혈액 속의 적혈구는 폐를 통과하는 과정에서 이산화탄소를 버리고 산소를 가득 머금은 상태로 폐정맥을 통해 좌심방으로 돌아온다. 이렇게 산소를 가득 품고 심장으로 돌아온 혈액은 다시 좌심실로 들어간 뒤, 대동맥을 통해 전신으로 퍼져나가고 모세혈관을 통해 조직 구석구석으로 전달되어 산소를 전해주고 대신 이산화탄소를 받아 대정맥을 거쳐 우심방으로 들어오는데, 이를 대순환이라고 한다. 심장은 폐순환과 대순환을 통해 혈액과 조직 사이의 가스 교환을 주도하는 것이다.
 이처럼 심장은 끊임없이 피를 뿜어내고 받아들이는데, 그러기 위해서는 심장이 강하게 수축되었다가 이완되는 과정이 필요하다. 마치 땅 속에서 지하수를 퍼올리기 위해서는 펌프를 꾹꾹 눌러주어야 하는 것처럼 말이다. 이렇게 주기적으로 반복되는 심장의 수축과 이완은 두근두근거리는 심장 박동으로 나타난다. 심장은 별다른 자극이 없으면 항상 일정한 속도로 수축과 이완을 반복하는데, 그 근원은 심장의 우심방에 존재하는 동방결절이다. 동방결절은 약 0.8초 간격으로 전기를 발생시키고, 이 신호는 심방을 따라 방실결절로 전달되어 심방이 수축된다. 심방의 수축은 심실 격벽에 있는 히스색(His bundle)과 푸르킨예 섬유(Purkinje fibers)를 통해 심실로 전달되고 이 신호로 다시 심실이 수축되며 혈액이 순환된다.

이처럼 심장 박동은 저절로 일어나지만, 자율신경과 호르몬의 영향을 받아 조정되기도 한다. 자율신경계 중 교감신경은 심장 박동을 증가시키고 부교감신경은 심장 박동을 감소시키며, 호르몬의 일종인 에피네프린(epinephrine)은 심장 박동을 빠르게 하지만 반대로 아세틸콜린(acetylcholine)은 심장 박동을 느리게 한다.

간혹 긴장을 많이 하거나 스트레스가 심할 때 심장이 두근거리는 소리가 들리는 느낌을 받을 수 있는데, 이는 긴장으로 인해 교감신경이 과하게 자극되면서 심장 박동이 빨라지기 때문이다. 마찬가지로 깜짝 놀랐을 때 심장이 빨리 뛰는 것은 순간적으로 에피네프린의 분비량이 증가하면서 나타나는 현상이다. 하지만 교감신경이 자극되었거나 에피네프린이 증가되었다고 해서 이 효과가 오래도록 지속되는 경우는 많지 않다. 심장의 박동 조절은 교감신경-부교감신경, 에피네프린-아세틸콜린 등이 서로 길항적으로 짝을 이루어 조절되기 때문이다. 한쪽이 자극되어 심장 박동에 교란이 생기면 곧 다른 쪽이 이에 반응하여 박동을 반대쪽으로 이끌기 때문에 심장 박동은 항상 정상적인 범위 내에서 크게 벗어나지 않는다.

심장병, 도대체 왜 늘어나는가?

심장이 이렇게 끊임없이 움직여야 하는 이유는 무엇일까? 우리 몸을 구성하는 모든 세포들은 살아가기 위해 에너지가 필요하다. 잘 알려져 있다시피, 우리가 먹은 음식물들은 소화기관을 통해 잘게 쪼개져 포도당의 상태로 각각의 세포에 공급된다. 이렇게 공급된 포도당을 세포들은 세포 내 에너지 생성 공장인 미토콘드리아를 통해 가공하여 세포 내 에너지원인 ATP를 만드는 데 사용한다. 휴대폰을 사용하기 위해서는 각 휴대폰에 맞는 배터리가 필요하듯이, 세포 내에서 생명 활동이 일어나기 위해서는 ATP가 필요하다. 쉽게 말해 미토콘드리아는 세포 내 배터리인 ATP를 충전하는 곳이다. 휴대폰 배터리가 방전되면 버리지 않고 충전해서 다시 사용하는 것처럼, APT는 세포 내 생명 활동에 사용되고 난 뒤에는 아데노신 이인산(Adenosine diphosphate, ADP)이라는 물질로 변하는데, 미토콘드리아는 이 ADP를 다시 ATP로 변환시켜 에너지를 계속 공급한다. 즉, 이를 간단한 수식으로 표현하면 아래와 같이 된다.

포도당 + 산소 + ADP + 인산 = 이산화탄소 + 물 + ATP + 열에너지

$C_6H_{12}O_6 + 6O_2 + ADP + P = 6CO_2 + 6H_2O + ATP +$ 열에너지

사람의 세포 내 미토콘드리아에서 ADP를 ATP로 충전시키는 과정

에는 반드시 산소가 필요하다. 따라서 산소가 없다면 미토콘드리아는 ATP를 만들어낼 수 없게 된다. 휴대폰 배터리는 한 번 충전하면 꽤 오랫동안 쓸 수 있는 데 반해, ATP는 워낙 요구량이 많은 터라 세포가 ATP 없이 버틸 수 있는 시간은 채 몇 분도 되지 않는다. 따라서 우리 몸을 구성하는 모든 세포들은 ATP 충전을 위해 끊임없이 포도당과 산소를 공급받아야 한다. 세포들에게 포도당과 산소를 전달해주는 특급 배송 시스템이 바로 심장을 주축으로 하는 순환계이다. 심장은 전신의 세포에 24시간 내내 포도당과 산소를 전달해주기 위해 끊임없이 박동한다.

이렇듯 심장은 애초에 생겨날 때부터 쉬는 것이 허락되지 않은 장기다. 그러니 애초부터 심장이 쉬지 못해 문제가 생긴다고는 말할 수 없다. 하지만 최근 들어 심장 질환과 그로 인한 사망자의 수는 분명히 증가하고 있다. 이는 도대체 무엇이 현대인들의 심장을 '나약'하게 만들었는지에 대한 궁금증을 일으킨다.

앞서 말했듯 심장은 단 1분도 쉴 수 없는 장기다. 따라서 다른 장기나 조직에 비해 매우 튼튼하다. 심장을 이루는 근육인 심근은 골격근의 강인함과 내장근의 지구력을 골고루 갖춘 근육계의 우량아다. 하지만 아무리 튼튼한 기계라도 오랫동안 사용하면 마모되듯 아무리 튼튼한 근육을 가진 심장이라 하더라도, 오랫동안 사용하면 그 기능이 떨어지기 마련이다. 20세기, 특히 후반부로 갈수록 인간의 평균수명은 급격히 늘어났다. 국내의 경우도 마찬가지다. 2009년 통계청 발표에 따르면, 2008년 국내에서 태어난 출생아의 기대수명은 80.1년으로 조사되었다. 이는 지난 1970년대에 비해 18.1년이나 증가한 수치다. 겨우 한 세대가 바뀔 정도의 시간이 지났을 뿐인데, 평균수명이 18년 이상이나 늘어난 것이다. 하지만 이 정도의 시간은 우리 신체에 근본적인 변화가 일어나기에는 매우 짧은 시간이다. 가지고 태어난 심장은 그대로인데, 평균수명이 늘어났다는 것은 심장이 과거에 비해 십수 년을 더 박동해야 한다는 뜻이다. 피로에는 장사 없듯이 아무리 튼튼하게 만들어진 심장이라도 오랫동안 움직이다 보면 지치고 피로해지기 마련이니 평균수명의 증가에 따라 심장 질환 발생률 역시 증가하는 것은 당연한 이치다. 실제로 2009년에 통계청의 '2009년 사망원인 통계' 보고서가 이를 뒷받침하는데, 심장 질환의 사망률은 지난 1999년의 인구 10만 명당 38.9명에서 2008년에는 43.4명, 2009년에는 45.0명으로 증가했다.

하지만 평균수명의 증가만으로 심장 질환의 증가 추세를 모두 설명하긴 역부족이다. 통계청 자료를 보면, 전체적인 심장 질환의 사망률 자체도 증가했지만, 그 증가율의 폭은 고령층(60대 이상)에 비해 오히려 중년층(50대 이하)에서 더 크게 나타났기 때문이다. 도대체 무엇이 심장의 무한질주 본능을 방해하는 것인가?

앞서 말했듯이 지난 수십 년 동안 급격하게 바뀐 생활상에 비해 우리의 유전적 특성은 거의 변하지 않았다는 것이 가장 근접한 답변일 것이다. 인간 사회는 최근 가장 극적인 변화를 겪고 있다. 그 중에서 가장 많이 달라진 것은 식생활의 변화이다. 지난 반세기 동안, 우리의 식단에는 푸성귀와 거친 잡곡이 사라지고, 윤기가 자르르 흐르는 흰 쌀밥과 기름진 고열량식이 늘어났다. 고열량식은 맛좋고 소화도 잘 되지만 신체에서 필요한 양보다 더 많은 에너지를 가지고 있기에 쓰고 남은 에너지원의 처리가 새로운 문젯거리로 떠오르기 시작했다. 일회용품들은 값도 싸고 쓰기도 쉽지만, 일단 사용한 뒤에는 고스란히 쓰레기로 남아 환경을 오염시키는 것처럼 혈관을 타고 떠도는 과량의 포도당과 지질은 심장에 새로운 부담이 될 수 있다. 일차적으로 이들은 혈액의 점도를 높인다. 묽은 액체보다 점성이 높은 끈적한 액체를 밀어내는 데 힘이 더 드는 것은 당연한 일이므로, 점도가 높아진 혈액을 밀어내기 위해 심장은 더 힘차게 박동해야 한다. 심장의 박동력 증가는 그대로 고혈압으로 이어진다. 또한 혈액 속 지질들은 혈관벽에 달라붙어 더께를 이루기도 하는데, 이로 인해 혈관이 좁아지면 심장에 가해지는 부담은 더욱 늘어난다. 좁은 혈관을 통해 끈적거리는 피를 통과시키기 위해 훨씬 더 심한 수축이 필요하기 때문이다. 이렇게 발생한 고지혈증, 고혈압, 동맥경화 모두 심장을 혹사시키는 원인이 되고, 이로 인해 심장이 이상을 일으킬 확률은 더욱 높아진다.

여기에 산소가 부족한 생활이 더해지면 심장은 정말 피곤해진다. 흡연, 환기되지 않은 밀폐된 공간에서의 생활, 대기오염이 그것이다. 환기되지 않은 공기에는 산소가 부족하기 때문에 심장이 같은 양의 산소를 조직 세포들에게 전해주려면 더 많은 혈액을 보내야 하는 부담을 짊어지게 된다. 이 정도면 심장은 무리 수준이 아니라 혹사에 가까운 대접을 받는다고 봐야 한다. 심장이 지나친 과로에 넉 다운이 되는 것도 무리가 아니다.

심장, 그 끊임없는 움직임

비록 옛사람들이 상상했던 것과는 달리 심장은 인간의 영혼이 들어 있는 곳이라거나, 생명의 기운을 불어넣는 곳이라기보다는 아주 성능 좋고 지구력 좋은 펌프에 가깝다. 하지만 심장이 일종의 펌프라고 해서 인체에서 심장이 차지하는 중요성이 떨어지는 것은 아니다. 심장이라는 펌프의 끊임없는 수축-이완으로 신체 구석구석까지 혈액이 전달되고 가스와 물질 교환이 이루어지면서 우리의 신체가 '살아 있는 상태'로 유지될 수 있기 때문이다. 일생 동안 쉼 없이 힘차게 고동치는 심장은 인간에게 '살아 있다'는 것은 '움직이고 깨어 있는 것'이라는 사실을 온몸으로 전해주는 신체 기관이다. 우리는 자주 '당연한 것의 고마움'을 잊는다. 심장 역시 마찬가지라는 생각이 든다. 늘 그 자리에서 변함없이 뛰어주기에 우리는 평소에 우리가 하는 일이 심장에 무리를 줄 것이라고 생각하지 못한다는 것이다. 심장이 조기 퇴직하지 않기를 바란다면, 심장에 무리를 주는 현대인의 생활 습관에 근본적인 변화가 필요할 것이다.

루이지 노노, 〈회복 중인 아이〉, 1889년

알레르기, 면역계의 오류

면역계의 오류로 일어나는 알레르기의 특성과
알레르기 환자가 증가하는 원인에 대한 생물학적 시선

 아기가 태어나고 두어 달쯤 지난 뒤였다. 잠에서 깨어난 아기에게 젖을 주려다가 화들짝 놀라고 말았다. 아기의 입 주변과 양쪽 볼에 빨갛게 발진이 생겨났던 것이다. 순간 머릿속에는 아토피라는 단어와 함께 발진과 진물로 상처 난 얼굴의 아이들 모습이 떠올랐다. 다행히 아기의 얼굴에 나타났던 발진은 곧 사라졌지만, 무엇 때문에 발진이 돋았는지 이유를 알지 못해 한동안 고민했던 기억이 난다.
 예전 엄마들이 호환(虎患)이나 마마로 아이들이 희생되는 것을 두려워했다면 요즘 엄마들이 가장 무서워하는 말은 아마도 아토피가 아닐까 싶다. 그래서 행여나 아이의 몸에 건조한 기운이 돈다거나 붉은 발진이라도 돋았다 싶으면 온갖 보습제와 입욕제를 사들이고 편리한 가공식품을 멀리하고 비싼 값을 마다하지 않고 유기농 식품을 구입하며 아토피의 원인이 된다는 각종 화학약품과 집먼지진드기를 없애는 데 심혈을 기울인다.
 그런데 이런 노력에도 불구하고 요즘 들어 아토피로 고생하는 아이들은 점점 늘어나고 있다. 이는 단순한 추측만이 아니다. 대한소아알레르기호흡기학회에서 초등학생을 대상으로 조사한 국내 소아 아토피 피부염의 유병률에 대한 보고에 따르면, 아토피 피부염을 앓은 경험이 있는 아이의 비율은 1995년 12.9퍼센트에 불과했지만, 2000년 20.2퍼센트, 2005년 26.4퍼센트로 해가 갈수록 급등했다. 이는 결핵이나 홍역 같은 전염성 미생물에 의한 질환의 발병률이 계속해서 낮아지고 있는 것과는 정반대의 현상이다. 무엇이 우리 아이들을 아토피 피부염으로 고생하게 만드는 것일까?

아토피(atopy)란 그리스어의 'a-topos'에서 유래한 말로, '비정상적인', '기묘한', 혹은 '알 수 없는'이라는 의미를 가진 말이다. 문자 그대로 아토피는 여러 가지 알 수 없는 원인에 의해 발생한다. 문제는 발생 원인을 알지 못하기 때문에 치료도 쉽지 않다는 것이다. 일단 발생한 아토피 피부염(atopy dermatitis)은 피부가 비정상적으로 변하고 완화와 재발을 반복하며 완치가 매우 어렵다. 아토피 피부염은 단순히 피부가 건조해지는 정도에서부터 붉은 발진과 염증이 생기고 검게 변색되는가 하면, 가려움으로 인해 이차적인 상처까지 생기는 심각한 수준까지 다양하다.

아토피의 원인은 아직 정확히 밝혀지지 않았다. 하지만 면역학적 이상과 깊은 관계가 있다는 것은 사실이다. 아토피가 면역력과 관계있다는 것은 아토피가 주로 어린아이에게 자주 나타난다는 것과 맞물린다. 어린아이는 면역력이 완전하지 못하고 피부가 연약하기 때문에 피부 트러블이 자주 생기곤 한다. 옛 어른들은 어린이에게 나타나는 피부이상 증세를 태열(胎熱)이라고 부르며, '땅을 밟으면 없어진다'고 말하시곤 했다. 실제로 아기의 피부 트러블은 생후 2~6개월 사이에 나타나곤 하는데, 대부분 두 돌 이내에 없어지며 90퍼센트가 사춘

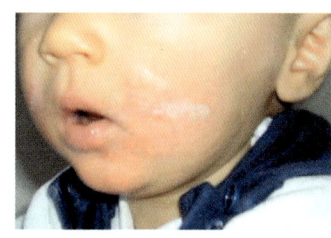

아토피에 걸린 아이의 볼

기 이전에 저절로 없어지기 때문에 이렇게 생각한 것도 무리가 아니다. 하지만 최근에 나타나는 아토피 피부염은 태열의 수준을 넘어서는 경우가 많다. 증세도 훨씬 심할 뿐 아니라 성인이 될 때까지도 증세가 이어지는 경우가 많기 때문이다.

아토피가 일어나는 원인에 대해서는 여러 가지가 지목되고 있지만, 요즘에는 아토피를 면역학적인 오류로 보는 시선이 큰 힘을 얻고 있다. 특히 아토피와 관련되어 의심을 받는 물질은 체내에 존재하는 면역글로불린 E(immunoglobulin E, IgE)다. 우리 몸은 면역계를 가지고 있어 외부 물질의 침입에 대비한다. 앞서 전염병에 대한 부분에서 언급했듯이, 인체 내에 있는 다양한 면역세포가 세균이나 바이러스, 기타 외부에서 침입한 물질을 퇴치하는 일을 하는데, 이 중에서 B세포(백혈구 림프구에 존재하는 면역세포) 등의 면역세포는 면역학적 무기, 즉 항체를 만들어 이물질을 퇴치하는 데 공헌한다. 이때 만들어지는 항체를 면역글로불린(줄여서 Ig라고 표기)이라고 부른다. 이 면역글로불린은 특성에 따라 IgG(γ), IgA(α), IgM(μ), IgD(δ), IgE(ϵ) 등 다양한 종류로 나뉜다. 아

토피 피부염을 일으키는 주범으로 의심되고 있는 것이 바로 면역글로불린 E, 즉 IgE다.

　IgE는 다른 면역글로불린과 마찬가지로 체내에 일정량 존재하고 있다가 이물질을 퇴치하는 데 일조하는 신체 내 파수꾼이다. 그런데 이렇게 유용한 일을 하는 IgE가 어쩌다가 아토피를 일으키는 말썽꾼으로 인식되고 있는 것일까? 이를 이해하기 위해서는 일단 기본적인 면역 과정을 이해할 필요가 있다.

　체내에서 일어나는 면역 반응은 다양한 경로가 있는데 그중에서 대표적인 것이 면역글로불린을 이용한 면역 반응이다. 체내에 이물질이 들어오게 되면 일차적으로 대식세포 등의 면역세포가 이들을 직접 공격해 분해한다. 이물질을 먹어치운 대식세포는 다른 면역세포들을 자극하기 위해 분해된 이물질 조각을 세포 표면으로 노출시켜 매달고 다니게 되는데, 이렇게 전시된 이물질의 조각을 이용해 B세포는 이물질을 공격하는 항체인 면역글로불린을 대량 생산한다. 일단 면역글로불린이 생성되면 이들은 대량으로 이물질에 달라붙는데, 이렇게 이물질에 달라붙은 면역글로불린은 그 자체가 이물질을 비활성화시키는 역할을 하기도 하지만, 다른 면역세포를 자극해 이물질을 분해시키도록 돕는 역할을 하기도 한다. IgE 역시 기본적으로는 이 과정을 통해 면역에 작용한다. 즉, 외부에서 유입된 이물질을 대식세포가 먹어치워 조각을 전시하고 다니면, B세포가 이를 인식해 면역글로불린의 일종인 IgE를 만들어 이물질에 대한 전 방위적인 공격을 시작한다. 이때 IgE

는 비만세포(mast cell)라는 다른 종류의 면역세포를 불러들인다. IgE의 부름을 받아 나타난 비만세포는 이물질을 처리하는 과정에서 다양한 물질을 분비하는데, 대표적인 물질이 히스타민(histamine)과 헤파린(heparin)이다.

히스타민은 근육을 수축시키고 모세혈관을 확장시키며, 침샘·췌장·위 점막선 등 체내에 존재하는 분비선을 자극해 점액이나 소화액 등의 분비를 촉진시키는 물질이다. 적군과 싸우기 위해서는 일단 든든한 진지 구축과 충분한 전쟁물자 보급이 필요하듯, 체내의 면역계가 이물질과 싸우는 것을 돕기 위해 히스타민은 혈관을 확장시키고 분비샘을 자극해 체내의 물질 흐름을 활발하게 한다. 그렇기 때문에 히스타민이 분비되는 곳에서는 이물질과 면역계의 싸움이 격렬하게 일어나게 된다. 이 증상을 우리는 '염증'으로 느끼게 된다. 따라서 히스타민이 많이 분비되면 염증 반응이 겹치게 된다. 또한 주변 조직을 자극하기 때문에 이로 인해 염증 반응뿐 아니라 두드러기, 가려움 등의 증상이 부작용으로 나타나게 된다. 상처 난 곳을 제대로 소독하지 않았다가 상처가 붓거나 가렵고 곪는 경험을 해본 적이 있을 것이다. 그 작은 상처 속에서 우리가 알지 못하는 사이에 다양한 면역세포와 신체 조직이 사투를 벌이고 있었던 것이다.

이러한 과정은 우리가 살아가는 데 도움을 준다. 만약 이런 반응이 없었다면 우리는 수없이 침투하는 이물질로 인해 단 하루도 제대로 살아갈 수 없을 테니까 말이다. 그래서 면역글로불린의 존재는 인간의 생

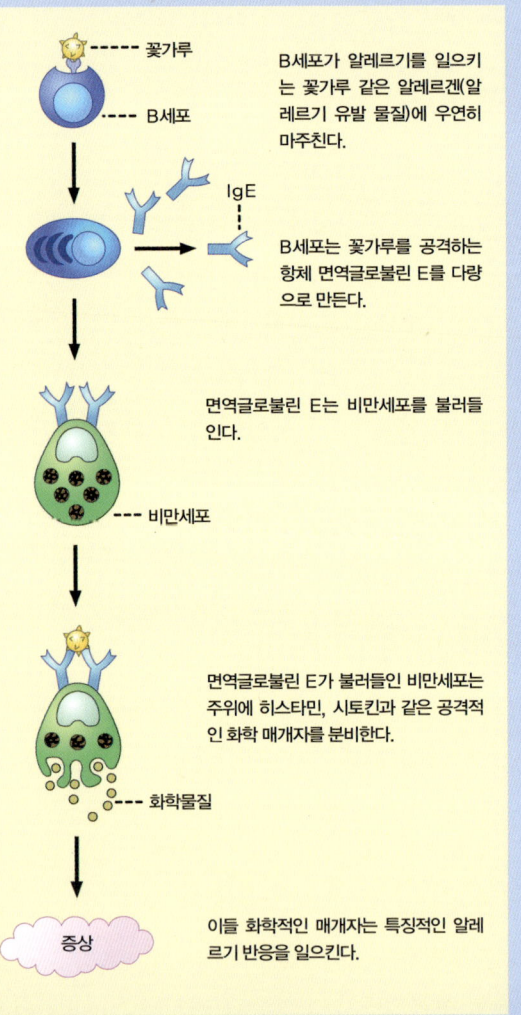

면역글로불린 E(IgE)의 작용

존에 꼭 필요하다. 하지만 때로 면역글로불린, 그중에서도 특히 IgE는 인간을 괴롭히는 존재가 될 수도 있는데, 체내의 면역세포가 이물질과 자기 자신을 구별하는 능력에 혼선이 생기면 이물질이 아닌 자신의 세포를 공격하는 경우가 종종 일어나기 때문이다. 이렇게 면역세포가 외부에서 침입한 이물질 중 신체에 별다른 영향을 미치지 않는 물질에 요란스럽게 반응하거나 눈이 멀어 스스로의 세포를 공격하는 현상을 알레르기(allergy)라고 한다.

알레르기는 간단히 말해 면역계의 오류로 인해 일어나는 증상이다. 이 알레르기가 피부에서 일어나면 아토피 피부염, 기관지 쪽에서 일어나면 알레르기성 천식, 코의 점막에서 일어나면 알레르기성 비염, 관절에서 일어나면 류머티즘이 되어 면역계는 순식간에 인체를 지켜주는 파수꾼에서 사람들을 괴롭히는 불청객으로 바뀌고 마는 것이다.

실제로 아토피 피부염(다른 알레르기성 질환도 비슷) 환자의 혈액을 채취해 검사하면, 혈액 중에 IgE가 정상 수준에 비해 급격히 높은 경우가 많이 관찰된다. 높은 수준의 IgE는 결국 많은 비만세포를 끌어들이며, 이 비만세포에서 분비되는 히스타민 등의 물질이 두드러기, 염증, 가려움, 콧물 등 다양한 알레르기 반응을 일으키는 것이다. 피부 트러블은 특히 히스타민과 연관성을 가지기 때문에 시중에서 팔리는 피부 질환 연고에는 대부분 히스타민의 작용을 상쇄시키는 '항(抗)히스타민' 제제가 함유되어 있다.

앞서 말했듯이 알레르기성 반응을 일으키는 일차적 주범은 바로 IgE

이다. 때문에 일반적인 '알레르기 검사'에서는 IgE의 양을 측정한다. 즉, 다양한 물질을 몸에 바르거나 먹은 뒤 혈액 검사를 통해 IgE의 양이 증가되었는지를 관찰하고, 어떤 특정 물질이 유입되었을 때 IgE가 증대되었다면 그 물질이 알레르기를 유발시키는 물질, 즉 알레르겐(allergen)이라고 판단할 수 있다는 것이다.

이처럼 IgE는 아토피를 비롯해 다양한 알레르기성 질환의 원인으로 지목되면서 곱지 않은 시선을 받고 있다. 그런데 면역 시스템의 일종으로 체내의 파수꾼 역할을 했던 IgE가 어떤 이유로 돌변해 알레르기를 일으키는 골칫거리가 됐는지에 대해서는 아직 밝혀진 것이 적다.

최근 IgE의 변신이 금세기 들어 급격하게 바뀐 환경의 변화와 밀접하게 관련된다는 주장이 제기돼 관심을 끈 적 있다. 이런 주장을 하는 학자들은 과거에 비해 훨씬 더 깨끗하고 위생적인 환경이 오히려 알레르기를 일으키는 주범이 되었다는 다소 황당한 주장을 제시했다. 그 주장의 주요 내용은 다음과 같았다. 원래 IgE는 기생충 등의 공격에 대비하게 위해 발달한 항체인데, 최근 들어 갑자기 깨끗해진 환경과 효과적인 구충제의 개발로 인체에 침입하는 기생충의 수가 급격히 줄어들거나 사라지자 IgE는 갑자기 할 일을 잃게 되었고, 임무를 잃은 IgE는 극도로 예민해져서 원래는 공격하지 않아도 되는 해롭지 않은 물질—예를 들어 꽃가루나 집먼지진드기 등—에 민감하게 반응해 알레르기 증상을 일으킨다는 것이다. 이 주장은 일견 황당해 보이지만, 실제로 아직도 위생 상태가 나쁜 지역에서는 오히려 알레르기성 질환의 유병률이 떨어지는 반면, 보건위생 상태가 좋은 선진국일수록 알레르기 질환으로 고생하는 환자의 비율이 늘어난다는 사실에서 힘을 얻고 있다.

물론 기생충의 감소가 알레르기의 모든 원인이라고 말할 수 없다. 하지만 지나치게 위생적인 환경이 오히려 알레르기를 발생시키고 면역력 강화에 도움이 되지 않는다는 것에 많은 학자들이 동의하곤 한다. 이는 면역계의 확립 과정과 연관이 있다. 인간의 어린아이는 아주 미숙한 면역계를 가지고 태어난다. 따라서 그들은 어른에게는 아무런 영향을 주지 않는 병원성이 약한 세균에 의해서도 쉽게 감염되고 질병을 앓는다.

그럼에도 아기의 면역계가 '덜 자란' 상태로 태어나는 이유는 무엇일까? 그것은 세상에는 너무도 많은 물질이 존재하기 때문이다. 상대해야 할 적이 너무 많기에 우리의 면역계는 아직 굳어지지 않은 상태로 태어나는 것이다. 아이는 성장하는 과정에서 주변의 다양한 이물질을 접하게 되고 이 과정에서 면역계는 시행착오를 거쳐 어떤 물질이 해롭고 어떤 물질이 해롭지 않은지, 어떤 물질이 이물질이며 어떤 것이 스스로의 것인지를 구별하는 능력을 기르게 된다. 우리의 면역계는 이전에 접했던 물질일수록 빨리 반응하기 때문에 이 시기에 어느 정도 다양한 외부 물질에 노출되는 것이 오히려 면역계를 성숙시키는 데 도움이 된다. 너무 깨끗한 환경에서 아무런 자극 없이 자라면 전염성 질병에는 덜 걸리겠지만 면역계가 자극을 받지 못해 올바르게 성숙하지 못할 가능성이 있다는 것이다. 그리고 이 상태가 계속 지속되면 면역계가 올바르게 성숙하지 못해, 훗날 가벼운 자극이나 별달리 해롭지 않은 물질을 접할 때 극도로 민감하게 반응해 알레르기 증상이 일어날 가능성이 높다는 것이다.

　인간은 흉골 바로 뒤에 가슴샘(thymus)이라는 면역기관을 가지고 태어난다. 가슴샘은 면역 반응을 담당하는 T세포를 만들며 체내의 면역계를 발달·성숙시키는 중요한 기관이다. 가슴샘은 신생아 때부터 발육해 사춘기에 이를 때까지 계속 커지다가 이후에는 점차 줄어들어 성인이 된 이후에는 지방에 싸여 흔적만 남고 퇴화되는 독특한 발달 과정을 거친다. 이는 어린아이의 면역을 주로 담당하는 곳은 가슴샘이지만, 성인이 되면 면역을 담당하는 기관은 골수로 바뀌기 때문이다. 이때 가슴샘 발달 과정에서 적당한 정도의 자극은 오히려 면역력을 성숙시키는 '플러스 자극'이 될 수 있다. 위생과 청결 습관이 인류를 위협하는 전염성 미생물과 같은 '마이너스 자극'을 제거했지만 동시에 면역계를 강화시키는 '플러스 자극'마저 없애버려 알레르기 질환을 증가시키는 아이러니한 상황을 만든 것이다.

　또한 최근에 들어서 점점 늘어나고 있는 인공 화학물질 역시 알레르기를 일으키는 또 하나의 이유가 되고 있다. 화학의 발달로 인해 인간은 이전까지는 지구 상에 존재하지 않았던 다양한 화학물질을 만들어냈고, 이것이 다시 인간의 몸으로 유입되고 있다. 이 화학물질은 모두 새로 만들어진 것이기 때문에 인체의 면역계 입장에서는 듣도 보도 못한 물질이다. 체내의 면역계는 일단 '알지 못하는 물질은 위험하다'고

간주하고 공격하는 경우가 많기 때문에 인공 화학물질의 증가는 알레르기 발병률을 높이는 또 다른 원인으로 작용한다. 가공식품이나 인스턴트식품을 먹은 뒤 알레르기로 고통 받는 사람들이 늘어나는 것은 식품 속에 들어 있는 각종 첨가물에 인체의 면역계가 과민하게 반응하기 때문이다.

  이처럼 알레르기는 외부 물질에 대한 과도한 면역 반응이 주원인이다. 따라서 가장 효과적으로 알레르기를 막을 수 있는 방법은 회피요법이다. 즉, 알레르기를 일으키는 물질인 알레르겐을 찾아서 그 물질을 피하는 것이다. 알레르겐을 찾기 위해서는 알레르기 패치 테스트가 이용된다. 이는 팔뚝이나 등과 같이 넓은 부위에 알레르기를 유발한다고 알려진 물질들을 소량 접촉시켜 발진이 일어나는지를 알아보는 것이다. 고양이털이나 강아지털 같은 짐승의 털, 꽃가루, 집먼지진드기, 달걀, 고등어, 땅콩, 조개, 몇 종류의 금속 등이 알레르기를 일으키는 대표적인 물질이다. 이런 물질을 접촉시킨 부위에 발진이나 부종 등이 나타나면 가능하면 이를 회피하는 것이 좋다. 땅콩 알레르기가 있는 사람은 땅콩뿐 아니라 땅콩 오일이나 땅콩 잼이 들어간 샌드위치도 먹지 말고, 금속 알레르기가 있는 사람은 금속을 몸에 닿지 않게 하는 것이다. 알레르기 증상은 알레르겐과 접하지 않으면 나타나지 않기 때문에 이 방법은 간단하면서도 효과적이다.

  하지만 회피요법에는 한계가 있다. 땅콩 알레르기가 있다면 신경 써서 땅콩을 안 먹으면 된다지만, 꽃가루 알레르기가 있다면 무슨 수로 공기 중에 날아다니는 모든 꽃가루를 피할 것인가? 그러므로 알레르기에 따라서는 적절한 약물을 사용해 증상을 개선시키는 방법을 사용하기도 한다. 이 방법은 알레르기 자체가 일어나지 못하게 막지는 못하지만, 알레르기로 인해 나타나는 증상을 완화시켜줄 수는 있다. 대표적인 것이 알레르기를 일으키는 주범인 히스타민의 활동을 저해하기 위해 항히스타민제를 이용하는 방법이다. 피부 가려움이나 발진 등을 없애기 위해 연고를 바르거나, 알레르기성 천식일 경우 기도 수축을 막는 기관지 확장제 등을 사용하는 것이 이에 속한다. 하지만 이 방법은 임시방편일 뿐 근본적인 치료책이 되지 못한다는 한계를 지닌다. 또한 알레르기 치료에 스테로이드가 많이 이용되곤 하는데 이로 인한 이차적 부작용도 문제가 된다.

알레르기를 치료하려면 근본적으로 면역계를 교정해야 한다. 근본적으로 알레르기는 면역계의 오류로 인해 일어나는 문제이기 때문이다. 하지만 이는 여간 어려운 일이 아니다. 면역계를 오작동시키는 원인은 셀 수 없이 많을 뿐 아니라 면역계 자체가 개인에 따라서 매우 다르게 형성되어 있기 때문에 모든 사람들에게 혹은 모든 알레르기성 질환에 효과가 있는 약물이나 치료법을 개발하는 것은 거의 불가능에 가깝다. 따라서 알레르기의 치료는 개인의 특성에 따라 조금씩 다르게 접근하는 '맞춤 의학'이 요구되는 대표적인 분야로 꼽히고 있다. 대표적인 것이 단계를 두고 면역계를 알레르겐에 적응시키는 '면역요법'이다. 이는 먼저 알레르기 테스트를 통해 개인에게서 알레르기를 유발시

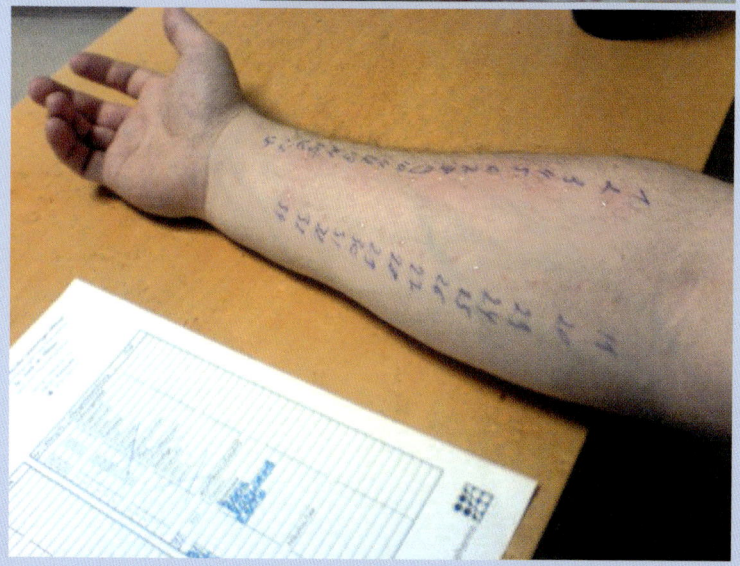

알레르기를 유발하는 물질을 찾기 위한 테스트. 붉게 부어오르거나 가려움증을 발생시키는 물질이 알레르겐이라고 판단할 수 있다.

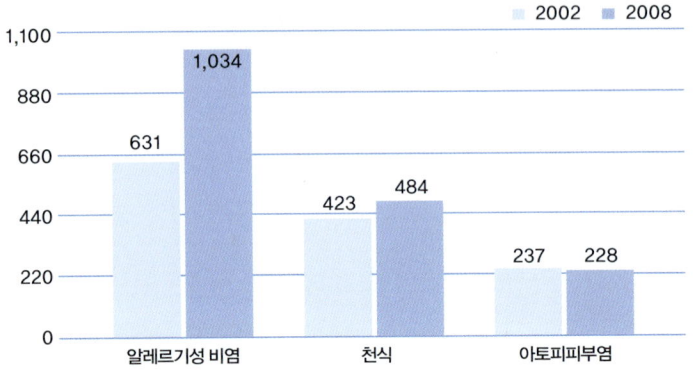

키는 특정 알레르겐을 찾아내고 의사의 지시 하에 이 물질을 아주 적은 양부터 투여하다가 점차 양을 늘려가며 체내의 면역계를 자극해 해롭지 않은 물질이라고 인식시킴으로써 면역계를 교정시키는 방법이다. 이것은 흔히 말하는 '체질 개선'과 비슷한 치료법이지만 한방이나 민간요법에서 말하는 체질 개선과는 조금 차이가 있으며, 의사의 지시 하에 3~5년 정도 기간 동안 꾸준히 치료해야 하는 힘든 방법이다. 그러나 개중에는 알레르기 반응을 너무 격하게 일으켜 면역요법을 사용하기조차 힘든 경우도 종종 있어서 알레르기와의 힘겨루기는 아직도 넘어야 할 산이 많다.

지나치게 깨끗한 환경으로 인한 것이든, 기생충의 소멸에 의한 것이든, 혹은 환경오염으로 인한 것이든 어쨌든 지난 수십 년간 알레르기가 증가한 것만은 사실이다. 그리고 지금까지의 상황으로 보건대, 알레르기를 유발하는 요인은 결코 감소할 것 같지 않다. 인류가 기존에 인간에게 익숙했던 환경을 벗어나 낯설고 새로운 물질로 주변을 채워나가고 있기 때문이다. 따라서 인류에게 21세기는 알레르기와의 기나긴 대치 기간이 될 확률이 높으며, 알레르기와의 싸움은 암이나 치매처럼 절박하지는 않더라도 매우 지루하고 성가신 싸움이 될 가능성이 크다.

  인류는 지금까지 인류를 위협하는 해로운 물질과 힘들게 싸워왔다. 이제 인류가 어느 정도 승기를 잡은 지금은 내부 정비가 필요한 시점이다. 우리가 해야 할 일은 단순히 외부 침입자를 물리치는 강력한 항체를 만들어내는 것에서 그치는 것이 아니라 적과 아군과 중립자를 명확히 구별할 줄 아는 눈을 키우는 것이다. 이는 비단 알레르기성 질환 분야뿐 아니라 불확실한 시대를 살아가는 현대인에게 모든 분야에 적용할 만한 삶의 교훈이 되기도 한다.

라비니다 폰타나, 〈안토니에타 곤살부스〉, 16세기.
안토니에타 곤살부스는 유전 질환인 배내털과다증으로 얼굴에 털이 무성했다.

선천성 유전 질환

유전자의 이상으로 일어나는 비극적인 질병

공포 스릴러 소설 『링』 3부작으로 우리나라에서도 인기를 끌었던 일본 작가 스즈키 코지가 쓴 『햇빛 찬란한 바다』라는 소설이 있다. 기억을 잃은 채 물속에서 구조된 임신 5개월의 여성 이야기를 통해 인간이 얼마나 강인하고도 나약할 수 있는지를 그리는 이 소설은 마지막 반전으로 '헌팅턴병(Huntington's disease)'이라는 희귀 유전 질환을 소재로 삼고 있다. 헌팅턴병은 4번 염색체 이상으로 인한 유전 질환으로 사지를 움직이는 신경계가 파괴되어 팔다리가 제멋대로 움직이는 증상이 나타난다. 이 증상은 환자가 사망할 때까지 지속되는데, 마치 춤추는 것과 닮았다고 해서 '무도병(舞蹈病)'이라고 부르기도 한다. 이 병은 유전 질환치고는 늦은 시기인 30~50대에 발병하는데, 일단 증세가 나타나면 아무런 손을 쓸 수 없는 무서운 유전 질환이다.

헌팅턴병은 4번 염색체에 존재하는 CAG 염기서열의 반복에 문제가 생겨 일어난다. 보통 사람들은 CAG가 25회 미만으로 반복되는 데 반해, 헌팅턴병을 지닌 이들은 CAG가 더 많이 반복되어 나타난다. 만약 CAG 염기서열의 반복이 41회 이상 존재한다면 헌팅턴병은 반드시 발현된다. 또한 헌팅턴병의 유전자는 우성이므로 부모 중 한쪽이 헌팅턴병에 걸려 있으면 자녀에게 절반의 확률로 유전된다. 대개 치명적인 유전 질환은 우성으로 유전되는 경우가 매우 드문 편인데, 헌팅턴병은 다르다. 보통 치명적인 유전 질환은 태어나면서부터 혹은 어린 시절부터 발병해 아이를 낳을 수 있을 만큼 오래 살지 못하는 경우가 대부분이다. 따라서 대개의 치명적 유전 질환은 열성 유전을 통해 겉으로는 증상이 없는 보인자 부모로부터 유전된다. 그러나 헌팅턴병은 특이하게도 아동기와 청소년기에는 아무런 이상이 없다가 가정을 꾸리고 아이를 낳는 30대가 지나서야 발병하기 때문에 우성 질환이면서도 계속 유전이 될 수 있었던 것이다. 헌팅턴병의 경우 발병 유전자를 지니고 있다면 아무리 노력해도 질병의 발현을 막을 수는 없다. 안타까운 일은 현대 의학의 기술로는 헌팅턴병의 치료가 불가능하다는 것이다. 이처럼 유전자 속에 아로새겨진 헌팅턴병의 그늘은 매우 짙고 위험하다.

앞서도 간단히 언급했지만, 암이나 당뇨, 알레르기 같은 질환도 유전력이 존재한다고 알려져 있다. 하지만 이런 질환에 유전력이 있다는 것은 발생할 가능성이 다소 높다는 것뿐이지 반드시 발병한다는 것은 아니다. 예를 들어 유리컵은 플라스틱 컵보다 깨지기 쉽지만 유리컵이라도 조심스럽게만 사용하면 얼마든지 온전히 유지할 수 있다. 당뇨와 같은 특정 질환에 유전력이 있다는 것은 이와 비슷하다. 남들보다 질병에 걸릴 가능성이 높지만 세심하게 주의를 기울이면 얼마든지 건강하게 살 수도 있다는 뜻이다. 하지만 선천성 유전 질환은 다르다. 선천성 유전 질환은 유전자의 이상으로 일어나며, 특정 유전자를 지니고 있거나 이상이 있는 경우 예외 없이 발현된다. 이런 질환의 발현은 알고 있어도 막을 수 없다는 점에서 그 어떤 질병보다 냉정하다.

대개 선천성 질환은 유전으로 인해 부모로부터 물려받는다고 생각하지만, 모든 종류의 선천성 질환이 반드시 유전으로만 발생되는 것은 아니다. 부모에게 이상이 없어도 자식에게 선천성 질환이 나타나기도 한다. 예를 들어 염색체 수의 이상은 보통 생식세포 형성 과정에서 생겨나므로 부모와 상관없이 나타난다.

1866년 영국의 의사 존 랭던 다운(John L. Down, 1828~1896)은 자신의 환자들 중에서 전혀 다른 부모에게서 태어났음에도 불구하고 놀라울 만큼 얼굴이 닮은 아이들이 있다는 사실을 알아챘다. 그 아이들은 공통적으로 머리가 작고 뒤통수가 납작하고 콧대가 낮아 얼굴이 평평하고 미간이 넓으며, 혀가 커서 입을 벌리고 있었기에 비슷하게 보였던 것이다. 그들은 또래의 아이들보다 낮은 지능지수를 보였고 선천성 심장병이나 여러 다른 질환이 있는 경우가 많았다.

그들을 상세히 조사한 다운은 이런 증상에 '몽고인형 백치(Mongolian idiocy)'라는 아주 기분 나쁜 이름을 붙였다. 백인 우월주의에 물들어 있던 다운은 이 증상이 백인의 우월한 혈통에 문제가 생겨서 황인종으로 '퇴화'한 형태라고 생각했던 것이다. 현재는 이런 인종차별적이고 모욕적인 단어 대신 발견자의 이름을 따서 이 증상을 다운증후군(Down's syndrome)이라고 부르는데, 다운이 살아서 들었다면 어떤 표

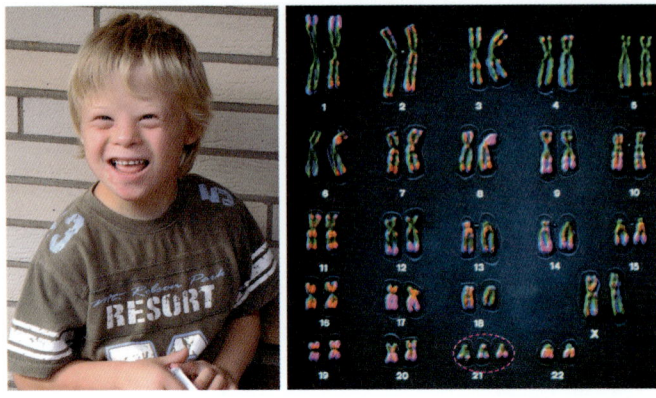

다운증후군은 21번 염색체가 3개일 때 나타나는 유전 질환이다. 오른쪽 다운증후군 환자의 염색체 사진을 보면 21번 염색체가 3개다.

정을 지었을지 궁금할 따름이다.

다운증후군은 비단 백인에게서만 나타나는 증상이 아니며, 모든 인종에게서 나타난다. 이 증상의 원인이 밝혀진 것은 1959년으로, 다운이 증상을 발견한 이래 100여 년 가까이 지나서였다. 제롬 르쥔(Jérôme Lejeune)과 퍼트리샤 제이콥스(Patricia Jacobs)는 인간의 21번 염색체가 쌍으로 두 개씩 존재하면 정상이지만 세 개인 경우 이런 현상이 나타난다는 것을 찾아냈다. 원래 난자나 정자와 같은 생식세포는 감수분열을 통해 정상세포의 절반, 즉 23개의 염색체를 갖도록 만들어진다. 그래야 난자와 정자가 만나 새로운 수정란을 이루면서 인간의 염색체 기본 숫자인 46개가 맞춰지기 때문이다. 그러나 이렇게 염색체가 둘로 나뉘는 과정에서 특정 염색체가 한쪽으로만 끌려가 24개의 염색체를 가진 난자나 정자가 만들어지는 경우가 있다. 그중에서 21번 염색체가 두 개 들어간 정자나 난자가 다른 난자나 정자와 만나 수정란을 형성하게 되면, 21번 염색체가 세 개인 아기가 태어나게 된다. 이 여분의 염색체가 바로 다운증후군을 일으키는 것이다. 즉, 다운증후군은 유전이 아니라 생식세포의 돌연변이로 인해 발생하는 것이다.

르쥔과 제이콥스의 발견으로 어떤 질병이나 증상은 염색체 혹은 유전자의 이상으로 선천적으로 타고날 수 있다는 사실이 알려졌다. 이후 염색체 혹은 유전자를 파악해 유전적 질환의 유무를 밝히는 것이 가능해졌다. 현재 다운증후군을 비롯한 다양한 선천성 이상을 진단하는 방법들이 마련되어 있다. 그러나 유전적 질환의 '원인'을 밝히는 것과 '치료법'을 찾아내는 것은 별개인 경우가 많다. 몇몇 유전성 질환에 대한 유전자 치료법이 개발되고 있기는 하지만, 많은 유전자 이상 특히 염색체 이상으로 인한 질환의 발병을 막는 것은 현실적으로 어려운 일이다. 이런 이유로 산전 진단을 통해 태아의 선천성 이상이 발견되면 많은 부모들은 눈물을 머금고 아이를 포기하는 경우가 많다.

이로 인해 산전 유전 진단은 임신중절을 위한 변명이라는 부정적인 시각도 존재한다. 하지만 모든 유전 진단이 이렇게 불행한 결과만을 불러오는 것은 아니다. 부분적이기는 하지만 산전 혹은 산후 진단을 통해 아이가 가진 유전적 질환을 파악하고, 아기가 보다 정상적인 삶을 살 수 있도록 도와줄 수도 있기 때문이다. 유전적 질환 검사법이 가장 큰 효과를 본 분야는 선천성 대사이상증을 지닌 아이들이다. 선천성 대사이상증이란 유전자의 이상으로 선천적으로 특정한 효소를 만들어낼 수 없는 질환을 의미한다. 예를 들어 페닐케톤뇨증(phenylketonuria)은 아미노산의 일종인 페닐알라닌을 소화할 수 없어서 중추신경계의 발달에 악영향을 미치는 선천성 대사이상증이다. 1934년 이바르 펠링

(Ivar Følling, 1888~1973)에 의해 알려진 이 병은 태어날 때는 정상아와 같지만 치료하지 않으면 대부분은 IQ 50을 넘지 못하는 발달지체를 보이게 된다.

  페닐케톤뇨증 유전자를 가진 아이를 근본적으로 치료할 수는 없다. 그러나 이 아이가 이 질환으로 인해 겪어야 하는 후유증은 얼마든지 덜어줄 수 있다. 아이에게 이상을 일으킬 수 있는 페닐알라닌의 공급을 제한함으로써 말이다. 페닐알라닌은 주로 단백질 식품에 들어 있기 때문에, 우리가 먹는 단백질 식품(고기, 우유, 계란, 모유, 다이어트 콜라 속의 인공감미료 역시 페닐알라닌이 들어 있어 먹으면 안 된다) 대신에 페닐알라닌이 들어 있지 않거나 아주 적게 들어 있는 특수 조제분유로 단백질을 공급하면 다른 아이들과 다를 바 없이 자라날 수 있다. 먹고 싶은 것을 맘껏 먹지 못하는 것 역시 고통이기는 하지만, 이런 조치를 통해 아이는 정상적인 지능을 지닌 성인으로 자랄 수 있다. 선천성 대사이상증 가운데 구리 성분을 대사하지 못해 생기는 윌슨병도 유사한 방법으로 치료할 수 있다. 윌슨병은 치료하지 않으면 아이의 간과 눈에 치명적인 이상을 일으키는 유전 질환이지만, 구리를 몸 밖으로 배설시켜주는 약을 꾸준히 먹으면 별다른 이상 없이 살 수 있다.

  그러나 문제는 다운증후군이나 헌팅턴병처럼 검사를 통해 유전적으로 이상이 있다고 진단되었지만, 아무런 치료 방법이 없는 경우다. 미국 컬럼비아 대학 신경심리학 교수이자 유전학자인 낸시 웩슬러(Nancy Wexler)는 그간 베일에 싸인 채 숨어 있던 헌팅턴병을 세상에 적극적

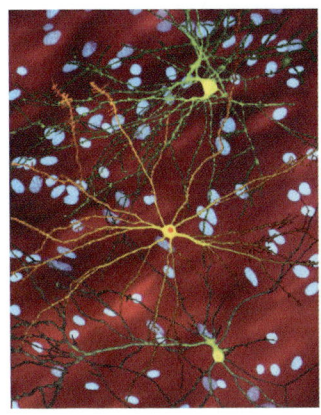 

헌팅턴병은 뇌의 신경세포가 퇴화되면서 발생하는 선천성 중추신경계 질환이다. 오른쪽 사진은 베네수엘라에서 대규모 헌팅턴병 연구 프로젝트를 지휘했던 유전학자 낸시 웩슬러가 헌팅턴병 환자를 안고 있는 모습을 찍은 것이다.

으로 알린 인물로 꼽는다. 웩슬러는 대규모 연구팀을 조직해 10만 명에 가까운 사람들의 유전자 지도를 분석함으로써 헌팅턴병이 4번 염색체의 CAG 반복 이상으로 나타난다는 사실을 밝히고, 이를 이용해 헌팅턴병에 걸릴 가능성을 테스트하는 검사법도 찾아낸 인물이다. 사실 헌팅턴병은 치명적이긴 하지만 매우 드문 유전 질환이다. 그럼에도 불구하고 웩슬러가 이 연구에 뛰어든 것은 어머니와 외삼촌을 헌팅턴병으로 잃었던 개인적 경험 때문이었다. 헌팅턴병은 상염색체(常染色體) 우성 질환으로 부모 중 한 명이 발병할 경우 자식에서 50퍼센트의 확률로 유전되므로 웩슬러가 헌팅턴병에 걸릴 확률은 반반이었다.

 가장 안타까운 점은 그녀의 반생을 바친 연구로 헌팅턴병의 원인과 검사법이 밝혀졌지만, 아직 문제가 끝난 것이 아니라는 사실이었다. 헌팅턴병을 치료할 수 있는 방법이 아직까지 없기 때문이다. 치료법이 없는 검사만큼 잔인한 것도 없다. 다행히 검사 결과가 음성이라면 앞으로 헌팅턴병에 걸릴 가능성이 없다는 데 안도하고 편안히 살 수 있겠지만, 양성이라면 언젠가 틀림없이 헌팅턴병은 발병할 것이기 때문에 그 사람은 하루하루를 불안에 떨면서 자신의 인생을 좀먹어 갈지도 모른다. 이런 경우는 오히려 모르느니만 못한 결과를 불러올 수도 있다. 실제로 헌팅턴병 유전자를 지니고 있을 만한 가계의 사람들 가운데 검사를 받는 비율은 5퍼센트에 불과하다고 한다. 그리고 검사에서 양성으로 나온 이들이 낙담하여 자살하는 비율 역시 높다는 보고도 있다. 치료법이 없는 질병이 개인을 막다른 곳으로 몰아넣은 것이다. 선천성 유전 질환이 그 어떤 질병보다 더욱 잔인하게 느껴지는 것은 바로 이런 이유에서이다.

"카렌, 구두를 바꾸어봤자 소용없어.
넌 헌팅턴병이라고!"

춤추는 빨강구두는 어쩌면 헌팅턴병에서 유래했을지도 모른다.

3장
무병장수의 길은 요원한가?

첨단 의학의 발달과 질병 퇴치, 그 가능성과 한계

우리는 지난 한 세기 동안, 의학의 발전이 가져다준 '기적'을 몸소 경험했다.
채 100년도 안 되는 시간 동안 유아사망률은 25퍼센트에서 0.5퍼센트 이하로 떨어졌고,
사람들이 죽음을 맞이하는 평균 나이도 훨씬 길어졌다.
하지만 여전히 사람들은 아프고, 질병은 유행하며, 무병장수의 길은 요원해 보인다.
의학의 발전이 우리에게 질병과 싸울 수 있도록 쥐어준 무기들의 특징과 가능성,
그 한계를 간단히 들여다보자.

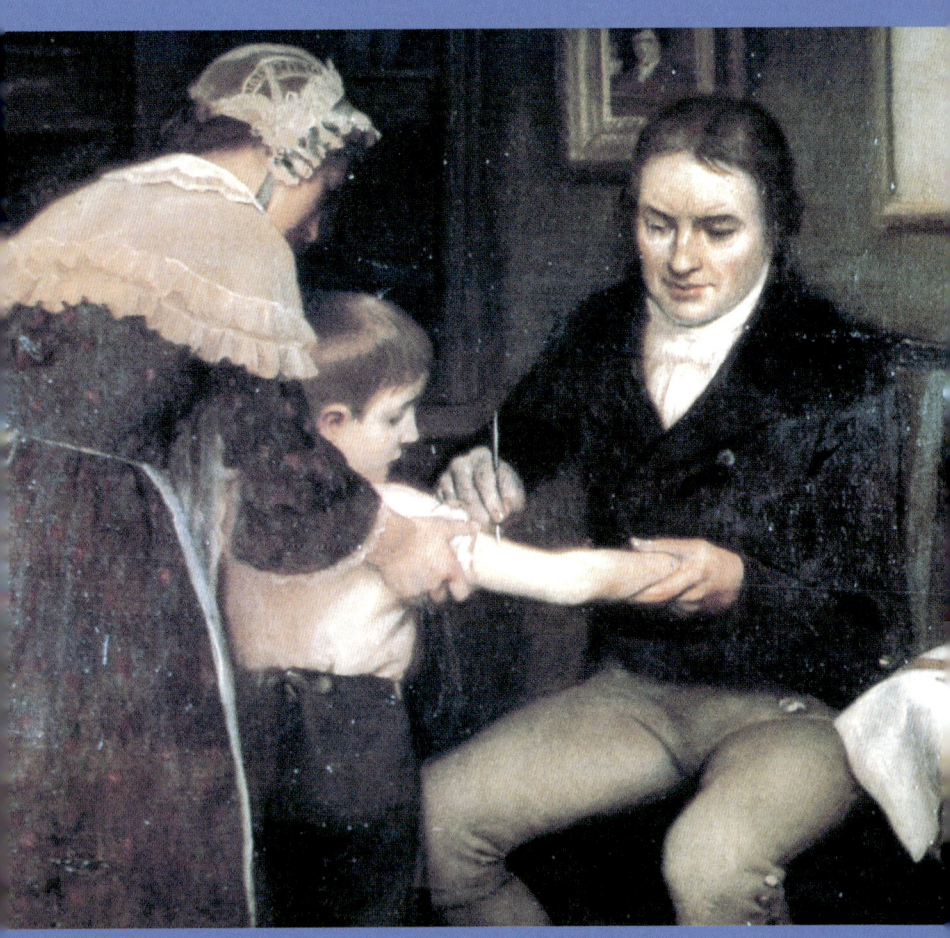

언스트 보드, 〈제임스 핍스에게 종두를 접종하는 에드워드 제너〉, 1915년경

제너의 바늘
우두 접종으로 살펴본 백신과 면역

　인류가 지구 상에 발을 디딘 그 순간부터 시작된 인간과 전염성 미생물의 싸움에서 오랫동안 인간은 언제나 '당하는' 쪽이었다. 보이지 않는 작은 침입자에게 인간의 몸은 기름진 생활 터전이자 풍성한 식량 창고였다. 작은 침입자의 공격에 백전백패의 수모를 겪던 인간이 약간이나마 유리한 고지를 점하게 된 것은 겨우 200여 년 전의 일이다. 1796년 영국의 의사였던 에드워드 제너(Edward Jenner, 1749~1823)가 만들어낸 백신 덕분에 말이다.

　백신(vaccine)이란 소를 뜻하는 'vacca'에서 유래된 말로, 우두(牛痘)로 처음 백신을 만들었기 때문에 이런 이름이 붙었다. 백신이란 '면역력을 갖추게 만드는 생물학적 제제'를 말한다. 어떤 질병에 대한 백신을 주사나 약으로 투여하게 되면, 이 질병에 대한 면역력을 갖추게 된다. 예를 들어 두창 백신인 종두를 접종하면 두창에 대한 면역력이 생겨 두창을 앓지 않게 된다. 백신의 종류에 따라서 면역이 지속되는 기간에 차이는 있지만, 기본적으로 백신을 투여하면 그 백신에 대응하는 질병에 면역력을 갖게 된다.

인공적으로 만든 백신이 인간 사회에 도입된 것은 그리 오래되지 않았지만, 그렇다고 해서 그전에 사람들이 인체가 가지고 있는 '면역'의 힘을 몰랐던 것은 아니다. 그리스의 유명한 역사가 투키디데스가 이미 '병자를 간호하는 가장 적합한 이는 이미 그 병을 앓았던 사람'이라고 기록할 정도로, 한 번 걸렸던 질병에 대해서는 인체가 면역력을 갖춘다는 사실은 기원전부터 알려져 있었다. 따라서 두창을 앓지 않게 하려고 일부러 어린아이의 코에 두창 환자의 부스럼 딱지를 불어넣어 두창을 가볍게 앓게 하는 방법이 오래전부터 있어왔다. 이렇게 두창에 걸린 사람의 몸에서 고름을 채취해 두창 예방에 이용하는 것을 '인두(人痘)'라고 한다. 인두를 이용해 두창에 대한 면역력을 키우는 일은 매우 효과적인 방법이었으나, 두창을 일으키는 바이러스의 독성이 워낙 강해 간혹 인두로 인해 두창에 걸려 사망할 위험성도 있었다고 한다.

본격적으로 두창에 대한 대항물질이 만들어진 것은 18세기 말로, 영국의 의사였던 에드워드 제너로부터 시작되었다. 어느 날 제너는 우연히 소젖을 짜는 여자에게 우두에 대한 이야기를 듣게 된다. 우두란 소에게서 발생하는 바이러스성 질환으로, 사람의 두창과 유사하지만 질병의 독성은 두창에 훨씬 못 미치는 질환이다(실제로 학자들은 사람의 두창을 일으키는 바이러스는 소에게 우두를 일으키는 바이러스가 사람에게 전염되면서 사람이라는 종에 맞도록 변형된 바이러스일 뿐, 그 뿌리는 같다고 주장한다). 우두와 두창 모두 고름물집이 잡히는 증상을 나타내지만, 전신에 수포가 생기고 고열이 나는 두창과 달리 우두는 소의 젖 부위에만

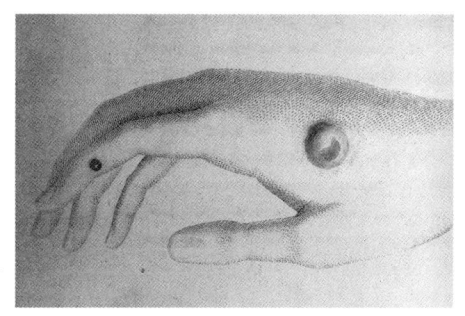

우두에 걸린 사라 넬스의 손. 1796년 제너는 이 손에서 우두를 채취해 두창을 예방하는 백신을 만들었다.

물집이 잡히고 열도 그다지 많이 나지 않았다. 주로 소의 젖꼭지 주변에 물집이 잡히기 때문에 우두는 종종 소젖을 짜는 이들에게 옮기도 했다. 하지만 우두는 크게 위험한 질병은 아니었기에 설사 우두에 걸렸다고 해도 큰 문제를 일으키는 일은 없었다. 오히려 우두를 앓았던 이들은 두창이 아무리 유행해도 두창에 걸리는 일이 없기 때문에 이들은 일부러 우두에 걸리기 위해 노력하곤 했었다.

제너가 주목한 것은 바로 '우두에 걸리면 두창에 걸리지 않는다'는 사실이었다. 제너는 우두에 들어 있는 무엇이 두창에 대항하는 능력을 지니는지 알지 못했지만, 우두를 앓고 나면 두창에는 걸리지 않는다는 것을 다소 잔인한 방법[1]으로 증명했다. 그런데 도대체 어떤 이유로 우두는 두창을 예방할 수 있었던 것일까?

앞서 말했듯, 대개의 전염병은 한 번 걸렸다가 나으면 다시 걸리지

> 제너는 우두가 두창을 예방한다는 자신의 가설을 증명하고자 인체 실험을 강행한 것으로 알려져 있다. 1796년 제너는 소젖을 짜다가 우두에 감염된 사라 넬스라는 여성의 고름을 채취해 제임스 핍스라는 소년의 팔에 접종했다. 그리고 그가 우두에 감염되었다가 나은 것을 확인한 후 다시 그에게 두창을 접종해 발병하지 않는다는 것을 확인했다. 다행히 우두가 두창 예방 능력이 있었기에 망정이지, 이는 자칫 잘못했으면 건강한 소년을 두창에 걸리게 만들 수도 있었던 위험한 시도였다.

않는 경우가 많다. 이렇게 예전에 앓았던 질병에 다시 걸리지 않는 현상을 '면역이 생겼다'고 표현하곤 한다. 우리 몸에는 외부 물질이 체내로 들어왔을 때 이를 감별하고 무력화시키는 세포, 즉 면역세포가 존재한다. 면역세포는 일종의 파수꾼으로 외부로부터 유입된 물질이 체내 시스템을 교란시키지 못하도록 막는 작용을 한다.

면역세포는 크게 두 가지 방법으로 외부 물질을 처리한다. 하나는 외부 물질을 공격하거나 먹어치우는 등의 직접적이고 물리적인 방법이고, 또 다른 하나는 외부 물질을 인식해 무력화시킬 수 있는 단백질, 즉 항체를 만들어 질병에 걸리지 않도록 돕는 방법이다. 백신은 인체의 면역세포가 가진 능력 중 항체를 만드는 능력을 이용하는 것이다. 백신이 예방 능력을 가지는 것은 백신 자체에 세균이나 바이러스를 물리치는 약제가 들어 있기 때문이 아니다. 백신은 단지 인체가 원래부터 가지고 있던 면역 시스템이 활성화되도록 자극하는 역할을 하는 것이다.

예를 들어 우리 몸속에 두창을 일으키는 두창 바이러스가 유입되면, 면역세포는 이 바이러스를 인식해 이를 무력화시킬 수 있는 항체를 만들어낸다. 항체를 만들어내는 속도는 유입물질의 종류에 따라 다르지만, 낯설고 새로운 물질일수록 그에 맞는 항체를 만들어내는 데 시간이 많이 걸린다. 마치 새로운 핸드폰을 사면 사용법을 익힐 때까지 시간이 걸리는 것처럼 말이다. 때로는 항체를 만드는 데 너무 많은 시간이 걸릴 수도 있다. 이런 경우 바이러스 등이 순식간에 퍼져 질환을 일으키게 되고, 이후에라도 항체가 만들어지면 회복이 가능하

종두를 접종하면 소가 될지도 모른다는 당대의 두려움을 나타낸 19세기 초 삽화

지만 신체가 버틸 수 있는 시간 동안 항체가 만들어지지 못하는 경우에는 목숨을 잃을 수도 있다. 이처럼 질병을 물리치는 데 있어 항체는 매우 중요하다.

그렇기에 우리의 면역계는 일단 어떤 침입자에 대해 항체를 만들면 그것이 사라졌다고 해서 없애버리는 것이 아니라 일부는 남겨서 기억세포(memory cell)에 저장해둔다. 그리고 같은 종류의 침입자가 유입되면 우리의 면역계는 기억세포에 저장해둔 것을 바탕으로 항체를 다시 만든다. 이때는 새로 만들어내는 것이 아니라 만들어둔 것을 복사해내는 것뿐이어서 항체를 매우 빠르게 그것도 대량으로 만든다. 이렇게 생산된 항체는 병을 일으킬 만큼 불어나기 전에 침입자를 모조리 퇴치하므로 우리는 이런 침입자가 몸에 들어왔는지조차 모르고 넘어가게

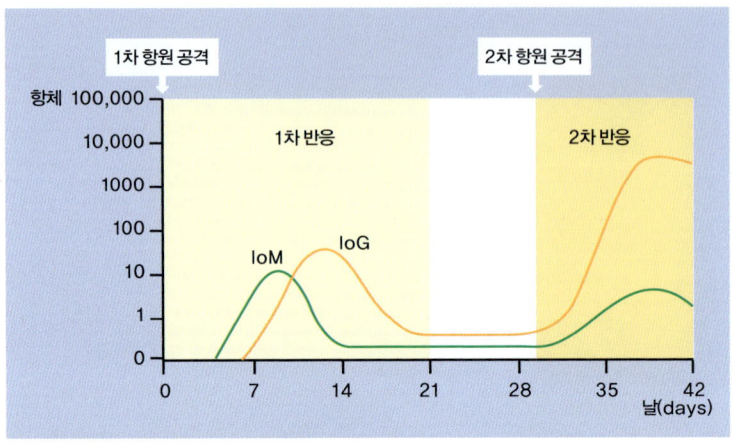

질병에 대한 면역력 획득 과정. 처음에는 질병을 일으키는 물질이 유입되면, 항체를 만들기까지 약 5~7일이 걸리지만, 일단 항체가 만들어지고 난 뒤에는 병원균이 유입되면 몇 시간 안에 항체의 숫자가 폭발적으로 증가한다.

된다. 병에 걸린 뒤 그 병에 대한 면역이 생겼다는 것은 바로 병을 앓으면서 만들어낸 항체가 기억세포에 저장되었다는 것을 의미한다.

 백신이란 바로 이 기억세포의 저장능력을 이용해 만드는 것이다. 바이러스나 세균에 대해 항체를 만드는 과정을 간략하게 살펴보면 다음과 같다. 인체에 바이러스나 세균 등이 유입되면 일차적으로 대식세포가 이를 감싸서 꿀꺽 먹어치운다. 대식세포는 삼킨 물질을 효소에 의해 잘게 잘라서 특징적인 조각들을 전시를 하듯 세포 밖으로 삐죽 내밀고 돌아다닌다. 마치 코끼리를 잡은 뒤 상아로 장식하는 사냥꾼처럼 말이다. 항체를 만드는 면역세포는 외부 침입자와 직접 대면한 뒤 항체를 만드는 것이 아니라 이처럼 다른 면역세포가 주렁주렁 달고 다니는 조각들을 바탕으로 항체를 만든다. 따라서 항체를 만들 때 반드시 외부 침입자의 전체 구조가 필요한 것은 아니다. 그것의 구조 중 특징적인 몇 가지만 인식해 이를 바탕으로 항체를 만드는 것이다. 따라서 항체에 의한 면역력을 획득하기 위해서 반드시 활성화된 세균이나 바이러스 전체가 필요하지 않고, 반드시 살아 있을 필요도 없다. 다만 질병의 특성에 따라 독성은 약해졌어도 살아 있어야 항체가 형성되는 종류가 있는가 하면(약독화 생백신), 죽은 것이라도 상관없이 항체를 만들 수도 있고(사균 백신), 때로는 바이러스나 세균 그 자체가 아니라 그들이 내뿜은 독소에 대해 항체를 생성하기도 하며(톡소이드 백신), 특징적인 단백질의 일부만 있어도 항체를 만들 수 있는 경우(유전자 재조합 백신)도 있다. 따라서 각각 질병의 특성에 가장 알맞은 방법으로 만들어진 백신을 통해 질병을 예방할 수 있다.

백신, 질병의 방패막이가 되다

제너 이후 파스퇴르를 거치면서 백신은 항생물질과 더불어 전염성 미생물과의 전쟁에서 인간을 보호해주는 든든한 방패가 되고 있다. 다만 백신은 '치료제'가 아니라 어디까지나 '예방약'이기 때문에 질병에 걸리기 전 혹은 질병이 대규모로 유행하기 전에 접종해야 효과가 있었다. 간혹 광견병 백신처럼 미친개에게 물리고 난 뒤에 접종해도 효과가 있는 경우가 있지만, 기본적으로 백신은 '질병에 걸리기 전'에 맞는 것이 원칙이다.

백신의 대표적인 성공 사례로 꼽히는 것이 바로 두창 백신이다. 두창

백신에는 어떤 종류가 있을까?

질병의 특성에 따라 만들어진 백신은 크게 약독화 생백신, 사균 백신, 톡소이드 백신, 유전자 재조합 백신으로 나뉜다. 백신이 효과적으로 작용하려면 가장 알맞은 방법으로 만들어진 백신이어야만 한다.

독성은 약해졌어도 살아 있어야 항체가 형성되는 약독화 생백신으로는 결핵의 BCG 백신, 두창의 우두 백신, 황열(黃熱) 백신, 소아마비의 폴리오 생백신, 홍역 백신 등이 있다. 비록 독성은 줄어들었어도 살아 있는 균이나 바이러스로 만들었기 때문에 열이 나거나 감기 기운이 있는 등 면역력이 저하되었을 때 접종하면 드물지만 질병이 발병하는 경우도 있으니 주의해야 한다.

죽은 것이라도 항체를 만드는 사균 백신은 해당 병원균을 섭씨 56~60도로 30~60분 가열하거나 포르말린·페놀 등의 화학약품을 첨가하거나 혹은 자외선을 쏘임으로써 죽여서 만든다. 장티푸스-파라티푸스 혼합 백신을 비롯해 콜레라 백신, 백일해 백신, 발진티푸스 백신, 일본뇌염 백신 등이 있다.

다음으로 톡소이드 백신이 있는데, 톡소이드란 병원성 미생물 자체가 아니라 미생물이 만들어낸 화학물질이나 분해 산물, 즉 독소에 여러 가지 조작을 가해 면역반응을 일으키는 부분은 남겨두고 독성을 없앤 것을 말한다. 디프테리아 톡소이드 백신은 디프테리아균을 배양시킨 배양액을 여과해서 디프테리아가 만들어낸 독소만을 따로 걸러낸 뒤, 포르말린으로 처리해 독성은 없애고 항체를 만드는 데 사용하는 독소의 단백질 구조는 유지시킨 백신이다. 파상풍 백신을 만들 때도 사용한다.

특징적인 단백질의 일부로 항체를 만드는 유전자 재조합 백신은 병을 일으키는 미생물의 유전자를 분석한 뒤 항체를 만드는 데 인식하는 단백질 부위만 인위적으로 합성해 만들어낸 백신이다. 드물지만 질병을 일으킬 수도 있는 병원균 전체를 사용하는 것이 아니라 단백질 조각만을 이용하기 때문에 병원균을 직접적으로 사용하는 백신에 비해 매우 안전하고, 인위적으로 만들어내므로 대량 생산도 가능하다. 다만 약독화 백신에 비해 면역력이 다소 떨어지며 개발이 어렵다는 단점이 있다. B형 간염 예방 백신이 유전자 재조합 백신의 대표적인 예다.

은 두창 바이러스에 의해 일어나는 전염성이 강한 급성 발진성 질병으로 약 1만 년 전 농경이 시작될 시기부터 인간을 괴롭혀온 대표적인 질병이다. 온몸을 뒤덮는 수포와 고열이 특징인 두창은 사망률도 높을 뿐 아니라, 설사 살아난다고 하더라도 온몸에 흉하게 얽은 흉터를 남기기 때문에 오랫동안 공포의 대상이었다. 오죽 이 병이 무서웠으면 우리 조상은 두창에게 '손님' 혹은 '마마'라는 극존칭을 사용하며 두려워하기도 했을까? 그런데 이렇게 무서운 두창도 제너가 소의 우두 바이러스를 이용해 백신을 제조한 이래, 이를 접종한 사람이 꾸준히 늘어나자 설 자리를 잃어갔다. 바이러스는 스스로의 힘으로 DNA 복제나 개체 수 증식 등을 할 수가 없고 살아 있는 세포, 즉 숙주세포 내로 들어가야만 숙주세포의 복제 시스템에 슬쩍 끼어들어 생명 활동을 영위할 수 있기 때문에, 숙주가 되는 인간이 모두 두창에 면역력을 가진다는 것은 두창 바이러스가 살아갈 터전을 잃었다는 것과 동일한 말이다. 따라서 종두의 접종 속도가 빨라지는 만큼 두창 바이러스는 빠른 속도로 사라져갔다.

1967년까지만 해도 전 세계적으로 1,000만 명 정도가 두창에 감염되어 고통 받았지만, 불과 10년 뒤인 1977년 아프리카의 소말리아에서 마지막 두창 환자가 발생한 이후

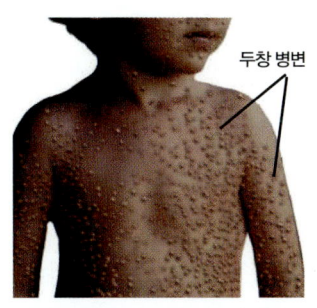

두창에 걸린 아이의 모습. 온몸에 수포가 잡히는데 이 수포가 딱지가 되어 떨어지는 과정에서 얽은 흉터가 남게 된다.

지구 상에서 더 이상 두창 환자가 보고된 적이 없다. 1980년 WHO는 공식적으로 지구 상에서 두창이 완전히 사라졌다고 공식 발표했다. 수만 년 동안이나 인류를 괴롭혀왔던 두창, 태양왕 루이 14세를 초라한 주검으로 만들었던 두창, 줄잡아 5억 명 이상의 생명을 앗아갔던 두창이 드디어 지구 상에서 사라진 것이다.

두창뿐만이 아니다. 1988년까지 해마다 33만 명의 아이에게 발병해 목숨을 빼앗거나 사지를 마비시켰던 소아마비는 백신의 꾸준한 보급으로 2007년 발병 환자가 1,200여 명으로 급감했으며, 한때 수많은 이들 —특히 어린아이들—의 목숨을 앗아갔던 디프테리아·파상풍·백일해·홍역·결핵 등도 백신의 개발로 발생률이 급감했다. 이로 인해 영아사망률은 급속도로 떨어졌고, 대부분의 아이들이 건강하게 자라 성인이 되는 시대로 접어들었다. 이것이 가능해진 배경에는 물론 다양한 백신의 보급이 큰 자리를 차지하고 있다.

그런데 최근 몇 년 사이 백신의 부작용에 대한 일부 보고들이 알려지면서 백신 접종을 꺼리는 사람들이 늘어나고 있다고 한다. 일부 백신의 부작용이 보고된 것은 사실이다. 하지만 백신에 의한 부작용은 백신을 맞지 않았을 때 발생할 위험에 비하면 매우 낮은 수준인 경우가 대부분이다. 에어백은 자동차 사고가 발생할 때 운전자를 보호하기 위해 만들어졌지만, 강력한 힘에 의해 순간적으로 튀어나오기 때문에 에어백 자체에 의해 찰과상이나 충격 손상을 입을 가능성이 있다. 그렇지만 여전히 운전자들은 에어백이 설치된 차량을 선호한다. 이는 에어백 자체에 의한 신체적 손상이 에어백이 없었을 때 입을 수 있는 상해에 비하면 훨씬 경미하다는 것을 알고 있기 때문이다. 백신 접종에 대해서도 마찬가지다. 인간의 몸은 유전적으로 조금씩 다르기 때문에 누구에게나 100퍼센트 안전한 백신을 만들기는 어렵다. 그럼에도 불구하고 개인적·집단적 이익은 백신을 맞지 않았을 때보다 구성원 모두가 백신을 접종할 때가 훨씬 크다는 것은 변함없는 사실이다.

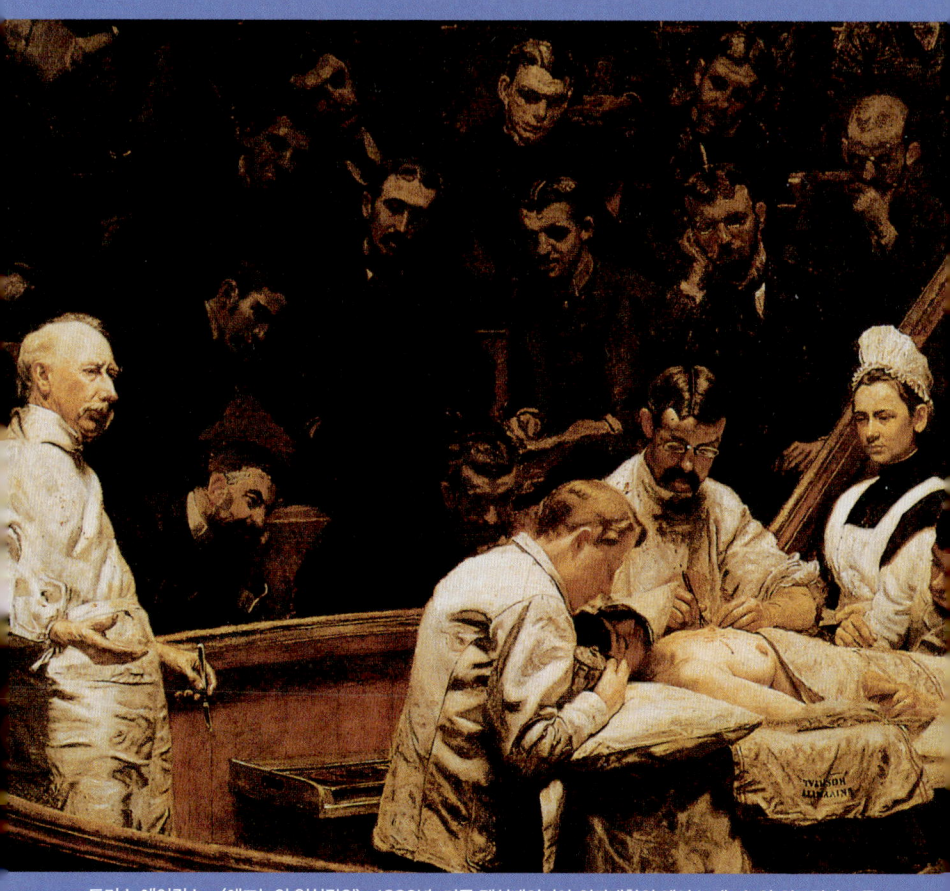

토머스 에이킨스, 〈애그뉴의 임상강의〉, 1889년. 미국 펜실베이니아 의과대학의 헤이스 애그뉴와 의료진이 모두 가운을 입고 있다.

제멜바이스의 투쟁
상처 소독의 중요성이 세상에 받아들여지기까지

 2009년 신종플루가 전 세계적으로 유행하면서 사람들이 많이 다니는 장소마다 눈에 띄는 것이 하나 생겼다. 바로 다양한 종류의 손소독제들이 늘어난 것이다. 손을 집어넣으면 소독수가 뿜어나오는 기계적인 장치부터 알코올이 함유된 손소독용 젤이 든 용기까지, 다양한 손소독제가 지하철역을 비롯한 공공 장소, 모든 공공기관, 대형 마트 및 백화점, 식당, 공중 화장실 세면대 옆에 설치되었다. 그리고 사람들은 손을 씻지 않으면 당장이라도 수백만 마리의 우글거리는 병원균이 몸으로 달려든다고 생각하는 듯 여기저기서 열심히 손을 씻어댔다. 언론에서도 연일 손만 깨끗이 씻어도 전염병의 80퍼센트는 예방할 수 있다고 선전하면서 손 씻기 열풍을 부추겼다.
 21세기를 사는 우리는 주변에 호시탐탐 우리의 몸을 노리는 작은 침입자들이 득시글하다는 것을 잘 알고 있으며, 이들에게 몸을 빼앗기지 않으려면 항상 신경 써서 몸을 관리해야 한다는 것을 상식으로 여긴다. 하지만 불과 150여 년 전만 하더라도 이런 것에 누구도 신경 쓰지 않았다. 의사는 피 묻은 가운과 넥타이를 자랑스럽게 매고 돌아다녔으며,

소독의 중요성을 강조한 이그나즈 제멜바이스

환자의 상처를 치료하느라 피고름이 묻은 맨손으로 다음 환자의 환부에 손대기 일쑤였다. 심지어는 환자의 피와 고름으로 범벅이 된 가운이 많은 환자를 가리지 않고 치료하는 열성적인 의사의 표식처럼 받아들여져 일부러 더러워진 가운을 빨지 않는 의사도 있었다. 의사는 분명 환자를 치료하기 위해 애를 썼지만 자신이 일종의 '전염병 셔틀'로 작용하고 있다는 사실을 꿈에도 몰랐다.

  의사가 환자를 살리는 구원자가 아니라 환자를 병들게 하는 파괴자일지도 모른다고 의심한 최초의 인물은 헝가리의 의사 이그나즈 제멜바이스(Ignaz Semmelwies, 1818~1865)였다. 1840년 오스트리아의 빈 의과대학을 졸업하고 1844년부터 빈 종합병원에서 근무하던 20대의 젊은 의사 제멜바이스는 어느 날 산부인과 병동에서 일어나는 이상한 현상에 주목하게 되었다. 당시 빈 종합병원 산부인과는 1과와 2과 두 개의 병동으로 나뉘어 있었고, 각각 1년에 3,500여 명의 신생아를 받았다. 그런데 이상하게도 해마다 1과에서는 600명가량의 산모가 사망하는 데 비해, 2과에서는 1과의 10퍼센트에 지나지 않는 60여 명의 산모만이 사망했다. 당시 병원에서 산모가 사망하는 주요 원인은 산욕열 탓이었다. 출산 시 신생아가 산모의 좁은 산도를 통과하는 과정에서 산모는 종종 질과 회음부가 찢어지는 상처를 입곤 한다. 출산으로 인한 상처는 저절로 아무는 것이 보통이지만, 이 상처를 통해 균이 침입하게 되면 감염과 고열을 일으키는 산욕열이 발생한다. 산욕열은 치사율이 높은 무서운 질병이었다. 제멜바이스가 의심을 품은 것은 유독 1과 병동에서 산욕열로 사망하는 산모가 많다는 점이었다. 1과 병동에서 출산한 산모의 15~20퍼센트는 산욕열로 사망했다. 아이를 낳으러 간 산모 중 네댓 명에 한 명꼴로 사망한다는 것인데, 당시 여성이 평균적으로 5명 이상의 아이를 낳는다는 사실을 고려하면 거의 대부분의 여성이 출산과 관련된 산욕열로 사망한다는 무서운 뜻이었다. 그런데 더욱 이상한 것은 인류의 출생 과정에서 이토록 산욕열이 유행한 적이 없었다는 점이었다. 오히려 병원에 오지 않고 집에서 출산했거나 심지어는 길거리에서 아이를 낳은 산모조차도 산욕열에 걸리는 비율이 이보다 훨씬 낮았다. 제멜바이스를 더욱 궁금하게 했던 것은 같은 병원에서조차도 1과와 2과의 사망률이 다르다는 점이었다.

제멜바이스는 1과와 2과의 차이에 주목했다. 그가 발견한 1과와 2과의 유일한 차이는 1과에서는 의사와 의대생이 아이를 받는 반면, 2과에서는 산파가 아이를 받는다는 것이었다. 전문적인 지식 면에서 본다면 의사와 의대생이 산파보다 더 나을 터였다. 그럼에도 불구하고 이런 차이가 나타나는 이유는 무엇일까? 제멜바이스가 이를 고민하고 있을 때 불행한 일이 발생했다. 그가 존경하던 선배 의사 야코프 콜레츠카(Jakob Kolletschka)가 시신을 부검하던 중 실수로 입은 작은 상처가 계기가 되어 감염으로 사망했던 것이다. 제멜바이스는 콜레츠카의 죽음에 큰 충격을 받았지만, 이를 통해 획기적인 생각을 해냈다. 즉, 콜레츠카는 부검 도중 메스를 다루다가 상처를 입었고 이것이 원인이 되어 사망했다. 그렇다면 논리적으로 환자의 몸에서 나온 미지의 물질이 상처를 통해 콜레츠카의 몸속으로 들어갔고, 콜레츠카는 이것의 독성으로 인해 죽었다고 보는 것이 타당했다.

산욕열로 숨진 산모 중에는 난산으로 인해 질과 회음부에 상처를 심하게 입은 사람의 비율이 매우 높았다. 콜레츠카처럼 상처가 나게 되면 이를 통해 무언가 해로운 물질이 들어가 사망할 수 있기 때문에 난산을 겪은 산모가 쉽게 산욕열에 걸린다는 사실을 알 수 있다. 문제는 무엇이 산모에게 '해로운 물질'을 전해주느냐였다.

제멜바이스는 면밀하게 관찰한 결과, 의사와 의대생의 '손'이 주범이라는 사실을 알게 되었다. 당시 빈 종합병원에 근무하던 의사와 의대생은 매일 사체를 해부해야 했다. 학생은 인체에 대해 알아야 했고, 의사는 학생을 가르쳐야 했기 때문에 사체 해부는 필수적인 일이었다. 그런데 전염성 미생물에 대한 개념이 없었던 당시 의사와 의대생은 사체를 해부한 뒤 제대로 손을 씻거나 옷을 갈아입지 않고 바로 산과로 돌아와 아이를 받았다. 개중에는 질병으로 죽은 사체도 있었기 때문에 이 과정에는 종종 그들의 손에 질병의 원인균이 묻기 마련이었고, 의사의 손에 묻은 균은 상처를 통해 산모의 몸속으로 들어가 산욕열을 일으켰던 것이다. 이것이 의사의 진료를 받았던 1과의 산모들을 죽인 원인이었다. 2과에서 산욕열의 발생률이 낮았던 이유는 산파는 산모만을 상대할 뿐, 전염병을 지닌 환자와 접촉하지 않아 상대적으로 '깨끗한 손'을 가지고 있었기 때문이었다.

이를 알아차린 제멜바이스는 의료진에게 '손 씻기'를 권유했다. 산모를 대할 때 그저 물로만 살짝 씻는 것이 아니라 시체에서 묻어온 모든 물질이 씻겨나갈 때까지 염화칼슘액으로 손을 박박 씻어야 한다고 강조했다. 소독액으로 손을 씻는 간단한 행위가 가져온 결과는 놀라웠다. 의사들이 아직 손을 씻지 않은 1848년 초반 1과에 입원한 산모의 사망률은 18.3퍼센트에 달했다. 하지만 의사들이 손을 철저히 씻기 시작하자 1848년 후반 1과의 산모 사망률은 1.2퍼센트로 급격히 떨어졌다. 제멜바이스는 의학사에서 처음으로 '소독과 멸균'이 가져온 놀라운 힘을 확인했다. 제멜바이스는 빈 종합병원뿐 아니라 모든 병원에 근무하는 의료진에게 손을 깨끗이 씻는 것만으로도 환자의 사망률을 획기적으로 줄일 수 있다는 사실을 널리 알렸다.

현대인의 눈으로 보면 제멜바이스의 이러한 깨달음은 너무나 당연한 것처럼 보이기 때문에, 당시 의사들이 그의 가르침을 곧바로 받아들여 환자의 사망률을 기적적으로 낮췄다는 결과를 기대할 것이다. 그러나 현실은 아주 잔인하고 냉혹했다. 동료 의사들은 제멜바이스의 주장을 묵살하고 받아들이려 하지 않았다. 그들은 당황했던 것이다. 제멜바이스의 주장대로라면 그간 자신들은 환자를 치료한 것이 아니라 죽음으로 몰아넣은 꼴이었다. 자신들이 '죽음의 인도자'였다는 사실을 의사들은 도저히 받아들일 수 없었던 것이다. 작은 잘못을 저지른 경우에 대부분의 사람은 순순히 자신의 실수를 인정하고 사과한다. 지하철에서 발을 밟거나 전화를 잘못 걸었을 때 망설이지 않고 '미안합니다'라고 사과하는 것처럼 말이다. 하지만 큰 잘못을 저지르면 오히려 쉽게 인정하거나 사과하지 않는다. 아니 못한다. 자신의 잘못이 너무 크다는 사실을 알고 있기 때문에 두렵거나 괴로워서 쉽게 받아들이지 못하는 것이다. 당시 의사들의 심정이 이와 크게 다르지 않았을 것이다. 자신 때문에 환자가 죽었다는 것은 의사로서는 너무나 치명적인 실수여서 이를 쉽게 받아들일 수 없었던 것이다.

제멜바이스의 전기를 쓴 작가들은 그 시점에서 제멜바이스의 대응법도 그리 영리하지는 못했다고 말한다. 제멜바이스는 자신의 말을 무시하는 동료 의사들에게 지나친 적대감을 보였고 맹렬히 비난했는데, 이것이 오히려 의학계에서 그의 발언을 더 철저하게 무시하도록 만든 원인 중 하나였다는 것이다. 잘못을 알고 있더라도 누군가가 나서서 자신을 꼭 집어 공격하면 반발심에 괜한 고집을 부리는 것이 인간의 성정이기 때문이다. 결국 제멜바이스는 빈 종합병원을 그만두고 고향으로 내려갔다. 시간이 지나면 주머니 속에 든 송곳이 저절로 튀어나오는 것처럼 그의 의견이 맞았다는 것을 인정하는 동료들이 늘어나기 시작했지만, 고집스러운 성격이었던 제멜바이스는 자존심을 회복하지 못하고 1865년 47세의 나이로 정신병원에서 숨을 거두었다.

소독과 멸균의 놀라운 힘

비록 제멜바이스는 자신이 발견한 사실이 세상에 널리 적용되는 것을 보지 못한 채 숨졌지만, 그가 주장했던 '깨끗한 손'의 중요성은 널리 퍼져나갔다. 특히 1862년 파스퇴르가 '생물속생설'을 증명하면서 눈에 보이지 않는 미생물과 질병 사이에 강력한 연관관계가 존재한다는 것이 알려졌다. 이제 가설은 증명되었고 이론은 수립되었다. 남은 것은 이에 기초한 실천이었다.

영국의 외과의사 조지프 리스터(Joseph Lister, 1827~1912)는 이를 바탕으로 '무균 수술법'을 만들어낸 대표적인 인물로 꼽힌다. 1865년 12월 리스터는 환자의 환부를 세균 없이 깨끗하게 유지하는 것만으로도 상처가 곪아서 썩는 것을 막아낼 수 있다는 사실을 실험을 통해 증명했다. 그는 의사의 손뿐만 아니라 붕대와 거즈, 수술용 메스와 가위 등 모든 의료 기구를 석탄산(페놀을 녹인 수용액)으로 소독하면 수술 환자의 이차 감염을 줄이고 사망률을 떨어뜨린다는 것을 확실하게 보여주었다.

사실 인간의 피부는 매우 단단한 보호 장벽이어서 세균을 직접 피부에 발라도 대개의 경우 세균은 병을 일으키지 못한다. 세균이 피부 장벽을 넘어서 인체 안으로 들어가지 못하기 때문이다. 그런데 아무리 철옹성과 같은 피부라도 상처가 나면 얘기가 달라진다. 상처로 피부에 틈이 벌어지면 이 사이로 세균은 얼마든지 침입할 수 있다. 이때 중요한 것은 상처의 크기보다는 상처에 닿는 것들에 어떤 균이 묻어 있는가이다. 물론 상처가 클수록 상대적으로 이물질과 접촉하는 비율이 높아지기 때문에 더 잘 곪는 것이 사실이지만, 잘 소독되고 깨끗하게 유지된 큰 상처와 더러운 이물질에 노출된 작은 상처만을 놓고 본다면 후자가 훨씬 더 위험하다. 환부에 직접 닿는 물건을 소독해 상처를 깨끗하고 안전하게 유지하는 리스터의 수술기구 소독법은 상처의 이차 감염률을 줄일 수 있었고 많은 생명을 살릴 수 있었다.

현대식 병원에서는 소독과 멸균이 매우 중요한 요소로 자리 잡고 있다. 좀 더 세심하게 분류하면 소독(disinfection)은 살아 있는 미생물을 제거하는 물리적·화학적 절차이며, 멸균(sterilization)은 살아 있는 미생물뿐 아니라 아포▮까지 제거하는 좀 더 적극적인 방식이다. 예를 들어 주사 맞기 전에 피부를 알코올 솜으로 닦는 것은 '소독'이며, 수술용

▮ 아포 혹은 포자란 두 가지 뜻을 지닌다. 홀씨 식물이 만들어낸 생식세포와 미생물의 생활사 중 한때를 아포(포자)라 부른다. 여기에서의 아포는 후자의 의미로, 미생물은 환경이 열악해져 생존을 위협받게 되었을 때 두 개의 미생물이 결합되면서 두꺼운 세포벽을 가지는 상태, 즉 아포 상태로 변신하곤 한다. 이렇게 만들어진 아포는 두꺼운 껍질 덕에 외부의 자극에 매우 저항이 강해서 수분 없이 몇 개월 이상 생존할 수 있으며, 특히 열에 강한 내열성 아포는 섭씨 100도의 끓는 물에서도 쉽게 사멸되지 않는다. 따라서 건열 멸균 시에는 섭씨 165도 이상에서 90분 이상, 가압증기 소독(압력솥에 물을 넣고 함께 끓이는 것)에서는 섭씨 121도 이상에서 15분 이상 가열해야 아포까지 제거하는 살균이 가능하다.

조지프 리스터(오른쪽 위)는 무균 수술법을 만든 대표적인 과학자다. 리스터는 상처 위에 미세한 분말을 뿌리기 위해 석탄산 스프레이(왼쪽 위)를 개발하기도 했다.
아래 사진은 1883년경 수술 장면을 보여준다. 오른쪽에 리스터가 고안한 석탄산 스프레이가 보인다.

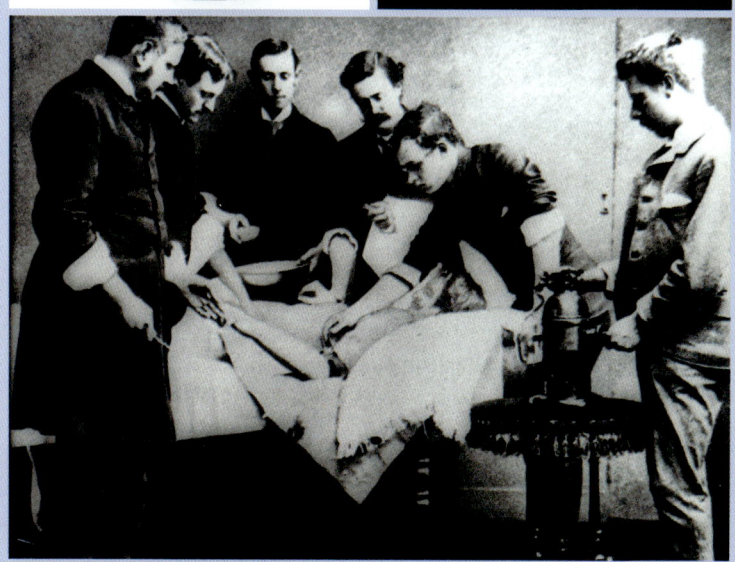

"이 친구 왜 이래? 의사를 믿어야지! 내가 고쳐준다니까…"

병원 감염: 오히려 병원에서 세균성 질환에 감염되는 경우도 많았다.

메스를 압력솥처럼 생긴 고온고압기에 넣고 끓이는 것은 '멸균'이다. 보통 피부 소독에는 75퍼센트의 알코올이나 10퍼센트 포비돈-요오드 용액(흔히 말하는 '빨간약')이 많이 이용된다. 알코올은 미생물의 단백질을 변성시키고, 포비돈-요오드 용액은 미생물의 단백질뿐 아니라 DNA의 구조까지 망가뜨리는 성질을 갖고 있기 때문이다.

제멜바이스가 손 씻기를 강조한 시기부터 리스터에 의해 실제로 소독과 살균의 중요성이 널리 알려지기까지는 거의 30년에 가까운 세월이 걸렸다. 다시 말해 이 기간 동안 더러운 의사의 손이나 멸균되지 않은 의료기구에 의해 수많은 사람이 이차 감염으로 숨졌다는 이야기가 된다. 현대인의 눈으로 보면 정말로 이해할 수 없는 처사다. 하지만 후대의 사람에게 너무도 당연한 것처럼 보이는 일도, 당대의 사람에게는 낯설고 믿을 수 없는 일로 받아들여지는 일은 매우 흔하다. 의학에서도 예외는 아니었다. 의학의 발전은 이처럼 수많은 시행착오를 바탕으로 지금의 수준에 이르렀던 것이다.

〈울컷의 즉석 진통제〉, 1863년경. 앤디컷 사가 발행한 책의 도판 일부

플레밍의 실수
페니실린으로 대표되는 항생제 이야기

20세기로 들어서자 인간은 미생물과의 오랜 싸움에서 이길 무기들을 하나하나 갖추기 시작했다. 제너가 최초로 우두 백신을 만들어낸 이래로 다양한 백신이 쏟아져 나왔다. 1884년 파스퇴르가 최초로 약독화시킨 바이러스를 이용해 광견병 백신을 생산한 것에 이어, 1909년 결핵 백신인 BCG가 개발되었으며, 이후 디프테리아 백신(1921년), 파상풍 백신(1924년), 백일해 백신(1930년대), 소아마비 백신(1955년) 등 다양한 백신이 개발되었다. 현재 감염성 질병의 유행을 예방하고자 주요 질병에 대한 백신이 국가필수예방접종으로 지정되었으며 전국의 보건소에서 무료로 접종┃해주고 있다.

백신의 발명으로 인류는 이전에 비해 감염성 질병에 시달리는 경우가 줄어들었지만, 여전히 많은 미생물이 인간을 노리고 있었다. 더욱

> 국가필수예방접종은 주로 영유아를 대상으로 한다. 현재 B형 간염 백신, BCG(결핵 백신), DTaP(디프테리아, 파상풍, 백일해 백신), 폴리오(소아마비 백신), MMR(홍역, 볼거리, 풍진 백신), 수두 백신, 일본뇌염 백신, 인플루엔자 백신, 장티푸스 백신, 신증후군출혈열 백신 등이 국가필수예방접종으로 지정되어 있다.

이 백신은 '예방'에 초점이 맞추어져 있기 때문에 질병이 일단 발병한 뒤에는 소용이 없었다. 또한 리스터의 가르침대로 상처와 의료기구를 깨끗이 소독하고 멸균하는 방법은 상처로 이차 감염되는 것을 막을 수는 있어도 일단 감염이 일어나 염증이 생긴 상처에는 속수무책이었다. 이로 인해 20세기 초까지만 하더라도 '상처가 곪는 것'은 매우 무서운 일이었다. 아주 작은 상처라도 이 부위로 균이 들어가 염증을 일으키는 경우 패혈증*으로 숨지는 일이 드물지 않았기 때문이다.

실제로 제1차 세계대전 당시 전투에서 입은 부상보다 이차 감염으로 인해 사망하는 군인이 더 많았다. 그 당시 상처가 나면 감염을 방지하기 위해 상처 부위를 소독약으로 잘 씻고 붕대를 감아주는 것이 치료의 전부였다. 운이 좋아 상처가 곪지 않고 아문다면 환자는 살아났고, 그렇지 않고 상처가 곪아들어가면 환자의 생명은 보장하기 힘들었다. 의사가 다른 환자의 피와 고름이 묻은 가운을 그대로 입거나 장갑도 끼지 않고 제대로 씻지도 않은 채 맨손으로 환자를 수술하던 19세기에 비하면 그나마 나았지만, 상처를 소독하는 것만으로는 이차 감염으로 인한 사망률을 낮추는 데 한계가 있었다.

의사의 손과 붕대를 석탄산으로 소독하고 상처 부위를 알코올과 포비돈-요오드 용액 등으로 소독하는 것으로 상처가 덧나는 것을 일부

패혈증(敗血症 sepsis, septicemia)이란, 세균이 혈액 속으로 들어가 일어나는 전신 감염증을 말한다. 오한과 고열, 피로감 등의 증상으로 시작되어 혈압 강하와 소변 생성 저해가 일어나고 심하면 패혈증성 쇼크에 빠져 사망할 수도 있는 무서운 질환이다.

 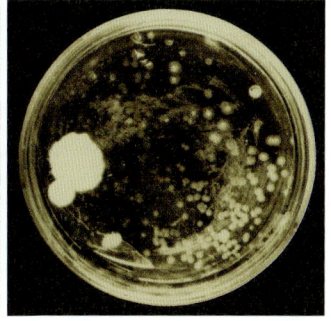

페니실린을 발견한 알렉산더 플레밍(왼쪽). 플레밍은 포도상구균 배양 접시에서 항생물질 페니실린을 발견했다(오른쪽).

막을 수는 있었다. 하지만 이런 소독약들은 상처를 감염시키는 균만 죽이는 것이 아니라 우리 몸에서 세균에 저항하는 백혈구까지 죽이는 부작용을 지니고 있었고, 더군다나 피부만 소독할 수 있었으므로 상처가 이미 감염되어 내부로까지 균이 유입되었다면 크게 도움이 되지 못했다. 사람들에게 절실하게 필요한 것은 곪아버린 상처를 치유하면서도 동시에 인체의 백혈구는 그대로 두고 병균만을 골라서 죽이는 '마법의 탄환'이었다. 만약 그런 물질이 존재한다면 인류는 오랫동안 지긋지긋하게 치러온 미생물과의 싸움에서 결정적인 고지를 점령하게 될 터였다. 하지만 과연 그런 물질이 존재할지는 미지수였다.

마법의 탄환, 항생제

인간을 세균의 침입에서 구할 '마법의 탄환'은 아주 우연히 발견되었다. 1929년 영국의 생물학자 알렉산더 플레밍(Alexander Fleming 1881~1955)은 포도상구균을 배양하던 실험을 하던 중 실수로 배양접시에 푸른곰팡이가 피어난 것을 발견했다. 그것은 연구자 입장에서 명백하고 아주 초보적인 실수였지만, 굉장한 발견의 시작이기도 했다. 배양접시를 관찰하던 플레밍은 이상하게도 푸른곰팡이가 피어난 주변에 포도상구균이 자라지 못하는 것을 알게 되었던 것이다. 푸른곰팡이가 포도상구균을 죽이는 물질을 분비하고 있기 때문에 이런 현상이 일어났다는 것을 깨달은 플레밍은 그때부터 본격적으로 푸른곰팡이로부터 세균을 죽일 수 있는 물질, 즉 항생제를 찾기 시작했다. 이렇게 발견된 최초의 항생물질은 푸른곰팡이의 학명인 페니실리움 노타움(*Penicillium Notaum*)을 따서 페니실린(penicillin)이라고 명명되었다.

페니실린은 세계 최초로 발견된 항생제였다. 하지만 항생제란 이름을 처음 사용한 과학자는 결핵 치료제인 스트렙토마이신(streptomycin)을 발견한 미국의 셀먼 에이브러햄 왁스먼(Selman Abraham Waksman, 1888~1973)이었다. 항생제(antibiotics)란 anti(항, 抗)＋bios(생명)에서 유래된 말이다. 항생제는 원래 자연적으로 존재하는 물질이다. 곰팡이 등의 미생물 중에는 다른 미생물과의 경쟁에서 살아남기 위해 그들을 죽이는 물질, 즉 천연 항생제를 지닌 것들이 있다. 인간은 미생물이 만들어낸 천연 항생제를 분리해서 독성을 없애고 정제해 항생제를 만든 것

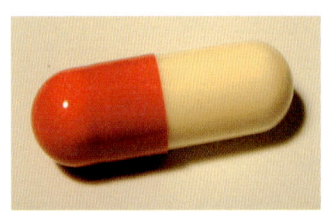

항생제는 백혈구는 피하고 세균만 골라 죽이는 '마법의 탄환'이다.

이다. 항생제는 넓은 의미로는 미생물을 죽이는 물질을 뜻하지만, 요즘에는 좁은 의미로 세균, 즉 박테리아를 죽이는 물질을 뜻하고, 바이러스를 죽이는 물질은 항바이러스제, 곰팡이를 죽이는 물질은 항진균제라고 구분하기도 한다.

최초의 항생제인 페니실린은 발견된 순간부터 '기적의 물질'로 불렸다. 항생제의 가장 큰 특징은 인간에게는 해가 적으면서도 세균에게는 치명적인 독성을 지닌다는 것이었다. 기존의 소독약이 인간의 백혈구든 세균이든 가리지 않고 모두 죽이는 무차별적인 특성을 지녔다면, 항생제는 인간의 백혈구는 피하고 세균만 골라 죽이는 '마법의 탄환'이었다. 어떻게 항생제는 세균만 골라서 죽일 수 있는 것일까?

그것은 사람의 세포와 세균의 세포가 지닌 몇 가지 차이점 때문이다. 사람의 세포는 기본적으로 핵을 가진 진핵세포이며, 세균의 세포는 핵

> 항생제는 기본적으로 인체에는 해가 없고 세균만을 죽이는 물질이어야 하지만, 태생 자체가 곰팡이 등 미생물에서 유래된 것이기 때문에 간혹 체내에 들어와서 알레르기 반응을 일으키기도 한다. 가장 잘 알려진 것이 페니실린 알레르기이다. 페니실린은 매우 효과적이고 안정적인 항생제이지만 사람의 체질에 따라서는 아나필락시 쇼크(anaphylaxis)를 일으켜 오히려 생명을 위협하기도 한다. 아나필락시 반응이란 생명체가 외부 이물질에 대해서 일으키는 심각한 과민성 반응으로 일종의 급성 알레르기 반응이다. 매우 드물게 일어나는 반응이기는 하지만, 개인적인 체질에 따라서 어떤 사람은 특정한 항생제를 맞거나 벌에 쏘이면 아나필락시 반응을 보인다. 가벼운 경우에는 온몸이 가렵고 발진이 돋아나는 정도지만, 심하면 기관지가 부어서 숨쉬기가 힘들어지고 혈압이 떨어지고 의식을 잃고 사망할 수도 있다. 아나필락시스 반응이 무서운 것은 아주 적은 양의 과민성 물질에 노출되어도 일어날 수 있고, 어떤 사람에게 일어날지 가늠하기가 힘들며, 일단 일어나면 매우 빠른 시간(몇 분 이내) 내에 처치하지 않으면 생명이 위독할 수도 있기 때문이다. 그래서 특정 항생제를 주사하기 전에 팔 안쪽에 소량의 항생제를 바늘에 묻혀 찌른 뒤 부어오르는지를 살피는 항생제 알레르기 테스트를 하곤 한다. 만약 알레르기 테스트에서 사용된 물질로 인해 피부가 부어오르거나 발진이 돋았다면 그 물질에 알레르기 반응을 가진 체질이므로 이를 사용하지 못한다.

사람 세포와 세균 세포의 차이

구분	사람 세포	세균 세포
핵의 존재 유무	핵이 있다(진핵세포)	핵이 없다(원핵세포)
DNA의 모양	실 모양(양끝이 이어지지 않는다)	고리 모양(양끝이 이어진다)
세포벽	세포벽이 없다	세포벽이 있다
세포의 군집	다세포 생물, 군집생활	단세포 생물, 단독생활
세포 내 소기관	있다	없다

이 없는 원핵세포로 구성되어 있다. 현재 약 4,000여 종의 미생물에서 세균을 죽이는 물질을 찾아내 이 중 약 50여 가지를 실제로 환자에게 사용하고 있다. 이들 항생제는 작용하는 부위가 약간씩 다르지만, 기본적으로는 인간의 세포와 세균의 세포가 가진 차이점을 집중공략해 항생 효과를 나타낸다.

예를 들어 페니실린은 세균에게만 있는 세포벽을 공략한다. 사람을 포함한 동물세포에는 세포벽이 없지만, 세균은 세포벽을 가지고 있다. 단세포로 독립생활을 하는 세균의 특성상 세포막 외부에 자신을 보호하는 세포벽을 가지고 있기 마련인데, 이 세포벽이 없으면 환경의 가혹함을 이겨내지 못하고 죽고 만다. 페니실린은 바로 세균이 세포벽을 만들지 못하게 방해함으로써 항생 효과를 갖는다. 페니실린뿐만 아니라 페니실린계에 속하는 메티실린(methicillin), 암피실린(ampicillin), 다이클록사실린(dicloxacillin) 등의 항생제 역시 동일한 작용을 통해 세균

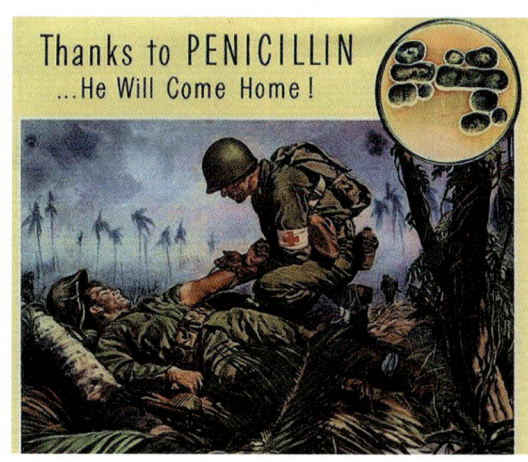

제2차 세계대전 당시의 삽화. 페니실린 덕분에 군인들이 고국으로 살아 돌아갈 수 있다는 내용이다.

의 번식을 억제해 감염을 예방하고 이미 곪아버린 상처를 치료한다.

이 밖에도 세팔로스포린(cephalosporin)계에 속하는 항생제도 페니실린처럼 세포벽 합성을 막아 세균을 죽이고, 아미노글리코시드(aminoglycoside)계, 테트라사이클린(tetracycline)계, 클로람페니콜 등의 항생제는 서로 작용하는 범위는 다르지만 세균의 생존에 필수적인 단백질 합성 과정을 방해해 세균을 죽인다. 또한 퀴놀론(quinolones)계 항생제는 세균이 DNA를 합성하는 과정을 방해해 세균을 죽이고, 술폰아미드(sulfonamides)계 항생제는 세균이 가진 특정 효소를 억제하며, 폴리마이신(polymixins)은 세균의 세포막을 파괴시켜 죽게 만든다. 이처럼 현재는 다양한 종류의 항생제가 개발되어 인류를 겨냥한 세균들의 공격에 든든한 방패가 되고 있다. 흥미로운 사실은 세균과의 싸움에서 인간에게 든든한 방패가 되는 항생제 대부분이 미생물에서 얻은 물질이라는 것이다. 자연은 문제를 일으키기도 하지만, 많은 경우 해답 역시 품고 있다.

이렇게 지난 세기 동안 수많은 항생물질이 잇따라 발견되면서 인류의 평균수명은 수십 년씩 늘어났고 유아사망률은 가파르게 떨어졌다. 세균이 일으키는 질병은 한 세기 전에 비해 그 위세가 현격하게 꺾였다. 100년 전까지만 하더라도 폐렴이나 결핵에 걸렸다는 것은 사형선고나 마찬가지였으나, 이제는 페니실린과 스트렙토마이신 덕에 얼마든지 나을 수 있는 질환이 되었다. 항생제는 라이너 마리아 릴케▪처럼 허무하게 세상을 떠날 수 있는 사람들을 살려냈고, 갓 태어난 아기에게서 엄마를 빼앗아가던 산욕열▪도 역사 속으로 사라지게 만들었다.

　한동안 항생제의 승승장구는 계속되었다. 항생제만 있다면 그 어떤 세균도 두렵지 않은 듯한 생각이 들었다. 항생제의 뛰어나고 기적 같은 효능 덕분에 항생제도 점점 더 많이 사용되었고, 사람뿐 아니라 가축에게도 사용되면서 이들을 괴롭히던 세균성 질환은 급격히 그 위세를 잃기 시작했다. 항생제로 세균성 질환이 모두 사라지는 날이 머지않아 보였다. 그러나 세균들 역시 그리 고분고분 당하고 있지는 않았다. 이들

라이너 마리아 릴케(Rainer Maria Rilke, 1875~1926)는 독일의 시인으로 애인을 위해 장미꽃을 꺾다가 손가락에 입은 상처가 덧나 패혈증으로 죽었다는 이야기가 전해진다. 20세기 초까지만 하더라도 패혈증 같은 전신 감염으로 사망하는 사람들이 적지 않았다.

출산 후 신체가 정상적으로 되돌아올 때까지의 6~8주간을 산욕기라고 하는데, 산욕열(産褥熱, puerperium. 산욕이라고도 함)은 이 기간에 발생하는 대표적인 질환이다. 신생아가 모체의 산도에 비해 너무 크기 때문에 대부분의 산모는 출산 과정에서 회음부가 찢어지는 상처를 입는다. 산욕열이란 이 회음부 상처로 세균이 들어가 일어나는 감염증으로, 소독약과 항생제가 발견되기 이전에는 산모 사망의 주된 원인이었다. 조선왕조실록에도 비운의 소년왕 단종의 어머니 현덕왕후가 단종을 낳고 산욕열로 승하했다는 이야기가 나온다. 산욕열은 빈부격차, 왕후장상을 가리지 않고 찾아왔던 것이다.

은 자신들을 공격하는 항생제에 저항하는 자신들만의 '대응책'을 찾아내기에 이른다. 항생제의 강력한 공격에 대응하는 세균이 등장한 것은 항생제가 널리 사용된 지 겨우 수십 년 후의 일이었다. 세균의 일부가 항생제 저항성, 곧 항생제에 대한 내성을 획득하기 시작한 것이다.

한스 홀바인, 〈젊은 청년의 얼굴〉, 16세기 초. 한센병에 걸린 환자의 얼굴

다양한 무기들

항생제, 항바이러스제, 항진균제 등

　20세기 이전 인간을 가장 괴롭혔던 것은 전염성 질병이었다. 역병 혹은 돌림병이 한 번 창궐하면, 심한 경우 한 부락 전체가 와해될 만큼 전염성 질병의 위세는 강력했다. 또한 당시에는 전염성 질병의 원인을 알지 못했기 때문에 질병에 대한 공포감이 대단했다. 전염병과의 싸움에서 늘 고전을 면치 못하던 인류가 드디어 승기를 잡을 수 있었던 것은 제너와 파스퇴르가 백신을 찾아내고 플레밍이 페니실린을 개발하면서부터이다. 특히 페니실린을 비롯한 다양한 항생제의 개발은 인류가 전염성 질병으로부터 벗어나는 데 결정적인 역할을 했다.

　인류가 지금처럼 폭발적인 인구 증가세를 보이게 된 것도 항생제에 힘입은 바 크다. 그러나 아무리 몸에 좋은 약이라도 과하면 문제가 되는 법, 항생제로 인해 살아나는 사람들이 늘어나는 것과 동시에 항생제의 오남용으로 인한 피해도 계속 보고되고 있다. 적절히 사용된 항생제는 더할 나위 없이 고마운 존재이지만, 항생제의 오남용은 세균이 항생제에 대한 내성을 획득하도록 하는 지름길이 된다. 항생제에 내성을 획득한 세균에게는 항생제가 더 이상 위협 수단이 되지 않기 때문

감기 항생제의 전국 평균 처방률(1/4분기 기준, 단위 : %)

	2002년	2003년	2004년
종합전문요양기관(대학병원급)	45.70	46.63	48.9
의원	64.17	62.59	57.75

이다.

  우리나라의 건강보험심사평가원에서는 항생제의 오남용을 방지하고자 2002년부터 매년 감기 환자에 대한 항생제 처방률을 조사하고 있다. 2004년의 조사 결과를 살펴보면, 2002년에 비해 감기 환자에 대한 전국 병의원의 항생제 처방률은 개인의원에서는 감소했지만 종합병원에서는 오히려 약간 증가했다. 전반적으로는 감소 혹은 정체를 보이나, 유럽이나 미국의 감기 환자에 대한 항생제 처방률이 10퍼센트 전후에 불과하다는 사실과 비교해볼 때 아직까지도 우리나라 병의원의 감기 환자에 대한 항생제 처방률은 높은 편이라고 할 수 있다. 이러한 보고서는 아직도 우리나라에서 항생제 오남용이 심각한 상황이며, 내성균 확대를 막기 위해서는 항생제 오남용에 대한 적극적인 제지와 국민의 의식 개선이 필요하다는 주장의 근거 자료로 이용되곤 한다.

  이런 주장에 한 번쯤 고개를 갸웃거려본 사람이 있을 성싶다. 일반적으로 항생제는 질병을 낫게 해주는 특효약으로 인식되는데, 왜 유독 감기 환자에 대한 항생제 처방이 문제되는 것일까?

항생제는 세균성 폐렴이나 결핵균에 의한 결핵, 그리고 세균에 의해 일어나는 파상풍, 산욕열, 각종 종기와 염증에 대해서 특효를 나타낸다. 하지만 항생제는 단지 '세균'에 대해서만 효과적일 뿐이어서 생물학적으로 기원이 다른 바이러스나 진균류(곰팡이 등)에 대해서는 별 힘을 쓰지 못한다. 따라서 바이러스나 진균류가 일으키는 질병에 항생제는 별다른 효력을 발휘하지 못한다.

그런데 감기는 주로 리노 바이러스나 아데노 바이러스 등 바이러스에 의해 기도 윗부분이 감염되어 일어나곤 한다. 감기의 원인이 바이러스이기 때문에 항생제는 큰 소용이 되지 않는다. 다만 감기일지라도 합병증으로 인해 세균성 폐렴이 생겼거나 다른 세균에 동시에 감염된 경우에는 반드시 항생제를 사용하는데, 이 경우에도 항생제는 바이러스를 죽이지 못하기 때문에 다른 질환은 치료할 수 있어도 감기 자체에 직접 작용하지는 못한다.

결론적으로 항생제는 합병증이 없는 단순한 감기에는 그다지 필요하지 않다. 또한 감기를 일으키는 바이러스는 몇몇 경우를 제외하고는 크게 치명적이지 않기 때문에 면역체계가 갖춰진 건강한 사람이라면 며칠 이내에 감기 바이러스를 퇴치하는 항체가 몸속에서 만들어져 저절로 호전되는 경우가 대부분이다. 즉, 잘 먹고 잘 자고 푹 쉬면 낫는 것이 보통이다. 다만 이 과정에서 나타나는 불편한 증상—기침, 콧물, 가래, 발열, 근육통 등—을 경감시키기 위해 거담제(가래를 삭이는 약), 해열제, 진통제 등을 쓰기는 한다.

감기는 자연 면역에 의해 저절로 낫는 경우가 많아서 별다른 특효약이 없어도 괜찮지만, 문제는 바이러스에 의해 일어나는 질환이 반드시 감기처럼 비교적 가벼운 질병만은 아니라는 것이다. 바이러스는 독감을 비롯해 바이러스에 의한 후두염, 결막염, 장염, 간염, 뇌염 등 다양한 염증 질환의 원인이 되며, 홍역, 수두, 소아마비, 헤르페스, 에이즈 등을 일으키는 원인이 되기도 한다. 그러나 이들 질환의 원인은 바이러스이기 때문에 항생제는 도움이 되지 않는다. 이 경우에는 바이러스를 죽일 수 있는 물질인 '항바이러스제'가 필요하다.

항바이러스제, 바이러스를 공격하다

항바이러스제는 말 그대로 바이러스를 공격하는 물질이다. 항바이러스제가 어떤 경로로 바이러스를 퇴치하는지 이해하려면 먼저 바이러스의 특징에 대해 알아둘 필요가 있다. 바이러스는 '살아 있는' 세포 내에서만 기생하는 독특한 형태의 생명체다. DNA 혹은 RNA로 이루어진 유전물질을 단백질로 구성된 껍질이 감싸고 있는 아주 단순한 구조로, 세포막이나 세포벽이 없고 대사 과정을 수행하지도 않는다. 생존에 필요한 모든 활동—단백질 합성, 유전물질 복제, 개체수 증식 등—은 모두 숙주세포를 이용해 해결한다.

바이러스의 생활사를 간단히 살펴보면, 바이러스의 일생은 숙주세포를 접한 바이러스가 표면의 돌기 등을 이용해 숙주세포에 단단히 결합한 뒤 세포 안으로 침투하는 것에서부터 시작한다. 숙주세포 안에 들어가면 바이러스의 단백질 껍질이 벗겨지고 DNA 혹은 RNA로 이루어진 유전물질이 숙주세포의 DNA에 끼어들게 된다. 이때 유전물질이 DNA인 경우에는 그대로 끼어들지만, RNA인 경우에는 역전사(reverse transcription) 과정을 통해 RNA가 DNA로 바뀐 뒤 끼어드는 차이가 있을 뿐이다. 이렇게 숙주세포에 끼어든 바이러스의 DNA는 이제부터 마치 숙주세포가 원래부터 가지고 있던 DNA인 양 행동하며, 숙주세포의 DNA 복제 시스템을 이용해 바이러스의 DNA를 복제하고, 숙주세포의 단백질 합성 시스템을 이용해 바이러스의 DNA를 합성해낸다. 바이러스의 유전물질과 단백질이 충분히 합성되고 나면, 이들이 다시 결합해 바이러스의 형태를 갖추고는 다른 숙주세포를 찾아 떨어져 나가게 된다. 숙주세포를 떠나는 과정에서 종종 한꺼번에 많은 바이러스가 탈출해 숙주세포는 이 충격으로 터져 죽게 되곤 한다.

실험실에서 바이러스를 인공적으로 배양할 때는 먼저 숙주가 되는 세포를 배양한 뒤 그 위에 바이러스를 뿌려 같이 배양하는데, 바이러스가 숙주세포에서 자라 탈출하게 되면 그 부위의 세포가 죽어 플라크(plaque)라는 빈 공간이 생기곤 한다. 플라크가 생성된 부분이 바로 바이러스에 감염되었던 부위다. 숙주에 기생하며 숙주를 이용하기만 하다가 결국 파괴시켜버리기까지 하는 바이러스의 생활사는 그 어떤 생명체보다 이기적인 습성을 보여준다.

바이러스를 퇴치할 수 있는 항바이러스제는 바이러스의 생활사를 이용해 개발한다. 바이러스의 일생은 바이러스와 숙주세포가 결합하는 순간 시작된다. 따라서 바이러스가 숙주세포에 결합하는 것을 차단할 수 있다면 바이러스의 공격을 원천적으로 막을 수 있다. 같은 이치로 바이러스가 세포 내부에 들어와 DNA로 끼어드는 것을 막을 수 있는 약물, 바이러스만이 가지고 있는 단백질이나 효소를 억제시키는 약물, 바이러스의 DNA 복제나 역전사를 막을 수 있는 약물 등을 개발한다면 훌륭한 항바이러스제가 될 수 있다. 항바이러스제의 개발은 1960년대부터 가시화되었고, 현재는 다양한 종류의 항바이러스제가 나와 있다. 주로 피부 연고에 많이 함유된 아시클로버(acyclovir), 간염 치료에 쓰이는 리바비린(ribavirin)과 인터페론(interferon), 인간면역결핍바이러스(에이즈) 치료제로 쓰이는 지도부딘(zidobudine, 흔히 AZT로 표기) 등이 대표적인 항바이러스제다.

이렇게 다양한 종류의 항바이러스제가 개발되어 있긴 하지만, 전반적으로 항바이러스제의 효능은 항생제의 효능에 비해 떨어진다. 그 이유는 무엇일까? 그것은 바이러스가 숙주세포의 내부

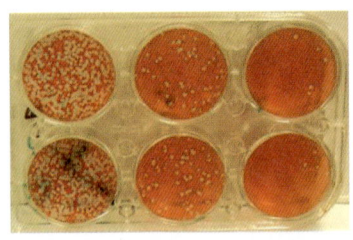

바이러스로 인해 생겨난 플라크. 사진에서 보면 주황색으로 보이는 부분이 숙주세포이고, 투명한 점들이 플라크다. 즉, 왼쪽에서 오른쪽으로 갈수록 바이러스가 적게 감염되었으며, 그로 인해 플라크 역시 적게 생겨났음을 알 수 있다.

에 존재하기 때문에 숙주세포와 바이러스를 따로 떼어서 공격하는 것이 지극히 어렵기 때문이다. 즉, 바이러스를 공격하려면 약물이 숙주세포 내부로 들어가야 하는데, 이 과정에서 숙주세포 역시 피해를 입을 가능성이 있다는 것이다. 최근에는 다양한 연구로 숙주세포에는 비교적 독성이 적은 항바이러스제가 개발되고 있지만, 아직까지는 숙주세포에 완전히 안전한 항바이러스제는 없다. 또한 바이러스는 종에 따라 변이가 심하기 때문에 항바이러스제가 작용하는 바이러스 종은 한정되어 있다. 따라서 현재까지 개발된 항바이러스제로는 모든 바이러스를 퇴치할 수 없다는 맹점이 있다.

곰팡이의 두 얼굴, 페니실린과 항진균제

곰팡이라는 단어를 들음과 동시에 벌레가 스멀스멀 기어다니는 듯한 꺼림칙한 느낌을 받는 사람도 있을 것이다. 곰팡이 하면 선반에 놓아두고 잊어버린 식빵에 핀 초록색 곰팡이, 습한 지하실 벽에서 자라는 시커먼 곰팡이, 상한 음식에서 돋아난 형형색색의 곰팡이가 떠오르기 때문이다. 하지만 이런 모습만이 곰팡이의 모든 것은 아니다. 맛 좋고 몸에 좋은 버섯도 곰팡이의 일종이며, 곰팡이가 없다면 된장과 치즈도 맛볼 수 없을 것이다. 특히 항생물질 분야에서 곰팡이는 그야말로 '귀하신 몸'이다.

최초의 항생제인 페니실린이 푸른곰팡이에서 추출되었다는 것은 잘 알려진 이야기이다. 그뿐만 아니라 현재 개발된 항생제의 절반 이상이 곰팡이를 비롯한 미생물에서 만들어졌다. 원래 곰팡이와 같은 진균류와 세균은 생태계의 구성자 입장에서 보면 모두 '분해자'로, 서로 경쟁하는 관계다. 따라서 곰팡이는 자신의 세력권을 확보하고자 자체적으로 세균을 죽이는 물질을 생산할 수 있도록 진화된 경우가 많다. 20세기 이후 하찮게만 보였던 곰팡이가 세균성 전염병 퇴치에 결정적인 역할을 한다는 사실이 알려지면서 곰팡이의 도움으로 목숨을 보전한 사람은 셀 수 없을 만큼 많아졌다.

이처럼 곰팡이는 전염병 치료에 결정적인 역할을 수행하지만, 여러 가지 질환의 원인이 되기도 한다. 대표적인 곰팡이성 질환은 발가락 사이에 자주 발생하는 무좀, 사타구니에 잘 생기는 완선, 칸디다성 질염 등이다. 이런 질환의 원인은 곰팡이이기 때문에 항생제나 항바이러스제는 소용이 없다. 이럴 때는 곰팡이를 죽일 수 있는 물질인 항진균제를 사용해야 한다. 항진균제도 항생제나 항바이러스제와 마찬가지로 사람이나 숙주가 되는 다른 생명체에는 해가 없거나 적으면서도 곰팡이만을 공격하는 특징을 지녀야 한다. 따라서 항진균제는 곰팡이가 가진 특징적인 세포벽을 무너뜨리거나, 세포막의 특성을 파괴하거나, 곰팡이의 단백질 및 DNA 합성을 억제하거나, 곰팡이만이 가진 중요한 효소를 불활성화시키는 등의 방식으로 곰팡이를 죽일 수 있도록 개발되어 왔다. 그러나 곰팡이가 일으키는 질병은 치료됐다고 하더라도 쉽

곰팡이는 불결하고 지저분한 물질로 취급되지만, 곰팡이 덕분에 우리는 맛 좋은 된장과 치즈를 먹을 수 있으며, 곰팡이가 지닌 항생 기능으로 많은 사람이 목숨을 구할 수 있었다.

게 재감염이 일어나는 데다가, 오랫동안 항진균제를 사용하게 되면 내성을 일으키는 경우가 많아 꾸준한 치료가 필요하다.

이처럼 인류는 자신을 위협하는 작은 공격자―세균, 바이러스, 곰팡이 등―에 대항해 여러 가지 무기를 개발해왔다. 현재 백신과 항생제, 항바이러스제, 항진균제 등은 인류가 작은 침입자의 공격을 효과적으로 차단하고 퇴치하는 데 커다란 공헌을 하고 있다. 하지만 질병을 일으키는 미생물은 그 종류와 수가 셀 수 없이 많을 뿐 아니라 환경 곳곳에 노출되어 있다는 특징을 지닌다. 게다가 미생물은 자신을 퇴치하기 위해 사용하는 다양한 항생물질에 대항해 내성이라는 독특한 저항력을 만들어낼 수도 있다. 인류가 좀 더 건강한 삶을 살아가기 위해서는 다양한 항생물질을 개발해내는 것도 중요하다. 또한 질병의 원인 대상에 맞은 정확한 항생물질을 사용하는 것도 여기에 필요하다. 여기에 이미 개발한 항생물질이 무용지물이 되지 않도록 항생제의 오남용을 막아 내성균의 출현율을 낮추는 노력도 요구된다. 항생제는 '사용 전에는 신중히, 사용한 뒤에는 꾸준히'가 정석이다. 쓰기 전에는 사용할 필요가 있는지 없는지를 신중하게 파악해야 하지만 일단 사용하게 되면 내성균이 생겨나지 않도록 철저하게 균을 박멸하는 것이 필요하다. 증상이 약해졌더라도 2~3일 만에 항생제 복용을 중지하는 것은 세균들에게 내성을 가지라고 트레이닝 시키는 꼴밖에는 되지 않는다. 물론 이 모든 노력 뒤에는 건강한 면역 시스템을 유지해 미생물의 침입에 대한 스스로의 방어력을 키우는 것이 바탕이 되어야 할 것이다.

"총알도 세 발, 목표도 세 마리…
정확하게 한 발씩 처치해주지."

미생물(세균, 진균, 바이러스)의 공격에 맞춤화된 대응이 필요하다.

유진 새무얼 그라셋, 〈모르핀 중독자〉, 1897년

버드나무의 새로운 기능

아스피린을 둘러싼 진통제의 기능

지금껏 인류가 만든 약 중에서 가장 광범위하게 사용되고 있는 약은 과연 무엇일까? 그건 아마도 아스피린(aspirin)일 것이다. 아스피린은 아세틸살리실산(acetylsalicylic acid)이 주성분인 해열진통제다. 자연에서는 버드나무 껍질에 많이 포함되어 있다. 이미 기원전 5세기경 히포크라테스는 버드나무 껍질을 달여 그 물을 마시면 비록 맛은 쓰고 냄새는 고약하지만 열이 내리고 통증이 덜해지는 효과가 있다는 것을 기록해놓았다. 그만큼 오래전부터 인류는 두통과 고열을 이겨내기 위해서 버드나무 껍질을 삶은 물을 사용해왔다. 1899년 독일 바이엘 사에서 현대적으로 합성해낸 아스피린*은 현재에도 사용되고 있는데, 세계적으로 연간 10만 톤 이상이 팔리고 있을 정도로 아스피린은 인류에게 가장 친숙한 약이다.

살다보면 한두 번쯤, 아니 매우 여러 번 우리는 매우 참기 힘든 통증

> 화학적으로 아스피린은 벤젠이나 페놀에서 살리실산(Salicylic acid)을 추출한 뒤 이를 아세틸화시켜서 만든다.

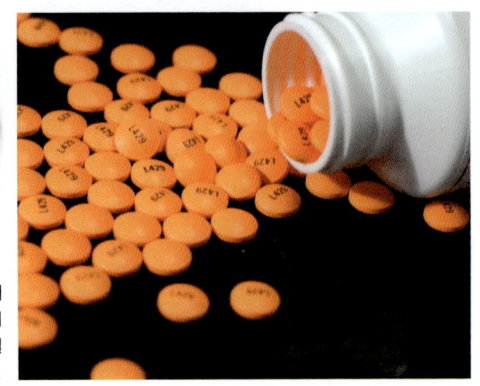

버드나무 껍질(왼쪽)에는 해열진통제 기능을 하는 아세틸살리실산 성분이 많이 들어 있다. 오른쪽 사진은 해열진통에 효과가 큰 합성 아스피린이다.

을 겪곤 한다. 통증이란 말 그대로 아픈 증세로, 인간이 지닌 오감(五感)의 하나인 촉감의 일종이다. 촉감은 우리 온몸에 광범위하게 퍼져 있는 감각 수용체에 들어온 신호를 뜻한다. 감각 수용기는 모두 네 종류다. 따뜻함을 느끼는 온점(루피니소체Ruffini's corpuscle), 차가움을 느끼는 냉점(크라우제소체Krause's corpuscle), 압력을 느끼는 압점(메르켈소체Merkel's corpuscle, 파치니소체Pacinian corpuscle), 그리고 고통을 느끼는 통점(신경말단)이 그 주인공이다. 이들은 각각 뜨거움, 차가움, 압력, 고통의 신호를 뇌에 전달하고, 뇌는 이 신호를 받아 우리 몸의 상태를 파악한다.

　네 종류의 감각 수용체 중 단연 많은 수를 차지하는 것은 통점이다. 따뜻함을 느끼는 루피니소체가 피부 1제곱센티미터당 평균 2~3개 정도 존재하는 데 비해, 신경말단은 같은 면적에 100~200여 개가 존재한다. 또한 다른 감각 수용체들은 끝 부분이 캡슐에 싸여 있어서 외부 자극에 좀 더 유연하게 대처할 수 있게 되어 있는 데 반해(그래서 '소체'라는 이름이 붙었다), 통점은 신경의 말단(끝) 부분이 바로 노출되어 있는 구조를 가진다. 신경에서 직접 뻗어나온 끝 부분이 아무런 안전장치 없이 바로 노출되어 있기 때문에 다른 감각기보다 자극에 훨씬 민감해서, 자극이 있는 경우 가장 먼저 반응하고 심지어 다른 자극도 받아들인다. 즉, 통점은 통증이 아닌 다른 자극이라 해도 그 자극이 강렬하면 이를 통증으로 느낀다. 너무 차가운 것을 만졌을 때 차다는 느낌보다는 아프다는 느낌이 먼저 드는 것은 이런 이유에서이다. 이처럼 통증은 매우 민감하고 예민한 감각이기에 이를 느끼는 사람들을 때로는 더욱 피곤하게 만든다.

그렇다면 왜 하필 통증이 이렇게 민감하게 느껴지도록 진화해온 것일까? 아픔을 느낄 수 있다는 것은 삶의 가능성을 훨씬 더 높여주기 때문이라고 답할 수밖에 없다. 즉, 통증은 인간이 정상적으로 살아가기 위해 꼭 필요한 감각이기 때문이다. 언뜻 생각하기에 통증을 느낄 수 없다면 오히려 편리할 것 같지만, 통증 없이 생명이 존재하기는 불가능한 경우가 많다.

우리 유전자는 오랜 경험의 결과, '생명체에 대한 위협=통증, 고통, 피하고 싶은 것'이라는 등식을 만들어 우리 몸에 정교한 '통증 시스템'을 작동시키도록 진화되어왔다. 통증은 생명체가 위험에 빠졌음을 알려주는 일종의 경고등이다. 물을 마시지 못할 때 고통스러운 이유는 수분이 부족하면 생명을 유지하기 힘들기 때문이다. 즉, 고통이라는 감

통증은 신체가 위험에 처했다는 신호다.

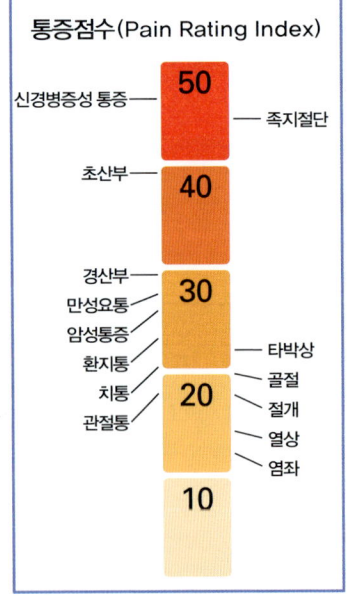

통증의 정도를 점수화시킨 것. 통증은 신경말단에서 느끼는 감각이기 때문에 신경을 직접 자극하는 것을 가장 아프게 느낀다.

정을 일으켜 생체에 경고를 하는 것이다. 목이 말라 죽을 것만 같은 순간 시원한 물을 한 잔 들이켜게 되면 순식간에 고통은 사라지고 기분도 좋아진다. 우리의 유전자는 더욱더 간교하게도 생명체에 대한 위협을 통증으로 느끼게 하는 경고 시스템과 동시에 고통에서 벗어나면 기분이 좋아지게 하는 보상 시스템까지 발전시켜 통증 탈출을 더욱 부추긴다.

개체의 생존이라는 측면에서 보면 통증은 어쩔 수 없는 생존전략이다. 하지만 그것은 어디까지나 '통증을 피할 수 있을 때'에 한정된 이야기다. 예를 들어 뜨거운 불에 몸이 닿았을 때 우리는 극심한 통증을 느끼므로 순간적으로 몸을 피해 더 큰 위험에서 벗어날 수 있다. 하지만 수술을 받아야 하는 경우처럼 피할 수도 모면할 수도 없는 상황에서 통증은 그야말로 '고통'일 뿐이다. 또한 통증은 신체에 스트레스를 많이 주기 때문에 강한 통증을 지속적으로 감내하도록 하는 것은 오히려 생존에 해가 될 수 있다. 그래서 사람들은 오래전부터 통증을 경감시키는 방법을 찾아 헤맸다.

 옛 서부시대를 다룬 영화들을 보면, 주인공인 무법자 총잡이가 총에 맞으면 상처 부위를 독한 술로 씻어내고 나머지 술은 벌컥벌컥 들이켜고는 고통을 참아가며 총알을 제거하는 장면이 등장하곤 한다. 술에 취하면 감각이 둔해지기 때문에 알코올은 가장 오래된 진통 수단이었다. 하지만 알코올의 진통 효과는 완전하지는 않을뿐더러 통증을 잊을 정도라면 만취 이상으로 마셔야 하기 때문에 환자의 회복이라는 측면에서는 결코 도움이 되지 않는 등 진통제로써 그다지 효과적인 수단은 아니었다.

통증을 없애는 두 종류의 진통제

 영어로 통증은 'pain', 진통제는 'pain killer', 즉 통증을 없애는 약이다. 현재 사용되고 있는 진통제는 크게 마약성 진통제와 비마약성 진통제로 나뉜다. 이들을 구분하는 기준은 어떠한 경로로 작용해 통증을 진정시키냐에 달려 있다. 마약성 진통제의 가장 대표적인 것은 모르핀(morphine)이다. 모르핀은 양귀비에서 뽑아낸 추출물로, 중독성이 매우 강하기 때문에 일반적으로는 사용이 금지된 물질이다. 하지만 진통 효과가 매우 강력하기 때문에 의료용으로 제한적으로 허용하고 있다. 특히 말기 암 환자나 극심한 통증을 겪고 있어 환자가 통증 자체를 견디기가 너무 힘들다고 판단될 때 모르핀이 사용된다.

이렇게 모르핀이 진통 효과가 강력한 것은 통증을 느끼는 가장 최종 단계인 뇌에 직접 작용하기 때문이다. 앞에서 말했듯이 통증은 신경의 가장 끝 부분에서 인지되며 이 신호가 뇌에 전달되어 느끼게 되는데, 뇌가 이 신호를 인지하지 못한다면 통증을 느끼지 못한다. 모르핀은 마치 TV의 '음소거' 버튼처럼 작동한다. TV를 보다가 음소거 버튼을 누르면 소리가 전혀 나오지 않지만, 그렇다고 방송국에서 송출하는 TV 전파에 소리를 나타내는 부분이 아예 없어진 것은 아니고, 다만 가장 마지막으로 출력을 내는 스피커의 전원을 끔으로써 소리가 전달되지 않도록 한 것이다. 이럴 경우 등장인물이 아무리 고래고래 소리를 질러도 우리 귀에는 전혀 들리지 않는다. 모르핀도 마찬가지다. 아무리 온몸에서 아프다고 신호를 보내도 뇌에서 이를 인식하지 못하기 때문에 아픔을 느끼지 못한다.

그러나 모르핀을 비롯한 마약성 진통류는 확실한 진통 효과라는 밝은 가면 아래 중독과 금단 현상이라는 어두운 본성을 숨기고 있다. 모르핀, 코카인 등 뇌를 직접 건드리는 마약류 물질은 진통 효과와 더불어 황홀감과 만족감, 환상적인 느낌을 불러일으키는 효과도 있어서 자칫 이에 중독되면 인성이 파괴될 수도 있다. 모르핀, 헤로인, 코카인 등

실제 사고로 감각신경이 손상된 사람이나 나병(문둥병)을 앓는 사람은 통증을 느끼지 못하는 경우가 많다. 나병은 감각신경을 손상시켜 피부가 벗겨지고 떨어지는 증상에 대한 고통을 느끼지 못하게 한다.

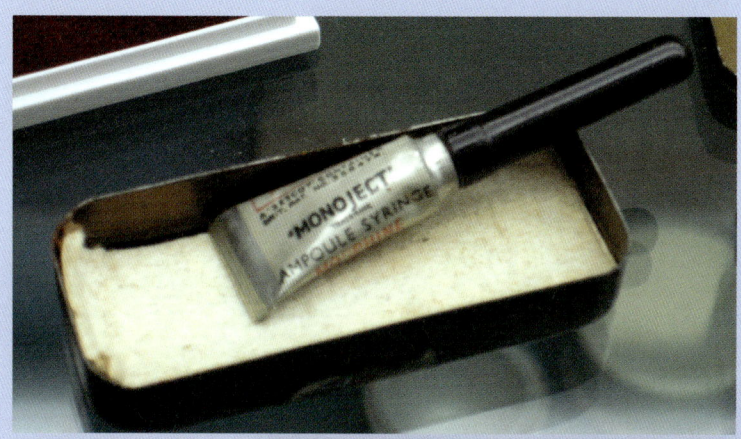

모르핀은 확실한 진통 효과를 지니고 있지만, 중독될 가능성이 높은 마약성 진통제다. 위는 제2차 세계대전 당시 사용된 의약품인 모르핀 앰플이며, 아래는 진통제 타이레놀이다.

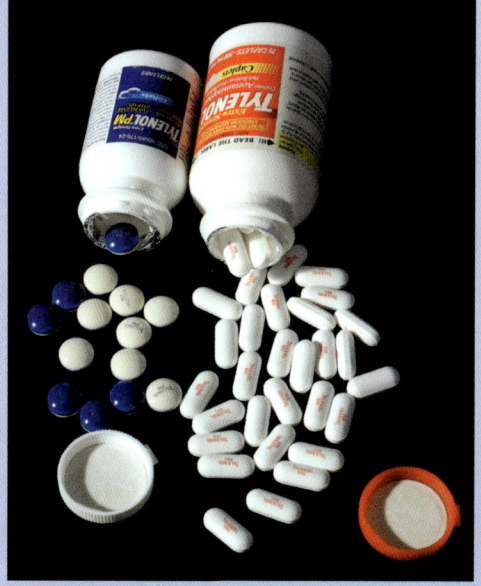

의 마약은 아주 미량만을 사용해도 중독이 될 수 있고, 이를 끊었을 때 나타나는 금단 현상은 겪어보지 않은 사람의 상상을 초월한다고 한다. 또한 경중에 차이는 있지만, 마약뿐 아니라 술(알코올)과 담배(니코틴), 등에도 중독 증상이 많이 나타나 사회적으로 문제가 되곤 한다.

이렇듯 뇌에 직접 작용하는 마약류 물질은 중독으로 인한 부작용이 커서, 인류는 진통 효과는 그대로 유지하되 중독성이 없는 물질을 찾고자 무던히도 애썼다. 그러나 아직까지 이렇다 할 만한 결과는 알려지지 않고 있다. 실제로 아편에서 모르핀과 구조가 비슷한 코데인(codein)이나 파파베린(papaverine) 같은 물질을 분리해내는 데 성공했으나, 이들은 진통제가 아니라 매우 묽게 희석해 다른 용도(코데인은 기침약, 파파베린은 기관지 확장제 혹은 발기유도제)로 쓰이고 있다.

마약성 진통제는 의사의 처방을 받아 극히 조심스럽게 사용되는 것이 일반적이기에 일상생활에서 흔히 접하는 진통제—두통·생리통·치통을 해소해준다고 하는 알약, 근육통·관절통·요통 등에 사용하는 연고류, 파스류—는 보통 비마약성 진통제다. 비마약성 진통제는 뇌에 직접 작용하는 것이 아니라 통증을 느끼는 신경말단 부위에 작용한다. 우리 몸은 신체에 이상이 생기거나 병원균이 침입하면 프로스타글란딘(prostaglandin), 브라디키닌(bradykinins) 같은 물질을 방출해 뭔가 몸이 이상하다는 신호를 뇌로 전달한다. 비마약성 진통제는 이러한 물질이 방출되어 뇌로 전달되는 것을 방해해 진통 작용을 하지만, 이 과정이 완전하지는 않다. 진통 효과가 마약성 진통제만큼 확실하지 못하다는 것이다. 하지만 이런 비마약성 진통제는 비교적 안전하고 중독성도 거의 없기 때문에 일반의약품으로 분류되어 의사의 처방전 없이도 쉽게 살 수 있다. 대표적인 비마약성 진통제들은 아세틸살리실산(상품명 아스피린), 아세트아미노펜(acetaminophen, 상품명 타이레놀), 이부프로펜(ibuprofen, 상품명 부루펜) 등이 있다.

이 세 가지 물질은 기본적으로 진통 작용을 하지만, 추가적인 기능에 약간의 차이가 있어서 각각 증상에 맞게 사용된다. 특히 몸속에서 이상이 생기면 통증과 함께 면역 체계의 가동으로 열과 염증 반응이 생기기 마련인데, 비마약성 진통제는 국지적인 신호를 줄여주면서 열과 염증을 해결하는 해열 작용과 소염 작용을 겸하는 경우가 많다.

특히 아세틸살리실산으로 만들어진 아스피린 계열의 진통제는 통증을 덜어주고 열을 내려줄 뿐 아니라 염증을 완화시키는 소염 작용도 있어서 두통, 치통, 생리통, 감기 몸살로 인한 근육통뿐만 아니라 관절염에도 효과가 있다. 또한 아스피린 계열은 혈전 억제 효과가 있어서 심혈관계 질환을 가진 이들은 혈전 형성을 막기 위한 예방용으로 아스피린을 상시 복용하기도 한다.

이처럼 쓰일 데도 많고 효과도 다양한 아스피린이지만 위장 장애를 일으킬 확률이 높아 이로 인해 구토, 소화불량, 소화기 궤양이 생길 가능성이 있으며, 혈전을 막는 동시에 지혈을 지연시키는 단점이 있어서 출혈이 있는 경우에는 위험할 수도 있다. 특히 최근 들어서는 15세 미만 아동의 아스피린 복용을 권장하지 않고 있다. 드물지만 소아에게서 아스피린이 치명적인 라이증후군(Reye Syndrome)[1]을 일으킬 수 있기 때문이다.

다양한 효능 효과를 가지고 있으나 부작용도 많이 가지는 아스피린에 비해 아세트아미노펜을 주성분으로 하는 타이레놀 계열의 진통제는 비교적 안전해 임신 중에도 쓸 수 있는 진통제로 평가 받고 있다. 다만 타이레놀은 진통과 해열 작용은 있지만 소염 작용은 없어서 염증으로 인한 통증과 발열에는 아스피린에 비해 효과가 떨어지며, 간에 부담을 주기 때문에 간 질환이 있거나 술을 매일 마시는 사람이 복용할 경우 급성 간부전으로 위험해질 수 있다는 단점이 있다. 하지만 간에 이상이 없는 사람이 정량을 지켜 복용할 경우에는 타이레놀은 가장 안전한 해열진통제로 평가 받는 물질이다.

마지막으로 이부프로펜 성분의 부루펜 계열 해열진통제는 아스피린처럼 해열·진통·소염이라는 3대 효과를 모두 지니고 있으면서도 아스피린보다 위장 장애를 덜 일으키고, 타이레놀보다 간에 부담을 덜 주어 간 질환자도 복용할 수 있는 물질이다. 다만 약간의 위장 장애를 일

라이증후군이란 주로 15세 미만 아동에게서 나타나는 급성 뇌염으로 수두나 독감 등 바이러스성 질환과 아스피린이 복합되면서 나타나는 부작용으로 알려져 있다. 과거에는 어른과 아이를 구분하지 않고 고열이 동반되는 수두나 독감을 치료하는 과정에서 아스피린 같은 해열진통제 등이 흔히 사용되었다. 대부분은 별다른 부작용이 없지만 아동의 경우 아주 드물게 바이러스성 질환이 아스피린과 결합됨으로써 구토, 경련, 혼수, 뇌부종을 일으키는 라이증후군이 발병했다. 라이증후군이 일단 발병하면 매우 치명적이어서 이로 인해 사망하는 경우도 많고, 살아난다 하더라도 뇌염의 후유증으로 뇌성마비 등의 심각한 장애가 나타날 가능성도 높다. 이런 부작용으로 인해 15세 미만 아동은 가능하면 아스피린을 사용하지 못하도록 권고하고 있다.

으킬 수 있고, 간 대신 신장에 무리를 줄 수 있으며 임산부에 대한 안전성이 타이레놀보다 낮아 임신 중에는 복용을 권장하지 않는다.

흥미로운 것은 사람에 따라서 아세트아미노펜 계열이 더 효과적인 사람이 있는가 하면, 이부프로펜 계열이 더 효과적인 사람이 있다는 점이다. 이는 개인의 유전성 다양성 탓이다. 그래서 아기가 고열이 나서 병원에 가면 아세트아미노펜 계열의 타이레놀 시럽(진분홍색)과 이부프로펜 계열의 부루펜 시럽(흰색)을 모두 처방해주는 경우가 있는데, 이는 두 가지 해열진통제 중에 어느 것이 아기에게 잘 맞는지를 모르기 때문이다. 타이레놀로는 효과가 없는 아이도 부루펜으로는 효과가 있을 수 있고, 그 반대의 경우일 수도 있다. 성인의 경우에도 두 가지 해열진통제 중 자신에게 더 잘 맞는 것이 있기 마련이라서, 만약 어떤 진통제가 별로 효과가 없다면 '난 진통제가 안 들어'라고 절망하기 전에 진통제를 바꾸어보는 것도 시도해볼 만한 일이다.

극심한 통증은 삶의 의지를 갉아먹고 정신을 피폐하게 하기 때문에 고통을 느낄 수 없는 것이 더 좋을 것이라고 생각할지도 모른다. 그러나 고통의 진정한 목적은 우리가 위기 상태에 있음을 경고해주는 것이다. 즉, 고통은 더 나은 삶을 위한 경고등인 셈이다. 그러나 애초에 그런 형태로 진화되어왔다고 해서 통증을 고스란히 받아들여야 하는 것은 아니다. 불이 났을 때 시끄럽게 울리는 화재경보 사이렌은 불이 난 것을 사방에 알려 불을 끄는 행동을 서두르게 할 뿐이지, 그 자체로는 불을 끄지 못한다. 사이렌은 화재 발생에 민감하게 대응해 울리고 난

"걱정 마, 인터넷 선을 뽑아버렸으니, 더 이상 악성 댓글에 시달릴 일은 없을 거야."

대증요법: 진통제는 일시적으로 증상만 없앨 뿐이다.

뒤에는 다음을 대비해 다시 꺼둘 필요가 있다. 항상 울리는 사이렌은 없는 거나 진배없다.

  통증도 이와 마찬가지일 수 있다. 통증은 우리 몸의 이상 신호를 나타내는 경고 사이렌으로 작용하는 것이니 일단 이상 보고가 접수된 이후에는 더 이상 시끄럽게 울리도록 놓아둘 필요는 없다. 따라서 통증은 그 원인을 파악한 뒤에는 될 수 있으면 빠른 시간에 완전히 제거하는 것이 바람직하다. 시도 때도 없이 울리는 고장 난 사이렌이 화재경보기 역할을 제대로 수행하지 못하는 것처럼, 만성적이고 지속적인 통증은 신체의 이상을 알리는 수단에서 벗어나 정신을 갉아먹는 부식제로 작용할 수 있다. 경보는 정말 위험할 때만 울려야 진정한 역할을 수행한다. 안전하고 효과가 빠르고 부작용 없는 진통제는 바로 그 역할을 수행해줄 것이다.

가브리엘 메취, 〈아픈 아이〉, 1660년

인체의 감독관, 호르몬

인슐린 개발과 호르몬 치료

여기 한 가족이 있다. 당뇨로 고생하는 아버지는 매일같이 인슐린 주사를 맞고, 얼마 전에 갑상선암 수술을 받은 엄마는 갑상선 호르몬제를 먹는다. 결혼했지만 아이를 원하지 않는 큰딸은 피임약을 복용하고 있고, 천식을 앓고 있는 둘째는 부신피질호르몬제제를 사용하며, 늦둥이로 태어난 막내는 또래보다 작은 키 때문에 얼마 전부터 성장호르몬 치료를 시작했다. 이 가족의 공통점은 무엇일까? 이들 모두 인공적으로 만들어진 호르몬제를 사용하고 있다는 사실이다. 현대 의학에서는 질병을 치료하거나 기타 목적을 위해 호르몬제를 많이 사용하고 있다.

원래 호르몬(hormone)이란 '인체 내 내분비선에서 분비되어 신체의 생리적 기능을 조절하는 물질'을 통틀어 일컫는 말이다. 호르몬은 십이지장에서 분비되는 세크레틴(secretin)을 발견함으로써 20세기 초에 처음 알려지기 시작한 물질이다. 세크레틴은 우리가 음식을 먹어서 위액이 분비되면, 그 산성 성분이 위장과 이어진 십이지장을 자극해 분비하는 물질이다. 세크레틴이 췌장을 자극하면, 췌장은 단백질과 지방, 탄수화물을 분해하는 효소가 듬뿍 들어 있는 췌장액을 분비시켜 소화를 돕는다. 또한 세크레틴에 의해 분비되는 췌장액에는 염기성인 탄산수소나트륨이 포함되어 있어 산성인 위액을 중화시켜준다. 세크레틴은 십이지장에서 분비되지만, 췌장으로 이동해 췌장액을 분비시켜주는 역할도 한다.

세크레틴의 발견 이후 신체의 어떤 기관에서 분비되어 표적이 되는 다른 기관으로 이동해 역할을 수행하는 화학물질을 '호르몬'이라고 부르게 되었고, 지금까지 많은 호르몬들이 발견되었다. 호르몬을 만들어 내는 곳을 '내분비선'이라고 부른다. 대표적인 내분비선으로는 뇌하수체, 송과선, 갑상선, 흉선, 부신, 췌장의 랑게르한스섬, 황체, 태반, 난포 등이 있고, 십이지장을 비롯한 소화기관에서도 호르몬을 분비한다.

호르몬과 체내 항상성

비유하자면 호르몬은 '감독관'이다. 신체 내 구석구석 모든 기관이 맡은 바 임무를 완수할 수 있도록 명령을 전달하고 자극하는 일을 하는 것이 바로 호르몬이다. 호르몬은 특히 체내의 항상성을 유지하는 데 매우 중요한 역할을 수행한다. 인체가 건강하게 살아가기 위해서는 '균형'을 유지하는 것이 매우 중요하다. 예를 들어, 핏속에 들어 있는 혈당은 가능하면 일정한 상태로 유지되는 것이 좋다. 혈당량이 널뛰기를 하게 되면, 혈당을 통해 영양분을 공급받는 신체 내의 각 기관 및 세포는

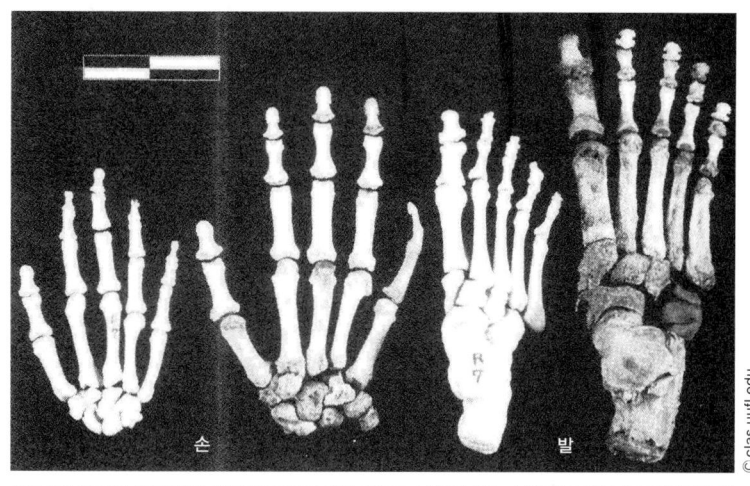

정상적인 사람의 손발(왼쪽)과 말단비대증에 걸린 사람의 손발(오른쪽). 성장호르몬이 과다 분비되면 신체의 말단 부위(손가락, 발가락, 눈썹뼈, 광대뼈, 턱뼈, 코 끝, 연골 등)가 자라나는 말단비대증에 걸릴 수 있다.

포화와 기아 상태를 급속도로 오가는 극단적인 환경 변화를 계속 접하게 될 테니까 말이다. 인체는 인슐린과 글루카곤이라는 두 가지 호르몬을 이용해 혈당을 조절한다. 음식 섭취로 혈당 공급이 늘어나면 인슐린이 나와서 남는 혈당을 저장하고, 공복 시에 혈당이 부족해지면 글루카곤이 나와 저장물질을 분해해 혈당을 다시 보통 수준으로 올린다. 이같은 두 호르몬의 상호 길항 작용을 통해 우리 몸의 세포는 안정적으로 먹을거리가 제공되는 환경에서 살아갈 수 있다. 인슐린과 글루카곤뿐만 아니라 다른 호르몬들도 필요할 때 분비되었다가 불필요해지면 이를 바로 감지하고 분비를 억제한다. 피드백 작용을 통해 미묘하게 조절되는 것이다. 이 호르몬의 미묘한 조절은 때로는 감탄을 자아내게 할 정도로 정교하게 일어난다.

이처럼 호르몬은 우리 몸의 항상성을 유지해 '정상적으로' 유지될 수 있도록 미묘하게 조절하는 일을 한다. 따라서 호르몬이 어떤 이유로 인해 필요한 양보다 적거나 많이 분비되면 이상 현상이 나타난다. 예를 들어, 성장판을 자극해 키를 크게 만드는 성장호르몬은 뇌하수체에서 분비되는데, 뇌하수체의 기능 부전으로 인해 성장호르몬 분비가 적어지면 키가 잘 자라지 않는 저신장증이 나타날 수 있다. 반대로 종양 등으로 인해 뇌하수체가 자극되어 성장호르몬이 많이 분비되면 거인증이나 말단비대증이 나타나게 된다. 같은 이유로 갑상선에서 분비되는 갑상선 호르몬이 부족한 경우 크레틴병(cretinism) 등 갑상선 기능 저하증이 나타나고, 반대로 갑상선 호르몬이 과다 분비되면 그레이브스병(Graves disease) 같은 갑상선 기능 항진증이 나타나게 된다.

앞서 말했듯이 호르몬의 부족이나 과다 분비는 여러 가지 이상 현상을 일으킨다. 여러 가지 원인으로 인해 호르몬 관련 이상 현상이 나타나면 깨진 호르몬 균형을 되찾아주는 것이 무엇보다도 중요하다. 즉, 호르몬이 부족하면 보충해주고 과하면 제거해서 문제를 바로잡는 것이다. 때로는 호르몬의 기능을 빌어 다른 질병을 치료할 때 이용하기도 한다. 여성이 임신을 막기 위해 먹는 경구용 피임약에는 여성호르몬의 일종인 에스트로겐이 들어 있어 배란을 억제해 임신을 막아주고, 오랫동안 생리를 하지 않거나 유산기가 있을 때 산부인과에서 처방해주는 주사제에는 에스트로겐을 억제하는 호르몬제 프로게스테론이 들어 있다. 피부 트러블에 바르는 연고에는 부신피질호르몬제가 들어 있는 경우가 많으며(정확한 명칭은 아니지만 흔히 '스테로이드'라고 한다), 갑상선 호르몬의 일종인 칼시토닌(calcitonin)은 골다공증 치료제로 많이 쓰이고, 옥시토신(oxytocin)은 임산부의 분만을 유도하는 약물로 이용된다.

이 밖에도 수없이 다양한 호르몬제가 질병 치료에 이용된다.

여성호르몬을 비롯한 몇몇 호르몬은 화학적 구조가 밝혀지면서 인공적으로 합성이 가능했지만, 많은 호르몬은 인공 합성이 되지 않거나 합성이 가능하더라도 매우 복잡한 과정을 거쳐야 하기 때문에 상업성이 없는 경우가 많았다. 합성이 되지 않는 호르몬을 얻는 유일한 방법은 생체에서 채취하는 것이었다. 즉, 인슐린은 돼지의 췌장에서 뽑아 사용했고, 성장호르몬은 사체의 뇌하수체에서 추출해 사용했다. 하지만 이 방법은 많은 양의 호르몬을 얻기가 힘들어 값이 매우 비쌌을 뿐 아니라 생체에서 뽑아낼 때 각종 오염이나 이상이 발생될 우려도 높았다. 실제로 1980년대 인체의 뇌하수체에서 뽑아낸 성장호르몬으로 저신장증 치료를 받은 아이들 중에 중추신경 조직의 직접적인 전파로만 전염되는 크로이츠펠트-야코프병(흔히 말하는 '인간 광우병'과 유사한 질병)에 감염되어 사망했던 불행한 사건이 발생한 적도 있다. 이는 뇌하수체 호르몬을 추출한 사체가 크로이츠펠트-야코프병을 일으키는 변형된 프리온을 지녔기 때문에 일어난 사건으로, 이후 인체에서 직접 추출한 호르몬제의 사용이 금지되었다.

이런 난관을 돌파할 수 있도록 해준 것은 유전자 재조합 기술이었다. 1960년대 후반부터 1970년대 중반 사이에 이뤄진 분자생물학의 발달로 인간은 유전자를 자르고 붙이고 옮길 수 있는 기술을 모두 갖추게 되었고 이를 실생활에 응용하려는 사람들이 생겨났다. 유전자 재조합 기술을 이용해 가장 먼저 그리고 가장 가시적으로 성공을 거둔 것은 인슐린의 생산이었다. 인슐린은 췌장의 베타세포에서 분비되는 호르몬으로, 혈액 속에 존재하는 혈당의 양을 조절하는 매우 중요한 역할을 한다. 만약 췌장에 문제가 생겨서 인슐린이 제대로 생산되지 못하면 인간은 당뇨병에 걸리게 된다. 특히 제1형 당뇨병의 경우 인슐린 부족이 절대적인 원인이므로, 제1형 당뇨병의 증상을 완화시키는 데는 인슐린을 주사하는 것이 가장 효과적이다.

1970년대까지만 하더라도 인슐린을 인공적으로 만드는 방법을 알지 못했기에 당뇨병 환자는 돼지나 소와 같은 동물의 췌장에서 뽑아낸 인슐린을 사용해야 했다. 하지만 이렇게 추출되는 인슐린은 생산량이 적어 값이 비쌌을 뿐만 아니라, 아무래도 동물의 몸에서 추출된 것이어서 인간과는 맞지 않는 경우가 있었다. 당뇨병은 일단 발병하면 완치가 힘들기 때문에 꾸준히 인슐린을 투여해야 하는데, 가격이 비쌀 뿐 아니라 부작용이 일어날 확률도 높았으니 당뇨병 환자의 삶은 하루하루가 살얼음판이었다. 당뇨병 환자가 바라는 것은 하나였다. 싸고 안전한 인슐린의 대량 생산이었다.

유전자 재조합이라는 신기술은 이러한 꿈을 현실로 만들어주었다. 생명공학회사 제넨텍 사는 유전자 재조합 기술을 이용해 인슐린의 인공 합성에 도전했고 결국 성공했다. 보통 대장균과 같은 세균은 커다란 중심 DNA말고도 플라스미드(plasmid)라고 불리는 고리 모양의 작은 DNA를 가진다. 중심 DNA가 세포 내에 항상 존재하는 것과는 달리, 플라스미드는 이 개체에서 다른 개체로 옮겨갈 수 있는 특징을 지닌다.

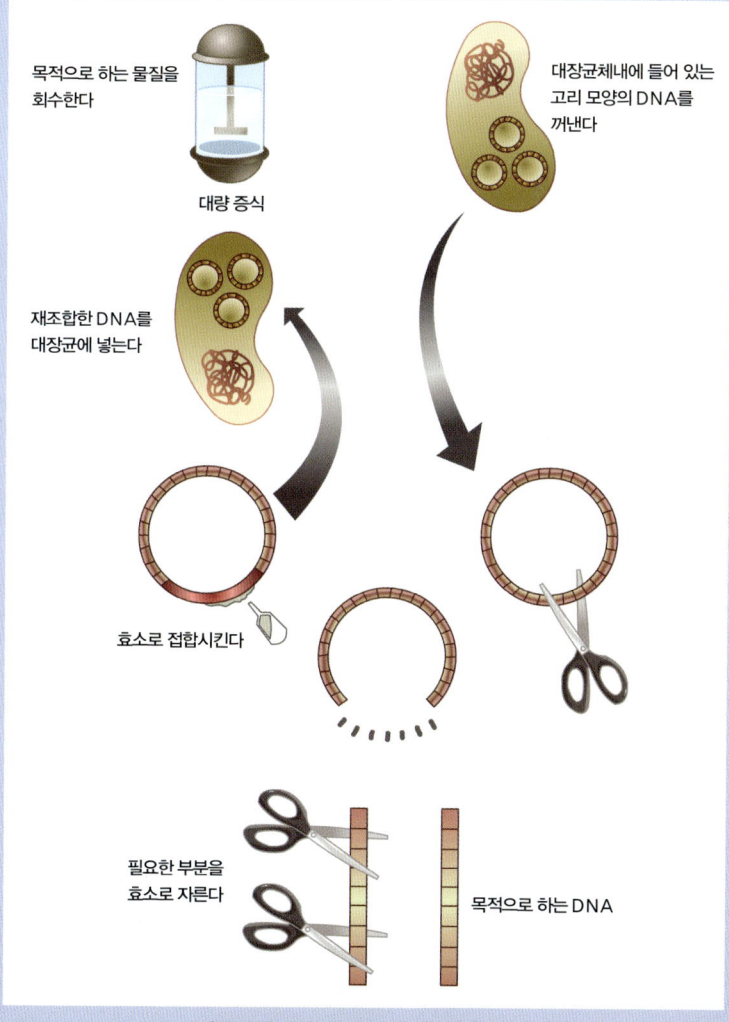

유전자 재조합 기술을 간략하게 보여주는 그림

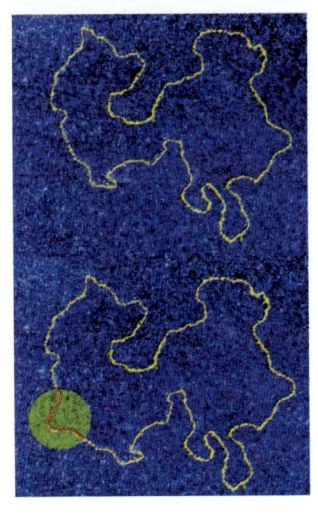

변형되기 이전의 플라스미드(위)와 변형된 이후의 플라스미드(아래)를 투과형 전자현미경으로 보았을 때의 이미지. 과학자들은 플라스미드를 이용한 유전자 재조합으로 최초로 대장균에서 인슐린을 합성하는 데 성공했다.

세균처럼 무성생식을 하는 생명체는 이 플라스미드를 통해 유전자의 일부를 서로 주고받으면서 유전적 다양성을 보충한다. 제넨텍 사의 연구자들은 다른 세균에 침입해 스스로를 복제할 수 있는 플라스미드를 인슐린 유전자 운반체로 이용했다. 즉, 대장균에서 플라스미드를 추출한 뒤 이 플라스미드에 사람의 인슐린 유전자를 붙여서 다시 대장균 속으로 집어넣은 것이다. 일단 플라스미드가 다시 대장균 속으로 들어가면 대장균은 이 플라스미드 속에 든 유전자가 원래 자신의 것이든 인간에게서 유래된 것이든 상관하지 않고 유전자 정보를 바탕으로 단백질을 합성해낸다. 즉, 인간의 인슐린 유전자를 읽고 대장균이 인간 대신 인슐린을 만들어내는 것이다.

이런 방식을 이용해 제넨텍 사는 1978년 최초로 대장균에서 인슐린을 합성하는 데 성공했고, 이를 의약품으로 이용하기 위한 몇 가지 가공을 거쳐 1981년 드디어 합성 인슐린을 세상에 선보임으로써 '유전자 재조합을 통한 호르몬 합성 시대'를 열었다. 유전자 재조합을 통한 호르몬의 생산은 대량 생산이 가능해서 싼 값에 환자에게 공급할 수 있을 뿐 아니라 순수하게 정제된 형태로 생산되므로 이차적 질환에 감염될 우려 없이 안전하게 사용할 수 있어 일석이조였다. 이후 다양한 호르몬제가 시장에 쏟아져 나오기 시작했고, 우리는 또 한 번 인간을 괴롭히던 다양한 질환을 이겨내고 한 발짝 나아가게 되었다.

아우크스부르크 출신 판화가 루카스 킬리안의 작품, 1613년. 이 작품은 인간을 세 부분으로 나누어 해부학적으로 재현했다.

비타민의 발견
영양소 부족으로 발생한 질병 이야기

 인류가 미생물과 벌이는 연전연패의 전투에서 처음으로 희망의 빛을 본 것은 아마도 자신들을 공격하는 적의 정체를 처음 안 순간이 아닐까? 현미경 렌즈 아래 드러난 작은 미생물들이 자신들을 공격하는 존재임을 알아챈 바로 그 순간 말이다. 지피지기(知彼知己)면 백전백승(百戰百勝)이라고 일단 적이 누구인지부터 알아야 할 테니 말이다.

 앞서 말했듯, 레이우엔훅이 처음 미생물을 관찰한 뒤, 19세기 파스퇴르와 코흐의 노력으로 전염성 질환의 배경에는 반드시 그 질환의 원인이 되는 미생물이 존재한다는 사실이 알려졌다. 질병의 원인이 미생물이라는 '미생물 병원체설(Germ Theory of Disease)'이 확립된 순간이었다. 이 시기를 전후하여 많은 전염성 질병과 원인 미생물과의 관계가 밝혀졌다. 1874년 노르웨이의 아르메우에르 한센(Armauer Hansen, 1841~1912)이 나병(한센병)을 일으키는 나균을 발견하였고, 1879년에는 독일의 알베르트 나이서(Albert Neisser, 1855~1916)가 임질을 일으키는 임균을 발견했다. 뒤이어 1880년에는 독일의 카를 요제프 에베르트(Karl Joseph Eberth, 1835~1926)가 장티푸스를 일으키는

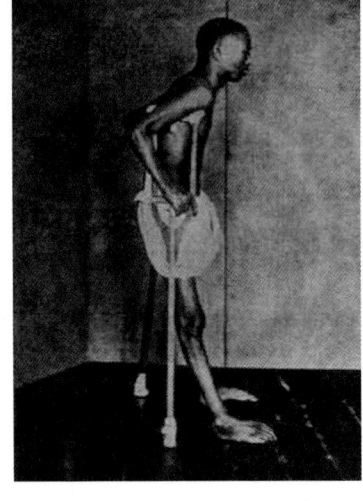

각기병 환자의 사진. 팔다리의 근육이 심하게 위축된 것이 보인다.

티푸스균을, 파스퇴르가 폐렴을 일으키는 폐렴구균(1881년)을, 코흐가 결핵균(1882년)과 콜레라균(1885년)을 발견하는 등 미생물과 질병 사이의 숨겨진 관계들이 드러났다. 이제 남은 것은 질환과 미생물 사이의 짝을 맞추는 것이었고, 많은 학자들이 이에 뛰어들었다.

    네덜란드의 의학자였던 크리스티안 에이크만(Christiaan Eijkman, 1858~1930) 역시 미생물과 질병과의 '숨겨진 짝 찾기'에 매진하는 중이었다. 에이크만의 관심사는 각기병이었다. 그는 1886년, 당시 동인도제도에서 유행하던 각기병의 조사위원이 되어 인도네시아 자카르타로 건너갔지만 몇 년째 이렇다 할 결과가 없어 초조해지고 있던 참이었다. 각기병(脚氣病, Beriberi)이란 말 그대로 '다리(脚)의 기운(氣)이 없어지는 병(病)'이라는 뜻으로, 초기에는 입맛이 떨어지고 피로감을 느끼는 정도로 시작되지만 증상이 심해지면 팔다리가 붓고 신경에 염증이 생겨 근육이 위축되며 감각이 무뎌지는 증상이 나타나다가 심하면 사망할 수도 있는 병이다. 각기병의 영어 이름인 'Beriberi' 역시 스리랑카

말로 '다리에 힘이 없다'라는 뜻을 지닌다. 즉, 각기병의 특징적인 증상은 사지의 신경 변성과 근육 위축이다.

그가 보기에 각기병은 분명 전염병이었다. 각기병은 일단 한 번 발병하면 집단적으로 발병하고 유행처럼 번져나가기 때문이었다. 또 각기병은 집단 생활을 하는 이들, 주로 군인들이나 선원들에게 많이 나타나는 질환이었다. 특히나 각기병이 문제가 된 것은 군인에게 각기병이 자주 나타났기 때문이다. 전쟁터에 투입될 군인에게 각기병이 나타난다는 것은 그대로 병력의 저하를 의미하기 때문에 군대에서는 오랫동안 이를 해결하기 위해 고심했다. 군의관이었던 에이크만이 각기병 조사 위원으로 발탁된 것도 이 때문이었다. 하지만 몇 년째 각기병 연구는 제자리걸음이었고, 각기병 환자의 몸에서는 각기병의 원인이 될 만한 어떤 미생물도 발견되지 않았다.

그러던 중 에이크만은 우연히 닭에게서도 인간의 각기병과 비슷한 증상이 나타나는 것을 알게 되었고, 사람 대신 닭을 이용해 동물실험을 계획하게 된다. 어느 날, 며칠 간 실험실을 비웠던 에이크만은 자신이 자리를 비운 새 각기병에 걸렸던 닭들이 씻은 듯이 나았음을 알고 깜짝 놀라게 된다. 도대체 며칠 사이에 무슨 일이 있었던 것일까? 부랴부랴 닭들이 건강해진 이유를 찾게 된 그가 발견한 것은 닭들이 건강해진 시점이 닭에게 모이를 주는 사람이 바뀐 시점부터였다는 점이었다. 더불어 전임자는 닭에게 모이로 백미를 주었고 후임자는 현미를 주었다는 것도. 에이크만은 여기서 결정적인 힌트를 얻는다. 먹는 것의 차이가

각기병의 원인이 영양소의 결핍이란 것을 알아낸 크리스티안 에이크만(왼쪽)과 해군들에게 라임을 처방함으로써 괴혈병을 치료한 제임스 린드(오른쪽).

질병의 원인이 될 수도 있다는 사실을, 또한 대규모로 발병하는 질환이라 하더라도 반드시 미생물에 의해 일어나는 전염성 질병이 아닐 수도 있다는 사실을 말이다. 각기병의 원인은 세균이 아니라, 영양소의 부족이었다.

후대의 학자들은 파스퇴르와 코흐의 '미생물 병원체설'이 많은 전염성 질환의 원인을 밝히는 데 도움을 준 것은 사실이자만, 각기병 연구에 있어서만큼은 연구를 10년 정도 지체시킨 원인이 되었다고 말한다. 미생물 병원체설이 연구자들에게 '집단 발병 질환=전염병=원인 미생물 존재'라는 등식을 심어주면서, 집단 발병 질환일지라도 전염성 질환이 아닐 수도 있다는 가능성을 아예 생각하지 못하게 한 것이 각기병 연구에 걸림돌이 되었다는 것이다. 역사에 '만약'이라는 가정이 없다지만, 그래도 한 번 상상해보자. 만약 에이크만이 '미생물 병원체설'을 몰랐으면 어땠을까? 그래도 동일한 결과가 나타났을까?

각기병처럼 미생물이 아니라, 영양소 부족이 원인이 되어 일어나는 질환 중에 잘 알려진 것으로는 괴혈병(壞血病, scurvy)이 있다. 괴혈병은 비타민 C의 부족으로 일어나는 질환이다. 이 병에 걸리면 모세혈관이 약해지므로 잇몸이나 구강에서 이유없이 출혈이 일어나게 된다. 괴혈병에 대한 기록은 고대 이집트에서부터 발견되지만, 사회적으로 문제가 되었던 것은 1497년 포르투갈의 항해자였던 바스코 다 가마(Vasco da Gama, 1469~1524)가 아프리카 희망봉을 돌아 인도로 가는 새로운 항로를 개척하던 과정에서 괴혈병으로 선원의 절반 가까이를 잃게 되면서부터였다. 이후 괴혈병은 선원들을 공격하는 가장 무서운 질환으로 악명을 떨쳤다.

선원들을 괴혈병의 공포에서 벗어나게 해준 이는 영국의 의사였던 제임스 린드(James Lind, 1716~1794)였다. 해군병원의 의사였던 린드는 당시 해군의 골칫거리였던 괴혈병을 연구하던 중, 오랫동안 해상에서 생활하는 해군들은 신선한 채소나 과일을 거의 섭취하지 못하며 이런 상황이 길어지면 괴혈병 역시 증가한다는 사실을 알아차리고는 채소나 과일의 섭취 부족이 괴혈병의 원인이 될 것이라고 생각한다. 실험을 통해 린드는 오렌지나 라임 등 신 맛을 내는 과일의 과즙 속에 괴혈병을 치료할 수 있는 물질이 풍부하다는 사실을 알아내고, 해군의 식단에 라임을 추가함으로써 괴혈병을 몰아내는 데 성공했다. 린드 박사의 조언을 받아들여 라임 주스로 해군의 괴혈병을 치료한 것이 18세기임을 감안할 때, 만약 에이크만이 미생물 병원체설을 신봉하지 않았다면, 괴혈병과 유사한(제한된 급식을 하는 군인들이 주로 걸리는 질환이라는 점에서) 각기병이 '먹을거리'와 관련된 질환임을 훨씬 이전에 알아차렸을 가능성이 매우 높다.

이처럼 공식을 아는 것은 관련된 문제를 풀 때는 유용하지만, 그렇지 않은 문제를 만났을 때는 오히려 걸림돌이 될 수 있다. 연구자들의 경우에도 마찬가지다. 해당 연구 분야의 주요한 이론들을 많이 알면 알수록 자신의 연구 결과를 해석하거나 답을 찾는 데 유리할 수 있지만, 자신의 연구 문제가 해당 이론의 범위 속에 들어 있지 않은 경우엔 오히려 이론을 아는 것이 정답을 찾는 데 방해가 될 수 있다. 이것이 바로 관찰의 이론 적재성(Theory Ladeness of observation)의 특징이다. 과학자의 관찰과 실험은 과학자가 가진 이론에 의해 해석되고 설명된다. 이때 이론은 관찰과 실험 결과를 쉽게 해석할 수 있는 '공식'으로 작용할 수도 있지만, 때로는 결과들을 맞지 않는 '틀'에 우겨넣는 무리수를 범하게 하기도 한다.

어쨌든 에이크만은 비록 초기에는 실수를 했지만, 이후 이어진 연구로 각기병은 독소나 세균 등에 의해 발생되는 것이 아니라, 영양소의 결핍으로 생성되는 것이며, 음식을 통해 영양소를 보충해주면 해결된다는 사실을 알아내게 된다. 당시 에이크만은 해당 영양소가 무엇인지 몰랐으나, 닭 실험을 통해 현미에는 이 물질이 풍부하게 들어 있다는 사실을 알아내고 군대의 식재료에 현미를 추가할 것을 권한다. 실제로 군인들의 식단에 현미가 추가되자, 각기병의 발병률이 확실하게 줄어들어 각기병이 영양소의 부족으로 일어나는 질환이라는 그의 예상을 뒷받침해주었다.

미량 원소, 비타민의 발견

20세기 초까지만 하더라도, 인간이 살아가는 데 필요한 물질은 에너지원인 탄수화물과 단백질, 지방과 더불어 물과 무기질 등 다섯 가지 종류라고 알려져 있었다. 하지만 이런 것들이 모두 갖춰져 있어도 사람들은 괴혈병과 각기병으로 고통받으며, 동물 실험을 통해서도 에너지원과 물, 무기질의 공급만으로는 정상적인 성장과 생존이 불가능하다는 사실이 알려지면서 과학자들은 또 다른 '필수 영양물질'의 정체를 밝히는 데 주력하게 되었다. 드디어 1912년, 폴란드의 의학자 캐시미어 풍크(Casimir Funk, 1884~1967)가 쌀눈에서 각기병에 효과가 있는 물질을 최초로 분리, 정제해내는 데 성공한다. 그는 이 물질이 질소가 포함된 아민(amine)기를 함유하고 있다는 것을 근거로 새로운 '필수 영양물질'들을 '비타민(vitamine)'이라고 명명한다. 비타민(vitamin)에서 'vita'는 '생명'이라는 뜻을 지닌 라틴어에서 유래된 말이다. 체온, 혈압, 맥박, 호흡수 등을 '활력 증상(vital sign)'이라고 하는 것처럼 'vita'라는 말에는 생명과 관련이 있다는 의미가 내포된다. 초기에 발견된 비타민은 대부분 아민(amine, 질소를 포함한 화합물의 한 부류)이었기에, 생명(vita)의 기능을 조절하는 아민(amine)이라는 뜻으로 비타민

(vitamine)이라는 이름을 붙인 것이다. 하지만 추후 연구를 통해 아민기를 포함하지 않는 비타민도 발견되어, 결국은 마지막 e를 떼어낸 비타민(vitamin)으로 불리게 된다. 현재 비타민의 종류는 수십 가지에 이르지만, 크게 기름에 녹는 지용성 비타민(비타민 A/D/E/F/K/U)과 물에 녹는 수용성 비타민(비타민 B군 복합체, 비타민C/L/P, 비오틴, 이노시톨, 콜린 등)으로 나뉜다. 대부분의 비타민의 경우는 인간 스스로 합성하지 못하지만, 일부 비타민은 장내 기생하는 세균에 의해 합성되기도 하고 체내에서 변환되기도 한다. 이런 경우 특수한 경우를 제외하고는 부족증이 거의 나타나지 않는다. 특히 비타민 D의 경우, 버섯이나 효모를 섭취하게 되면 이 속에 포함된 에르고스테롤이 피부에 닿는 자외선과 반응하여 비타민 D로 변환되기 때문에 정상적인 생활을 할 때 부족증이 나타나는 경우는 드물다.

비타민은 주로 생체 내에서 반응을 매개하는 효소나 효소를 보조하는 조효소를 구성하여 신체 기능을 조절한다. 효소는 생체 내 반응을 촉진하거나 저해하지만, 정작 그 자신은 반응 전후에 변화하지 않는 물질이다. 즉 일종의 촉매다. 예컨대 과산화수소는 분해되면 물과 산소로 나뉜다. 보통 이 반응은 느린 속도로 일어나지만, 여기에 약간의 이산화망가니즈를 첨가하면 반응이 폭발적으로 일어나면서 많은 양의 산소가 한꺼번에 분리되어 나오게 된다. 이산화망가니즈는 과산화수소 분해 반응에서 촉매로 작용하는 물질로, 반응을 매우 빠르게 가속화시키지만 정작 그 자신은 반응 전후에 변화하지 않는 특성을 지녔다.

비타민의 종류별 기능과 질병, 함유식품

이름		기능	1일 요구량	결핍증	과다증	전구체	함유식품
지용성	비타민 A	망막의 간상세포에 존재하는 로돕신 구성, 상피 조직의 보호	600~750μg	야맹증, 시력 저하, 각화증, 모, 피부 및 뼈의 이상	권태, 체중감소, 부종	카로틴	생선 간유, 녹황색 채소 및 과일
	비타민 D (칼시페롤)	결핍 대사 및 칼슘 흡수 보조, 인의 대사 조절, 뼈의 발육	5~10μg	구루병, 뼈의 연화증	식욕부진, 구토, 설사	에르고스테롤	효모, 버섯 등
	비타민 E (토코페롤)	생식 기능 및 근육 기능 유지, 항산화 기능	10mg	생식기능 저하, 유산, 빈혈, 근육 위축	메스꺼움, 설사, 습진, 피부염, 비타민 K 부족		유지, 버터, 마가린, 소시지, 토마토, 녹황색 채소
	비타민 K	혈액 응고에 관여	65~75μg	혈액 응고 이상, 연골 조직의 석회화	치어에서는 용혈성 빈혈, 시금치 부족증 극히 드묾		간, 녹엽 채소, 대두, 달걀, 해조
수용성	비타민 B₁ (티아민)	탄수화물 대사 과정의 조효소 기능, 항스트레스 인자로 기능, 생장 관여	1.1~1.2mg	각기병, 신경염, 심장 기능 장애			쌀눈, 배아, 달걀 노른자, 견과류, 마늘, 효모 등
	리보플라빈 (비타민 B₂)	조효소 FMN과 FAD의 구성 성분, 수화물·단백질·지방 대사 촉진	1.2~1.5mg	구순구각염, 설염, 구각성 피부염, 결막염, 백내장			우유, 달걀, 맥아, 간, 돼지고기, 녹색 채소 등
	비타민 B₆	단백질 대사 촉진, 조효소 보조	1.4~1.5mg	구내염, 현기증, 구토, 빈혈, 경련 등			장내 세균에 의해 합성
	엽산	빈혈 예방	320μg	대혈구성 빈혈			시금치 등 녹색 채소 및 간 등
	비타민 B₁₂	조혈 과정에 관여, 아미노산 대사의 조효소, 핵산 합성에 필요	1.4μg	거대적혈구성 빈혈, 악성 빈혈			동물의 간 등
	판토텐산	피부, 신경 조직 보호, 간과 위장 기능 보호	5mg	피부염, 자극신경 변성, 색소 이상 등	장내 세균에 의해 생성		효모, 배아, 콩, 간, 내장 등
	비오틴(비타민 H)	성장 및 증식에 관여	30μg	성장 지체, 피부 이상			간, 효모 등
	비타민 C	영양소 대사 보조, 콜라겐 생성 및 유지 보조, 항산화 기능	100mg	괴혈병, 구강 구조 변형, 출혈			신선한 채소와 과일
	나이아신	조효소 NAD와 NADP의 구성, 영양소 대사에 관여, 조직 세포의 정상적 생명 현상 유지에 필요		펠라그라		트립토판	효모, 육류, 간, 콩류 등
	비타민 L (안트라닐산)	젖분비 촉진					동물의 간 등
	이노시톨	간과 위장의 기능 유지, 모발 유지		무모증, 탈모증, 지방간			곡물류

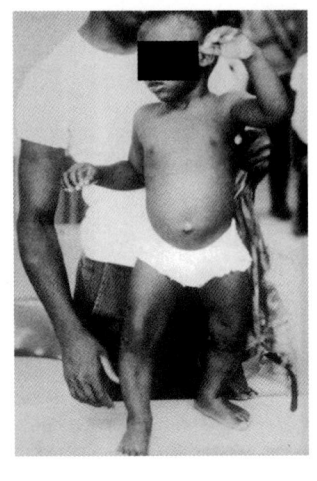

구루병으로 걸린 아이의 모습. 구루병은 비타민 D가 결핍되면 생기는 것으로, 뼈에 칼슘이 축적되지 못해 머리, 가슴, 팔다리 뼈의 변형과 성장장애가 나타난다.

효소도 마찬가지로 이런 특징을 지닌다. 따라서 효소는 그다지 많은 양이 필요하지는 않다. 비타민의 하루 요구량이 대개 마이크로그램(μg)이나 밀리그램(mg) 단위로 매우 적은 것은 바로 이 때문이다. 하지만 이산화망가니즈를 첨가하지 않으면 과산화수소 분해 반응이 육안으로 관찰할 수 없을 만큼 느리게 일어나는 것처럼, 마찬가지로 생체 내 다양한 대사 작용과 생리 작용에서 효소가 없다면 생체 반응은 매우 느리게 일어나서 생명 활동이 제대로 수행되지 못한다.

이처럼 비록 비타민의 요구량은 적을지 몰라도, 비타민은 부족할 경우 매우 심각한 부족 증상을 일으킬 수 있다. 또한 효소의 특성은 반응을 '조절'하는 것이기에, 모자랄 경우만이 아니라 남는 경우에도 문제를 일으킬 수 있기에 무조건 많이 섭취하기보다는 적절한 양을 섭취하는 것이 중요하다. 특히나 체내 필요량의 초과분이 대부분 배설되는 수용성 비타민과는 달리, 초과 섭취분이 그대로 체내 지방에 저장되는 지용성 비타민의 경우 과다 섭취 시 이상 증상을 일으키기 쉽다. 예를 들어 비타민 A의 경우 부족 시 시력에 심각한 영향을 미치기 때문에 개발도상국의 경우 해마다 수만 명의 아이들이 시력을 잃는 불행한 일이 발생하지만, 선진국에서는 오히려 비타민 A의 과다로 인해 탈모와 피부 이상을 경험하는 사람들의 비율이 늘어나고 있다. 특히 임산부의 경우, 임신 초기 비타민 A의 과량 섭취는 기형아를 유발시키는 원인으로 지적되고 있어서 비타민 A 섭취량에 특별히 주의해야 한다.

 최근 들어 건강에 대한 관심의 증가로 다양한 비타민제들이 시중에 넘쳐나고 있다. 수많은 비타민제들이 피로회복과 강장 작용, 피부 미용과 활력 증진이라는 문구를 내걸고 광고를 한다. 비타민은 매우 중요한 성분이므로, 분명 이들이 부족하면 신체 기능에 이상이 나타나는 것이 사실이다. 하지만 균형 잡힌 식생활을 하는 경우 현대인의 식단에서 비타민의 부족 증상이 나타나는 경우는 드문 일이다. 이런 경우, 오히려 비타민 과다증이 문제가 될 수 있다. 수용성 비타민의 경우 과다 섭취량은 소변을 통해 배설되기에 큰 문제를 일으키지 않지만(비타민 C 제품을 복용한 뒤에 소변이 유난히 노란색을 띠는 것은 과다 섭취된 비타민 C가 소변을 통해 배출되기 때문이다), 지용성 비타민의 경우 과다 섭취 시 체내 지방과 결합해 오랫동안 잔존하면서 이상을 일으킬 수도 있다.

 신체의 모든 반응은 극단이 아니라, 균형과 중용을 통해 일정한 수준에 머물러야 정상적으로 기능할 수 있다. 인체에 조절하는 거의 대부분의 조절 시스템이 길항 작용을 하는 두 가지 물질이 되먹임고리를 통해 조절되는 시스템이라는 것에 유의해야 한다. 과유불급(過猶不及)은 인생사뿐 아니라, 건강한 삶을 위해서도 반드시 지켜야 할 수칙이다.

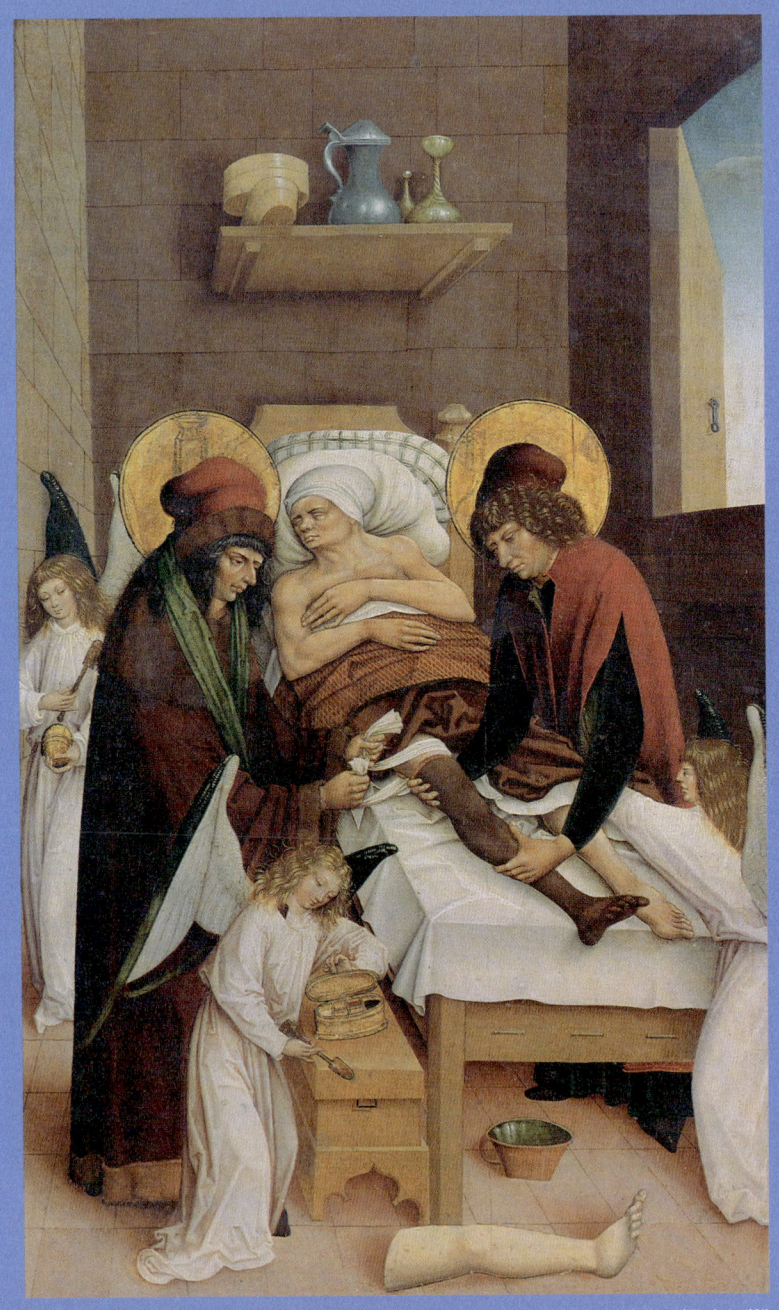

〈성 코스모스와 다미안의 다리 이식 기적〉, 1500년경. 에스파냐 부르고스 지역 로스 발바세스 영주가 소장했던 그림이다.

이자벨의 잃어버린 얼굴

장기이식의 역사와 가능성

20세기는 의학의 역사에서 전환점이 되는 시대였다. 과학이 발전하고 질병의 원인에 대해 알려지면서 많은 질병이 '치료 가능한 시대'가 되었기 때문이다. 전염성 미생물이 일으키는 질병은 항생물질을 이용해 퇴치하고, 호르몬의 기능이 떨어지면 호르몬을 보충하는 등의 요법을 통해 많은 환자를 살려낼 수 있게 되었다. 그러나 장기가 완전히 기능을 잃는 경우는 여전히 치료가 불가능했다. 인체의 주요한 생리 기능을 담당하는 장기가 망가지면 이를 복원하는 것은 불가능했기 때문이다.

이처럼 생리적으로 중요한 역할을 하는 장기가 기능을 잃을 경우, 최선의 방법은 망가진 장기 대신 건강한 장기로 대체해주는 것이다. 장기이식이란 말 그대로 태어날 때 가지고 있던 본인의 신체 중 일부를 다른 것으로 바꾸는 것을 의미한다. 흔히 알고 있는 신장, 심장, 간, 각막, 골수 외에도 피부, 췌장, 뼈와 관절, 폐, 소장과 대장, 혈관, 혀, 무릎, 성기, 일부 뇌세포까지 다양한 부위를 이식하는 수술이 현재 이뤄지고 있고, 최근에는 양쪽 팔과 얼굴까지 이식에 성공했다는 사례가 보고되

얼굴을 이식하다, 안면이식의 성공

2005년 프랑스에서는 38세 여성 이자벨 디누아르(Isabelle Dinoire)의 안면이식 수술이 세계 최초로 이루어졌다. 디누아르는 기르던 개에게 물려 코와 입술, 턱의 일부를 잃는 심한 안면 손상을 입었다. 상처는 나았지만, 평생 반쪽짜리 얼굴로 살아갈 운명이었다. 그런 그녀에게 베르나르 드보셀(Bernard Devauchelle)은 안면이식을 권유했고, 디누아르는 이것을 받아들였다. 이리하여 디누아르는 세계 최초로 뇌사자에게서 장기가 아닌 '얼굴'을 이식 받은 사람이 되었고, 이 수술의 성공으로 인해 신체이식이 단일 장기를 넘어서 얼굴이나 팔다리처럼 복합적인 신체조직에서도 가능할 수 있음이 시사되었다.

하지만 안면이식이나 팔다리이식이 대중화되기까지는 극복해야 할 과제가 아주 많다. 인체조직 가운데 피부의 면역거부 반응이 가장 강하기 때문이다. 디누아르는 조직적합성 항원이 일치한 뇌사자에게서 안면을 기증 받았지만 수술 후 면역 거부 반응이 일어날 수 있기 때문에 지속적으로 면역억제제를 투여받는다고 한다.

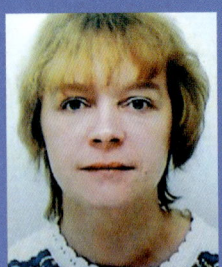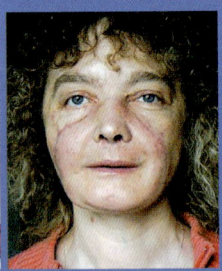

세계 최초로 안면이식을 받은 이자벨 디누아르의 모습. 왼쪽 사진은 개에게 공격받기 전의 사진이고, 나머지는 안면이식 수술 이후 찍은 사진이다. 가운데 사진은 화장을 했을 때의 모습이며, 오른쪽 사진은 화장을 지웠을 때의 모습이다.

었다.

 장기이식의 서두를 연 것은 각막이식이었다. 1905년 눈의 가장 바깥쪽에 위치한 각막을 이식해 시력을 회복하는 수술이 처음으로 시도되었다. 오늘날의 체코공화국에 위치한 올로모크(Olomouc) 병원의 에두아르트 짐(Eduard Zirm)은 사고로 사망한 11살 난 소년의 눈에서 각막을 채취해 화학물질로 각막이 손상되어 실명한 환자에게 이식하는 수술을 감행했고, 수술은 성공적으로 끝났다. 이후 각막이식술은 많은 환자에게 빛을 찾아주는 대표적인 수술이 되었다.

 각막이식은 비교적 일찍 시작되었지만, 각막을 제외한 다른 장기의 이식은 어디까지나 상상 속에서나 가능한 일이었다. 이는 인체가 가진 자연적인 면역 시스템 때문이었다. 면역세포는 외부에서 유입된 물질을 '타자'로 인식하고 공격하는 것이 기본이다. 각막의 경우 눈의 가장 바깥쪽에 살짝 덮어놓는 수준이었기에 면역세포의 공격을 피할 수 있었지만, 체내에 존재하는 다른 장기는 면역세포를 속여넘기기란 거의 불가능했다. 장기이식의 성공이란 단순히 이식으로 인한 장기의 접합을 넘어서 체내에 이식된 장기가 살아서 기능하는 것까지를 아우른다. 이때 기증자의 장기가 수혜자의 면역 시스템과 충돌을 일으키게 되면, 이식된 장기는 생착은커녕 수혜자의 면역세포의 공격으로 손상될 뿐만 아니라 이 과정에서 일어나는 거부 반응으로 수혜자의 생명 자체가 위태로워질 수 있다.

 따라서 장기이식의 성공 여부는 면역 거부 반응을 얼마나 잘 조절하는지에 달려 있다고 해도 과언이 아니다. 그래서 최초의 내장기관(신장) 이식 수술에서 첫 번째 대상이 된 것은 일란성 쌍둥이였다. 1954년 미국 보스턴의 피터 벤트 브리검(Peter Bent Brigham) 병원의 조지프 머리(Joseph Murray)는 세계 최초로 일란성 쌍둥이의 신장이식을 시도했다. 일란성 쌍둥이는 유전자가 동일해 면역 거부 반응이 없으며 신장은 한 개만으로도 살아갈 수 있기 때문에 시도될 수 있었고, 그 결과는 성공이었다.

최초의 장기이식이 무사히 성공했지만, 오랫동안 장기이식은 질병 치료에서 효과적인 대안은 될 수 없었다. 장기이식의 성공과 확산 여부는 거부 반응을 일으키는 면역학적 원인을 밝히고 이를 해결할 수 있는 면역억제제를 개발하는 데 달려 있었다.

1943년 토머스 깁슨(Gibson)과 피터 브라이언 메더워(Peter Brian Medawar)가 장기이식 시 일어나는 거부 반응은 일종의 면역 반응이라는 것을 알아냈고, 1954년 니컬러스 에이브리언 미치슨(Nicholas Avrion Mitchison)은 이식 시 일어나는 거부 반응을 주도하는 것이 혈액 내 존재하는 림프구라는 사실을 알아냈다. 이미 1948년 생쥐 실험을 통해 면역세포의 일종인 림프구에 주요 조직 적합 유전자 복합체(major histocompatibility complex, MHC) 항원이 존재함을 알고 있었기에, 이를 토대로 장기이식의 거부 반응은 MHC 타입의 차이에 의해 일어나는 현상이라는 것이 밝혀졌다. 두 개체의 MHC 타입이 비슷할수록 면역 거부 반응이 일어날 확률이 낮아졌다. 곧이어 1958년 사람의 조직 적합성 항원(human leukocyte antigen, HLA)을 발견하면서 장기이식 시 거부 반응을 일으키는 주된 이유는 HLA 타입의 차이 때문이라는 사실도 알려졌다.

하지만 이런 사실을 알았다고 해서 문제가 다 해결된 것은 아니었다. 타고난 HLA 타입을 바꿀 수는 없었기 때문에 신장이식을 받는 환자는 이식 전에 엄청난 양의 방사선을 쬐어 골수를 모두 파괴시킨 후에야 신장이식을 받았다. 이는 골수가 면역 거부 반응을 일으키는 림프구를 생산하기 때문에 방사선 조사를 통해 골수를 아예 파괴시키면 이식된 신장에 대한 거부 반응이 일어나지 않을 것이라는 생각에서 시도된 방법이었다. 하지만 과도한 양의 방사선 조사는 환자의 몸에 부담을 주어 수술 후 생존 기간을 1년 이상 늘리기 어려웠다.

그러던 중 1959년 로버트 슈워츠(Robert Schwartz)와 윌리엄 다메섹(William Dameshek)이 6-메캅토퓨린(6-mercaptopurine, 6-MP)이라는 물질이 면역세포의 활동을 억제한다는 것을 밝혀내면서부터 극복의 실마리를 찾기 시작했다. 즉, 이식된 장기를 공격하는 면역세포 자체를 억제하는 면역억제제를 찾아낸 것이다. 면역억제제의 개발로 인해 장기이식은 활기를 띠기 시작했고, 신장을 제외하고 간(1967년), 심장(1968년) 등의 장기이식에서도 성공을 거둘 수 있었다.

이처럼 1960년 들어 장기이식의 역사상 획기적인 사건들이 줄줄이 일어났음에도 불구하고, 면역억제의 문제는 여전히 남아 있었다. 비록 6-MP가 면역억제 효과를 가진 것은 사실이지만, 이 물질은 원래 백혈

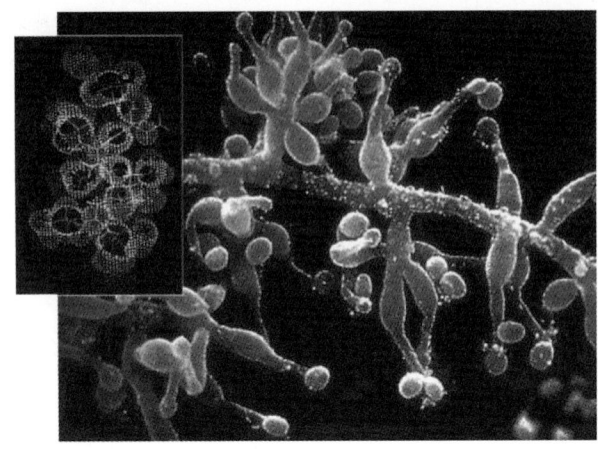

사이클로스포린을 분비하는 곰팡이

병 환자에게 쓰이던 항암제였기 때문에 자체의 독성도 만만치 않았다. 면역억제제 분야에서 사이클로스포린(cyclosporine)의 발견은 일대 전환이라 할 만하다. 사이클로스포린은 곰팡이(*Tolypocladium inflatum gams, Cyclindrocarpon lucidum*)에서 추출한 물질로 골수 자체에 피해를 주지 않으면서도 면역에 관련된 림프구인 T세포의 활성과 성숙을 억제하여 면역 반응을 차단하는 획기적인 면역억제제였다. HLA 타입의 구분과 사이클로스포린의 발견 이후 장기이식은 난치 질환을 치료하는 효과적이고 궁극적인 방법으로 자리 잡게 되었다.

면역억제제의 개발로 장기이식의 성공률이 이전보다 높아진 것은 사실이지만, 그렇다고 해서 장기이식이 말처럼 쉬운 것만은 아니다. 아무리 면역억제제가 개발되었다손 치더라도 타인에게 장기를 기증받으려면 면역계 타입이 비슷해야 한다는 전제가 여전히 존재하기 때문이다. 그러나 장기이식 수술의 확대 적용에 발목을 잡는 가장 기본적인 문제는 이식할 장기가 부족하다는 것이다. 국립장기이식관리센터

(www.konos.go.kr)의 통계에 따르면, 2009년 7월 현재 장기이식을 기다리는 이식 대기자는 총 1만 6,866명에 달하지만 실제로 시행된 장기이식은 생체 이식 1,153건, 뇌사자 이식 1,140건 등 총 2,300여 건에 불과했다. 이와 같은 간극은 장기이식만 받으면 살 수 있었음에도 불구하고 때맞춰 장기를 이식받지 못해 사망하는 사람이 상당수 있음을 보여준다.

어떤 사람이 장기 혹은 조직을 이식받기 원하는 것은 그것이 없으면 생존할 수 없거나 적어도 정상적인 생활을 영위할 수 없기 때문이다. 이런 사실은 인간이라면 모두 다 동일하게 적용되는 조건이므로 이식용 장기의 부족은 어쩔 수 없는 일이다. 그런데 우리나라에서 장기의 공급과 수요 격차가 더욱 벌어진 이유는 뇌사자의 장기기증 비율이 매우 낮기 때문이다.

타인에게서 장기를 이식받는 경우 공여자의 상황에 따라 생체 기증과 뇌사자 기증으로 나뉠 수 있다. 생체 기증이란 살아 있는 사람의 장기를 떼어내 이식하는 것을 말한다. 이 경우 장기 수혜자(장기를 이식받는 사람, recipient)뿐 아니라, 장기 공여자(장기를 떼어주는 사람, donor)도 살아가야 하기 때문에 이식이 제한된다. 따라서 심장 등 단일 기관의 이식은 불가능하며, 두 개 중 하나(신장, 각막) 혹은 조직 일부(간이나 췌장의 일부, 골수 등)만 이식이 가능하다. 하지만 뇌사자의 경우 생존 가능성이 없기 때문에 심장처럼 하나밖에 없는 단일 기관뿐만 아니라 각막과 신장 모두를 비롯해 골수, 뼈와 관절, 피부와 혈관, 심지어 안면,

사지(四肢)[1]까지도 이식 대상으로 포함시킬 수 있다. 하지만 우리나라에서는 아직까지도 뇌사자의 장기기증 비율이 매우 저조한 실정이다. 대부분의 뇌사자는 뇌혈관 질환이나 교통사고 등으로 인한 치명적인 두부 손상으로 발생한다. 세계보건기구의 통계를 살펴보면, 뇌혈관 질환이나 두부 손상 사망자는 유럽의 여러 나라에 비해 우리나라가 더 높지만 뇌사자의 장기기증 빈도가 우리나라에 비해 유럽이 10배 이상 높게 나타난다는 것은 우리나라 뇌사자의 장기기증 비율이 저조하다는 사실을 뒷받침한다.

이를 해결하기 위해서는 사회적으로 뇌사의 개념과 장기기증의 중요성을 널리 알리면서, 기술적으로 인체가 아닌 다른 곳에서 장기 및 조직을 확보하려는 연구가 필요하다. 동물을 이용한 장기 마련, 줄기세포를 통한 조직 생산[2] 혹은 인공장기의 개발이 그것이다. 따라서 최근에는 인체에서 직접 추출해 이식하는 장기이식 외에 좀 더 안정적이고 안전한 장기이식법에 대한 연구가 한창이다.

[1] 2005년 독일의 에드가르 비머(Edgar Biemer) 팀은 사고로 양팔을 잃은 54세의 남성 카를 메르크(Karl Merk)에게 양팔을 이식하는 수술을 시도하여 성공시켰다. http://news.bbc.co.uk/2/hi/8163735.stm 참조.

[2] 2008년 11월 스페인과 이탈리아, 영국 등 유럽 3개국 출신 과학자들로 이루어진 공동 연구진이 줄기세포를 이용해 만든 기관(氣管, trachea)을 환자에게 이식하는 데 성공했다. http://www.youtube.com/watch?v=XL72Dn3rJ_E&feature=fvw 참조.

이종이식의 걸림돌과 가능성

그중 하나가 이종이식(xenotransplantation, 異種移植)이다. 이종이식이란 말 그대로 종이 서로 다른 생물체 간에 장기를 이식하는 것이다. 인간뿐 아니라 돼지나 소에게도 심장과 간이 있기 때문이다. SF영화 속에서나 등장할 것 같은 이종이식은 이미 1900년대 초반 돼지의 신장을 신부전증 환자에게 이식하는 것에서부터 시작됐으며, 이후 침팬지·양·원숭이·비비의 신장, 간, 심장, 췌장, 골수 등을 인간 환자에게 이식하는 실험이 행해졌다. 안타까운 것은 대부분의 경우 동물 장기의 이식은 환자의 생명을 몇 시간에서 며칠 정도 연장시켰을 뿐 환자에게 새로운 삶을 가져다 주진 못했다는 점이다. 예외적으로 1963년 침팬지의 신장을 이식받은 환자가 9개월 동안 생존했던 사례가 있었지만, 이는 극히 드문 경우다. 이런 현상이 일어난 이유는 동물과 인간의 조직 적합성이 달라서 장기를 이식할 때 극심한 면역 거부 반응으로 생착에 실패했기 때문이었다.

이렇듯 이종장기 이식에서 격렬한 면역 반응이 나타나자 과학자들은 종 사이의 인식체계를 흔드는 방법을 연구하기 시작했다. 그리고 그 결과로 2002년 1월 미국 미주리 대학과 바이오벤처 이머지 바이오 세러퓨틱스(Immerge Bio Therapeutics) 사는 인체에 거부 반응을 일으키는 유전자를 제거한 복제돼지 네 마리를 세계 최초로 만들어낸다. 외부에서 다른 장기가 들어오면 인체의 면역계는 초급성, 급성, 만성이라는 3단계의 거부 현상을 보인다. 초급성 거부는 이식 수술이 끝나자마자 일어나는 격렬한 면역 반응으로, 일단 초급성 거부 반응이 시작되면 몇 시간 내에 이식된 장기를 잃게 되고 심하면 생명까지 잃을 수 있다. 초급성 거부 반응이 나타나면 이식된 장기를 제거하는 것 외에는 방법이 없다. 초급성 거부 반응을 넘겼다고 해도 수술 1~3개월 내에는 급성 거부 반응이 일어날 수 있지만, 다행히 급성 거부 반응은 사이클로스포린 등의 면역억제제를 이용하면 90퍼센트 이상은 회복이 가능하다. 따라서 문제는 초급성 거부 반응을 억제하는 것이다. 이는 너무 급하고 강렬하게 일어나 도저히 손쓸 도리가 없기 때문이다.

이머지 바이오 세러퓨틱스 사에서 만들어낸 복제돼지는 바로 인체의 초급성 거부 반응을 피하도록 유전자를 조작했다. 즉 인간의 면역체에는 없고 돼지에게만 있어서 인간의 면역체가 인식했을 때 격렬하게 거부하는 알파-1,3-갈락토오스(α-1,3-galactose)를 만들지 못하게 한 것이다. 이 돼지의 탄생이 주목받는 이유는, 돼지라면 모두 갖고 있는 알파-1,3-갈락토오스 없이도 건강하게 태어나준 데다가 인간의 장기를 대량으로 다양하게 돼지에서 얻을 수 있는 가능성에 한 발 더 다가갔기 때문이다. 앞으로 분자생물학의 기술이 더욱더 발전한다면, 장기이식용 돼지에 이식받는 사람의 유전자를 주입해 더욱더 안전하고 꼭 맞는 장기를 안정적으로 얻을 수 있는 날이 올 수도 있다.

이종이식이 성공한다면 인간이 이식용 장기를 안정적으로 확보할 수 있다는 장점이 있지만, 이종이식으로 인해 우리가 알지 못하는 바이러스나 미생물에 노출될 위험이 있다는 단점이 있다. 기존의 이종이식 사례 가운데 유인원의 장기를 이식받은 사람의 몸에서 유인원에게만 발견되는 바이러스가 검출된 적이 있었다. 즉, 종을 뛰어넘는 바이러스의 이동이 생각지도 못한 질병을 가져올 수 있다는 게 문제다. 예를 들어 현대의 흑사병 에이즈를 일으키는 인간 면역결핍 바이러스(human immunodeficiency virus, HIV)는 아프리카 푸른원숭이의 몸속에 존재하던 유인원 면역결핍 바이러스(simian immunodeficiency virus, SIV)의 변형이라고 알려져 있다. 하지만 원숭이는 SIV를 가져도 병에 걸리지 않는 반면 사람이 HIV에 감염되면 에이즈에 걸리게 되는 것처럼, 종을 뛰어넘는 바이러스의 이동에는 늘 위험이 도사리고 있다. 돼지에게서는 아직까지 HIV와 같은 질병 바이러스가 검출되지 않았지만, 실험실에서 돼지와 인간 세포를 섞어서 실험한 결과 돼지에게만 존재하던 바이러스가 인간 세포에도 침투할 수 있다는 사실이 관찰되었다. 따라서 이종이식이 자리 잡으려면 이러한 문제에 대한 확실한 실험과 논의가 뒷받침되어야 할 것이다.

안정적인 장기이식 수술을 위해 연구되고 있는 두 번째 분야는 생체재료이식이다. 생체에서 채취한 장기가 아니라 실험실에서 인위적으로 만들어낸 인공관절, 인공피부, 인공판막 등을 이식해 인체의 기능을 대신하도록 하는 것이다. 이 방법은 기존의 생체장기이식과 달리 면역 거부 반응을 걱정하지 않아도 되며, 안정적인 공급과 대량 생산이 가능해 이식 비용도 줄일 수 있다. 이 분야의 연구가 앞으로 더 발전한

"아, 이 순대는 인간 유전자를 주입한 돼지로 만든 거라 소화가 아주 잘된다니까!"

장기이식용 유전자 변이 동물은 면역 거부 반응을 최소화시켜줄 수 있다.

다면, 언젠가 인간은 기계장기의 도움으로 건강을 유지하는 시대가 올 수도 있다. 얼마 전까지만 해도 사이보그(cyborg)란 공상과학영화에서나 나올 법한 일이었지만, 최근의 연구 동향을 보면 생각보다 가까운 미래에 가능할지도 모를 일이다. 실제로 인공두뇌학 분야의 세계적 권위자인 영국 레딩 대학의 케빈 워릭(Kevin Worwick)은 자신의 팔 신경에 컴퓨터 칩을 이식하고 팔에서 내보내는 신호를 증폭해 외부에 있는 로봇 팔을 움직이는 실험에 이미 성공했다. 이 기술은 아직 초보 단계지만 성공만 한다면 치료 의학의 역사는 획기적인 전기를 맞이하게 될 것이다.

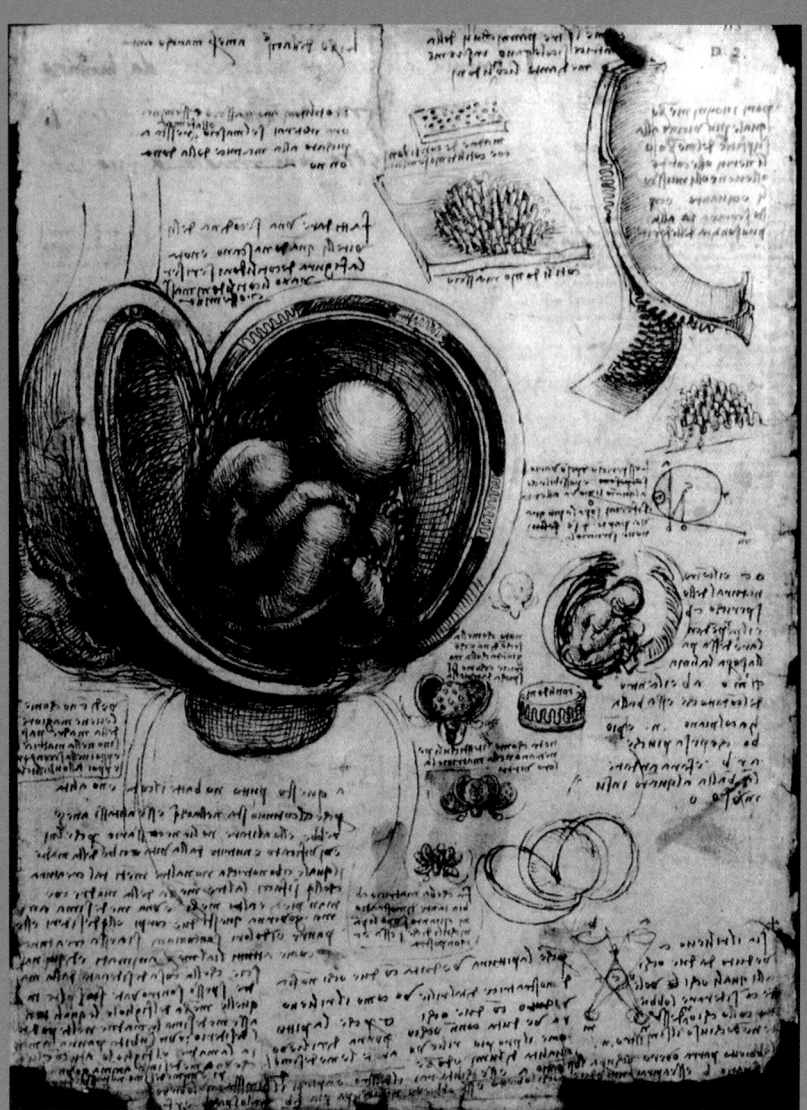

레오나르도 다빈치, 〈태아에 관한 연구〉, 1510년경

톰슨의 연구와 줄기세포
줄기세포를 이용한 치료의 가능성과 한계

    2008년 11월 흥미로운 사실 하나가 보도되었다. 스페인과 이탈리아, 영국 등 유럽 3개국 출신 과학자들로 이루어진 공동 연구팀이 줄기세포를 이용해 만든 기관(氣管, trachea)¹을 환자에게 성공적으로 이식하는 데 성공했다는 기사였다.

    이 기사의 발표에 한동안 우리나라를 떠들썩하게 만들었던 줄기세포 소동을 떠올리는 사람이 있었을 것이다. 그리고 개중에는 그때 그를 우리가 좀 더 믿어줬어야 했다고 아쉬워하는 사람도 있었을지 모른다. 하지만 이 실험에서 사용된 것들은 황우석의 배아줄기세포 연구와는 다른 것이다. 이 실험에 사용된 줄기세포는 성체의 골수에서 뽑아낸 성체줄기세포로, 줄기세포만으로 모든 것을 만들어낸 것이 아니라 기증자의 기관을 줄기세포로 메운 것이었다.

    이 실험은 오랫동안 결핵을 앓아 기관지가 심하게 손상된 환자를 대

두 개의 주기관지와 폐를 연결하는 길이 15센티미터에 지름 2~3센티미터 정도의 가느다란 관. 내부가 점막으로 덮여 있고 섬모가 나 있어 폐로 들어온 공기를 축축하게 하고 이물질을 걸러주는 역할을 한다.

세계 최초로 줄기세포로 만든 기관이식 수술을 받아 건강을 되찾은 클라우디아 카스틸로

상으로 이뤄진 실험이었다. 먼저 실험은 기증자로부터 기관을 기증 받은 뒤, 그대로 이식되었을 때 거부 반응을 일으킬 수 있는 세포를 제거해 콜라겐으로 만들어진 기본 골격만 남겨둔 것에서 시작되었다. 그리고 환자 자신의 골수에서 채취한 성체줄기세포를 이용해 상피세포 등을 만들어 그것을 뼈대만 남은 기관에 덮어 기관을 재생한 뒤 이를 환자에게 이식한 것이다. 즉, 이 경우에 줄기세포는 앞서 말한 장기이식술의 보조 형태로 이용되었던 것이다. 이것이 가능했던 이유는 기관이라는 조직이 비교적 모양이나 기능이 단순하고, 이를 이루는 세포의 종류가 몇 가지 되지 않았기 때문이었다. 줄기세포 소동 이후 여러 해가 흘렀지만, 아직까지도 줄기세포 연구 분야는 '비약적인 발전'이 아닌 '꾸준하지만 느린 전진'을 보이고 있을 뿐이다.

한때 전 국민이 줄기세포라는 상당히 전문적인 단어를 아무런 낯설음 없이 이야기하던 시절이 있었다. 그래도 줄기세포가 무엇인지에 대해서는 간단히 설명하고 넘어가고자 한다. 인간 모두는 난자와 정자가 만나 형성된 수정란에서 시작된다. 일찍이 수정란 발생 과정을 관찰하는 중에 수정란 발생 초기의 세포는 아직 어떤 세포로 분화될지 소속이 정해지지 않아서 어떤 세포라도 될 수 있다는 사실이 밝혀졌다. 나무에서 줄기가 뿌리와 가지를 이어주는 역할을 하듯, 이런 세포들도 역시 뿌리(수정란)에서 가지(분화된 세포들)를 연결해주는 역할을 한다고 해 이를 '줄기세포'라고 부른다. 줄기세포는 이를 채취하는 생명체의 발생 단계에 따라서 크게 두 가지로 나뉘는데, 배아에서 채취하면 배아줄기세포, 성체에서 추출하면 성체줄기세포라고 한다. 2008년 유럽 3개국 연합팀이 연구하여 장기이식에 성공한 것은 '성체줄기세포'인 데 반해, 2005년 우리나라를 떠들썩하게 만들었던 줄기세포는 '배아줄기

> **세포의 분화, 어떤 '라인'을 타느냐에 따라 달라진다**
>
> 수정란에서 초기 난할이 일어날 때 모든 세포의 가능성은 동일하다. 하지만 발생이 진행되는 과정에서 이 세포들은 초기의 동질성을 잃고 전혀 다른 세포로 분화되는데 과연 어떤 인자가 같은 세포들을 다른 세포들로 분화시키는 것일까?
>
> 세포의 분화는 다른 세포가 분비하는 자극물질에 의해 유도되기도 하지만, 가장 기본적으로 세포의 분화를 유도하는 요소는 바로 그 세포가 위치한 '자리'이다.
>
> 발생 초 포배기 당시 공 모양의 세포덩어리 중 중심 쪽에 위치한 세포는 내세포괴(inner cell mass)가 되어 태아로 자라나며, 외부 쪽으로 노출된 곳에 위치한 세포는 영양세포층(trophoblast)이 되어 태아를 감싸는 태반과 탯줄 조직으로 자라난다.
>
> 그리고 처음에는 하나로 뭉쳐져 있던 내세포괴도 시간이 지남에 따라 세 겹의 세포층으로 자리 잡게 되는데, 그중 가장 안쪽의 내배엽 쪽에 자리 잡은 세포들은 장차 소화기, 호흡기를 비롯한 내장기관을 만들게 되며, 가운데 중배엽의 세포들은 골격, 혈액, 근육, 신장 및 생식기로, 바깥쪽 외배엽의 세포들은 피부와 신경조직 등으로 발달하게 된다.

배아줄기세포와 성체줄기세포의 비교

구분	배아줄기세포	성체줄기세포
세포 기원	수정란	환자 자신의 세포, 탯줄이나 태반, 양막 등
세포 분화 가능성	모든 세포로 분화 가능	제한적인 분화
환자와의 면역학적 적합성	낮음	높음
윤리적 문제	많음	적음
암 발생 가능성	있음	있음
적용 범위	넓음	비교적 한정됨

세포'였다.

배아줄기세포는 처음 알려질 당시부터 커다란 가능성을 인정받았다. 성체줄기세포는 특정한 세포로만 분화할 수 있는 다소 제한적인 분화 능력을 가진 경우가 대부분이지만, 배아줄기세포는 이론적으로는 신체의 모든 세포로 분화할 수 있는 만능 분화 능력을 가진 세포이기 때문이었다. 처음 줄기세포의 존재가 밝혀진 이후부터 이에 대한 가능성은 계속 점쳐졌지만, 막상 현실화된 것은 그리 오래지 않은 일이다. 가장 큰 난관은 줄기세포만 따로 인공적으로 배양해서 분화시키는 것이 쉽지 않다는 사실이었다. 줄기세포의 인공배양을 처음으로 성공시킨 것은 1998년의 일로, 미국 위스콘신 대학의 발달생물학자 제임스 톰슨(James Thomson) 연구팀이 줄기세포의 인공배양과 인위적인 분화를 성공시켰다.

이후 여러 연구자들의 노력으로 배아줄기세포의 성공적인 배양과 세포 분화가 자리 잡게 되었다. 그런데 배아줄기세포는 질병 치료에의 가능성은 뛰어나지만, 근본적으로 두 가지 문제점을 지니고 있었다.

첫째는 면역학적 문제로 인한 줄기세포의 이식 적합성 문제였다. 배아줄기세포는 난자와 정자를 수정시킨 뒤 이 수정란을 발생시켜 얻는다. 그런데 이 경우 이식을 필요로 하는 환자와 면역학적으로 전혀 다를 수 있다. 혹시 환자에게서 난자나 정자 중 하나를 얻어서 시도한다고 하더라도 이식 대상자와 면역학적으로 완전히 일치하는 줄기세포를 얻기란 매우 어렵다. 배아줄기세포 연구를 하는 근본적인 이유가, 신체의 망가진 장기를 대신하기 위해서인데 면역학적으로 맞지 않는 장기라면 실질적인 활용 가능성이 떨어진다.

하지만 우리가 생명의 비밀을 좀 더 많이 밝혀낸다면 면역학적 문제는 해소될 수도 있기 때문에, 배아줄기세포의 연구에서는 오히려 두 번째 문제가 더 큰 걸림돌로 작용한다. 배아줄기세포는 수정 후 수일이 지난 배아에게서 얻어야 하기 때문에, 이 과정에서 불가피하게 배아가 파괴될 수 있다. 현재 실험실에서 인공적으로 난자와 정자를 수정시킨 수정란이 줄기세포 연구보다는 체외수정을 통한 시험관 아기 탄생에 더 많이 쓰인다는 점을 고려할 필요가 있다. 누군가의 자궁에 착상되면 한 사람의 건강한 아이로 자라날 수 있는 수정란인데 이것을 연구 목적으로 인위적으로 파괴한다는 것은 한 사람의 생명을 살리기 위해 다른—그것도 아직 태어나지도 못한 어린—생명을 파괴한다는 문제가 생긴다. 이 과정에서 발생하는 윤리적·도덕적 문제는 근본적으로 인간의 탄생 과정이 바뀌지 않는 한 해결될 수 없는 것이어서 더욱 큰 난관으로 작용하고 있다.

이러한 문제들 때문인지 초기에는 '만능 분화 능력'이라는 매력에 이끌려 배아줄기세포에 집중하던 연구의 방향이 최근에는 면역학적 문제도 적고 윤리적 문제도 없는 성체줄기세포 연구 쪽으로 바뀌는 듯하다. 성인이 되더라도 신체의 일부 세포 중에 제한적이지만 다른 세포로 분화할 수 있는 능력을 지닌 세포가 있다. 예를 들어 혈액세포로 분화할 수 있는 골수조직의 조혈모세포가 바로 그것이다. 이것은 환자 자신에게서 직접 뽑아낼 수 있으므로 면역학적 문제도 적고 배아를 파괴하거나 다른 생명을 이용하는 것이 아니기에 윤리적 논란에서도 자유롭다. 물론 배아줄기세포와는 달리 성체줄기세포는 분화될 수 있는 세포의 종류가 한정되어 있다. 하지만 중간엽세포, 피부세포, 지방세포, 간세포, 뇌세포, 근육세포 등에도 수는 적지만 성체줄기세포가 존재하기 때문에 제한된 분화 능력이라는 문제를 어느 정도 해결해주고 있다.

성체줄기세포가 각광 받기 시작하면서 덩달아 '귀하신 몸'이 된 조직이 있으니 바로 탯줄과 태반, 양막 같은 출산 부산물이다. 오랫동안 이것들은 출산 이후에는 쓸모가 없는 것으로 여겨져 폐기처분되어왔지만, 최근 들어 이들 속에 줄기세포가 포함되어 있다는 사실이 알려지면서 대접이 달라졌다. 탯줄에서 얻은 혈액인 제대혈 속에 든 조혈모세포와 양막에 풍부하게 들어 있는 중간엽줄기세포(mesenchymal stem cell)가 뛰어난 줄기세포 공급원으로 각광받고 있는 것이다.

줄기세포 연구는 인류를 오랫동안 괴롭혀왔던 각종 질병들로부터 벗어나 건강한 삶을 영위하게 해줄 수 있는 가장 강력한 후보임에 틀림없다. 그러나 기존의 다양한 치료법과는 달리 치료 대상은 물론이거니와 치료 물질 자체도 인간 그 자신이기 때문에 그만큼 파생되는 문제점도 다양하다.

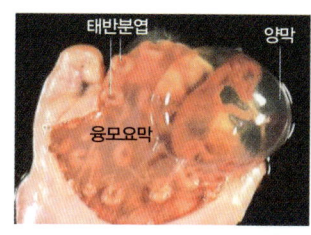

임신 50일째의 양의 태아. 얇지만 질긴 막인 양막(羊膜)에 싸여 있는 모습이 보인다. 양막은 척추동물의 태아를 감싸고 있는 얇은 막으로 내부에 양수가 들어 있어 태아를 보호한다. 사람도 태아일 때 양막에 싸여 있으며, 출산할 때 양막은 아기와 함께 배출된다. 이 양막 속에는 분화 능력을 지닌 중간엽줄기세포가 포함되어 있다.

또한 이 분야의 연구는 이제 겨우 10여 년의 짧은 역사를 가지고 있는데다, 아직 인체의 모든 메커니즘이 완전히 파악된 것이 아니기 때문에 이를 사람에게 적용하는 과정에서 어떤 부작용이나 문제점이 생겨날지조차 알 수 없는 상황이다. 최근에는 줄기세포를 억지로 분화시키면 세포의 사멸주기에 영향을 미쳐 암세포로 변이되는 경우가 종종 발생한다고 보고되고 있어 더더욱 이 분야의 현실적 적용은 신중해야 된다는 필요성이 대두되고 있다. 느리더라도 꾸준한 발걸음으로 하루하루 전진하는 것, 그것이 줄기세포 연구에도 최선의 방침임을 기억해야 할 것이다.

반 고흐, 〈아를 시의 병원〉, 1889년

유전자 속에 숨은 비밀

유전자 치료의 의미와 과정

아이를 낳고 닷새째 되던 날, 갓난아이를 안고 다시 병원을 방문해 선천성 대사이상 검사를 받았다. 선천성 대사이상(先天性代謝異常, congenital metabolic abnormality)이란 체내에서 중요한 작용을 하는 효소 혹은 단백질이 선천적으로 이상을 나타내는 유전성 질환이다. 선천성 대사이상은 유전성 질환이기에 근본적인 치료는 어렵지만, 신생아 때 이상을 빨리 발견해서 적절하게 대응하면 이상의 정도를 최소한으로 낮출 수 있는 것들이 있다. 예를 들어 필수아미노산의 일종인 페닐알라닌(phenylalanine)을 분해하는 효소에 이상이 생겨 나타나는 페닐케톤뇨증(phenylketonuria)은 그대로 방치하면 경련과 심각한 정신지체를 나타내게 되지만, 생후 1개월 이내 발견해 적절하게 대응하면—페닐알라닌을 빼거나 극히 일부만을 먹는 식이요법을 유지하면—정상 지능을 가지고 살아갈 수 있다. 따라서 선천성 대사이상은 조기 발견이 매우 중요한데, 검사법은 비교적 간단한 편이다. 신생아의 발뒤꿈치를 찔러 피만 두세 방울 얻으면 약 40여 종의 선천성 대사이상 검사를 할 수 있다.

분자생물학과 의학유전학의 발달로 유전자의 이상으로 인해 발생하는 질병의 비밀이 벗겨지기 시작하자 사람들은 유전자 치료(gene therapy)에 관심을 가지게 되었다. 유전자 치료란 말 그대로 이상이 생긴 유전자 자체를 치료 대상으로 삼는 것이다. 외부에서 유전자를 주입해 이상이 일어난 유전자를 대체하는 방법을 통해 이상이 생긴 유전자가 만들어내어야 할 단백질을 대신 만들도록 해서 질병을 치료하는 것이다. 유전 질환은 그 종류에 따라 조금 다르긴 하지만, 대체적으로 치료가 극히 힘들어서 지금까지는 근본적인 치료가 아니라 증상만 교정하는 대증요법 수준에 머무르는 경우가 대부분이다.

이런 상황에서 유전자 치료는 유전 질환을 근본적으로 치료할 수 있는 가장 효과적이며 거의 유일한 치료법으로 주목을 받기 시작했다. 예를 들어 유전 질환의 하나인 고셔병(Gaucher disease)은 체내에 꼭 필요한 글루코세레브로시다아제(Glucocerebrosidase, GC)라는 효소의 부족으로 일어나는 질병이다. 현재 고셔병을 치료하는 가장 좋은 방법은 체내에서 만들지 못하는 글루코세레브로시다아제를 계속해서 주입해주는 것이다. 하지만 이 방법이 아무리 효과가 좋다고 하더라도 근본적인 치료법은 되지 못한다. 글루코세레브로시다아제는 인간이 살아 있는 한 계속해서 필요한 효소이기 때문에, 고셔병 환자는 끊임없이 효소를 주입받아야 한다. 따라서 유전 질환의 가장 근본적인 치료법은 유전자 치료일 것이다. 유전자 이상으로 일어난 질병이니만큼, 이상이 생긴 유전자를 정상적인 것으로 교체한다면 질병이 근본적으로 치료

될 테니까 말이다. 또한 유전자 치료는 선천성 유전 질환뿐 아니라 암을 비롯한 다양한 난치성 질환의 치료에도 매우 효과적인 방법이어서 이에 대한 관심이 매우 높아지고 있다.

유전자 치료라는 개념이 등장한 것은 1950년대부터였지만, 기술적 난점들로 인해 시행되지 못하다가, 1980년대 유전자 운반체인 '벡터(vector)'가 개발되자 비로소 조금씩 현실화되기 시작했다. 유전자 치료 과정을 간단히 요약하면 다음과 같다.

특정 유전 질환을 가진 사람에게서 이상이 생긴 유전자를 찾아내어 이를 교정하기 위해 이상이 없는 유전자를 정상세포에서 잘라내거나 합성한다. 그 다음에 이 치료용 유전자를 유전자 운반체인 벡터와 결합시켜 인체에 주입한다. 물론 유전자 치료를 해야 하는 세포의 수가 매우 많기 때문에 중간에 이들을 증폭시키는 과정도 필요하다. 그렇게 체내로 주입된 치료용 유전자가 원하는 표적세포에 달라붙어 세포 안으로 유입되고 다시 세포가 가진 DNA 속으로 끼어들어가 정상적으로 단백질이나 효소를 생산하게 만들면 유전자 치료는 성공인 것이다.

이렇게 설명하면 간단하지만, 실제 유전자 치료는 그렇게 호락호락하지 않다. 유전자 치료에서 가장 어려운 문제는 어떻게 정상적인 유전자를 세포핵 속으로 주입시켜 발현하도록 만드느냐는 것이다. 눈에 보이지도 않을 만큼 작고 수없이 많은 세포들 하나하나에 직접 유전자를 주입한다는 것은 불가능한 일이다. 게다가 주입된 유전자가 파괴되지 않고 제대로 기능을 수행하도록 만드는 것은 정말 어려운 일이다. 따

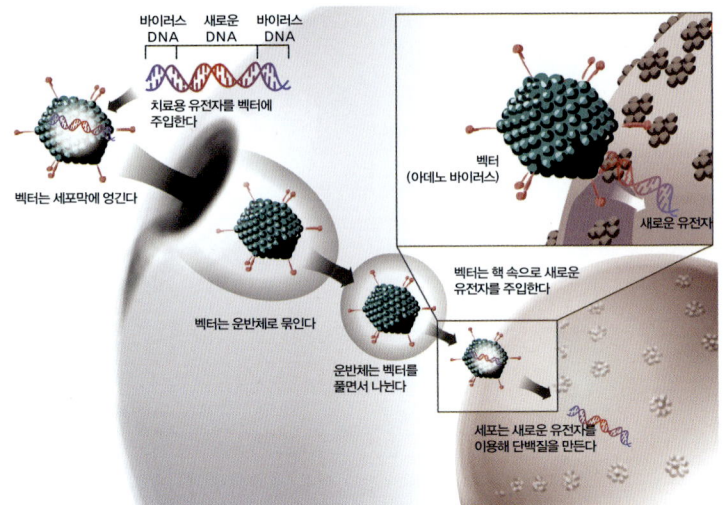

벡터를 이용한 유전자 치료

  라서 유전자 치료를 현실화시키기 위해 가장 중요한 것은 유전자를 무사히 세포 속으로 운반한 뒤 이 유전자가 깨지지 않고 발현될 수 있도록 도와주는 성능 좋은 벡터를 제작하는 일이다. 다행스럽게도 우리 주변에는 이런 복잡한 기능을 자연스레 해내는 녀석이 있다. 바로 바이러스다.

  앞서 말했듯이 바이러스는 숙주세포 속으로 들어가면 자신의 유전물질을 숙주세포의 DNA 속에 끼워 넣어 발현시키는 특성을 지니고 있다. 따라서 바이러스의 이런 특성을 이용하면 유전자 치료나 형질 전환 실험에서 유전자를 안전하게 운반하는 벡터를 만들 수 있다. 바이러스의 유전물질을 분리한 후 그 유전물질 중 사람 몸속으로 들어가서 독

▎세포는 외부의 유전자가 끼어들어와 유전정보를 혼란시키는 것을 막기 위해 외부에서 유입된 유전자를 잘라버리는 효소를 가지고 있다.

성을 나타내는 부분은 빼버리고, 대신 그 부위에 우리가 원하는 유전자를 집어넣는 것이다. 즉, 인체세포에 달라붙고 유전물질을 DNA 속으로 끼어들어가도록 도와주는 부분은 그대로 둔 채 조작하면, 일부러 시키지 않아도 알아서 인체세포에 달라붙어 세포 안으로 들어가서 필요한 유전자만 인간의 DNA 속에 끼워넣어 발현시키도록 하는 '말 잘 듣는' 바이러스 벡터를 만들 수 있다.

바이러스를 이용한 효과적이면서도 인체에 무해하다고 여겨지는 벡터가 제작되자 1990년 캘리포니아 대학의 프렌치 앤더슨(French Anderson)은 중증복합 면역결핍증(severe combined immunodeficiency, ADA 결핍증)에 걸린 네 살 난 애시 데실바(Ashi Desilva)라는 여자아이에게 유전자 치료를 시도했다. 중증복합 면역결핍증이란 아데노신 디아미나제(adenosine deaminase, ADA)라는 효소를 만드는 유전자에 이상이 생겨 발생하는 선천성 유전 질환으로, 이 효소가 없으면 면역작용을 하는 백혈구에 독성물질이 축적되어 백혈구가 죽고 면역력이 심각하게 저하된다. 따라서 이 질환을 가지고 태어난 아이는 면역세포인 백혈구의 부족으로 세균 감염이 잘 일어나고 한 번 감염되면 잘 낫지 않아 생명의 위협을 받는다.

앤더슨은 애시의 몸에서 고장 난 백혈구를 채취한 후 여기에 정상적인 유전자를 주입해 유전자 치료를 한 뒤 다시 애시의 몸속으로 주입하는 방법으로 유전자 치료를 시도했다. 이렇게 치료된 유전자를 주입받은 애시는 건강을 되찾았고, 4개월 뒤 역시 ADA 결핍증을 앓고

1993년 병을 이겨낸 건강한 모습의 애시(오른쪽)와 신디(왼쪽).

있던 아홉 살 난 신디 컷샬(Cindy Cutshall)도 같은 치료 방법으로 건강을 되찾았다.

애시와 신디의 유전자 치료 성공은 그동안 마땅한 치료법이 없어서 고통받고 있던 수많은 난치병 환자에게 한 가닥 희망을 심어주었다. 이제 난치병을 근본적으로 치료할 수 있는 길이 열렸다고 생각했던 것이다.

하지만 미래는 생각했던 것만큼 평탄하지는 않았다. 1999년 9월 미국에서 한 소년이 숨지는 불행한 사고가 일어났다. 당시 18살이었던 제시 겔싱어(Jesse Gelsinger)는 유전 질환인 오르니틴 트랜스카바밀레이즈(ornithine transcarbamylase, OTC) 결핍증을 앓고 있었다. 단백질이 소화될 때 부산물로 발생하는 암모니아는 독성이 매우 강하기 때문에 우리의 몸은 암모니아를 독성이 약한 요소로 바꾼 뒤 소변을 통해 배출하는 시스템을 갖추고 있다. OTC 결핍증이란 암모니아를 요소로 바꾸는 효소인 OTC가 제 기능을 하지 못하는 유전성 질환이다. 하지만 OTC 결핍증은 ADA 결핍증과는 달리 치명적인 유전 질환은 아니었다. 물론 OTC 결핍증 환자를 그대로 내버려두는 것은 위험하지만, 단백질을 제한하는 식이요법을 실시해 암모니아의 발생을 방지한다면 비교적 정상적인 삶을 살 수도 있는 질환이었다. 그럼에도 불구하고 평평범한 소년으로 살고 싶었던 제시는 자발적으로 유전자 치료에 응했고, 안타깝게도 유전자 치료를 시작한 지 겨우 사흘 만에 부작용으로 사망했다. 이로 인해 유전자 치료에 대한 안전성 논란이 크게 일었고 유전자 치료에 대한 비관적인 전망이 제시되기도 했다.

제시가 숨진 이유는 유전자 치료에서 유전자 운반체로 사용되었던 아데노 바이러스 때문이었다. 유전자 치료 과정에서 제시에게 OTC 유전자가 담긴 아데노 바이러스가 주입되었다. 원래 OTC 결핍증을 치료하기 위해서 OTC 유전자는 인간의 간세포에만 침투해야 한다. 그런데 아데노 바이러스가 간세포뿐 아니라 다른 세포에도 침투하면서 문제가 커졌던 것이었다. 또한 제시를 담당했던 연구자들이 유전자 치료의 임상시험 원리를 제대로 지키지 않은 채 너무 많은 양의 아데노 바이러스 벡터를 주입했던 것도 문제였다. 원래의 유전자를 제거해 독성을 없앤 바이러스라고 하더라도 갑자기 많은 양이 체내에 유입되자 이 바이러스를 외부 물질로 인식한 인체의 면역계가 격렬한 면역 반응을 일으켰고, 제시는 이로 인해 사망했던 것이다.

제시 겔싱어의 안타까운 죽음은 장밋빛 미래를 약속할 것으로만 보였던 유전자 치료 분야에 그늘을 드리웠다. 아울러 생명이 가진 내부 시스템은 매우 복잡해서 우리가 전혀 예상하지 못했던 결과를 가져올 수도 있다는 것을 알려준 뼈아픈 사례가 되었다. 생명을 다루는 실험에는 연습이란 없고 실수는 곧 죽음으로 이어질 수 있다는 것을 일깨워줌으로써 인간을 대상으로 생명과학을 적용은 매우 조심스럽고 사려 깊게 이루어져야 한다는 것을 알려주었다.

  제시의 죽음 이후에도 유전자 치료에 대한 임상시험은 꾸준히 이루어졌다. 자료에 따르면 2005년 7월 기준으로 전 세계적으로 진행 중이거나 완료된 유전자 치료 임상시험은 총 1,076건으로 약 3,000여 명의 환자를 대상으로 실시되었다. 그러나 2002년과 2003년에 면역결핍증을 치료하기 위해 유전자 치료를 받던 환자들이 연달아 백혈병에 걸리면서 유전자 치료는 또 한 번의 고비를 맞았다. 면역결핍증에 대한 유전자 치료가 왜 백혈병을 일으키게 되었는지 그 과정은 명확치는 않으나, 연구자들은 면역결핍증을 치료하기 위해 백혈구를 꺼내 유전자를 주입하는 과정에서 주입된 유전자가 우연히 암을 발생시킬 수 있는 유전자 옆으로 끼어들어갔고 두 유전자가 동시에 발현됨에 따라 백혈병이 일어난 것으로 추측하고 있다.

  이처럼 유전자 치료는 그 대단한 가능성에도 불구하고 부작용이 발생할 확률이 높고 인체의 모든 시스템을 완벽히 이해하고 있지 못하다는 한계와 맞물려 아직까지도 '실험적인 수준'에 놓여 있는 상태다. 하지만 인류는 지금껏 해왔던 그대로 새로운 발견과 결과를 위해 여러 가지 시행착오를 겪으며 꾸준히 나아가고 있는 중이다.

"아빠, 날 고쳐주실 거죠?"
"…모든 세 칸짜리 블록을 네 칸짜리로 바꾸어야 한다…
이거 어렵겠는걸."

유전자 치료: 이미 만들어진 세포들의 유전자를 바꾸는 것은 쉽지 않다.

참고문헌

단행본
고려대학교 생물학과 교수실, 『대학생물학』, 고려대학교출판부, 2007
레이첼 카슨, 김은령 옮김, 『침묵의 봄』, 에코리브르, 2002
리처드 로즈, 안정희 옮김, 『죽음의 향연』, 사이언스북스, 2006
매트 리들리, 김윤택 옮김, 『붉은 여왕』, 김영사, 2006
메리언 켄들, 이성호·최돈찬 옮김, 『세포전쟁』, 궁리, 2004
브린 바그너, 김율희 옮김, 『세계사를 바꾼 전염병들』, 다른, 2006
셸던 와츠, 태경섭·한창호 옮김, 『전염병과 역사』, 모티브북, 2009
에드워드 골럽, 예병일 외 옮김, 『의학의 과학적 한계』, 몸과 마음, 2001
예병일, 『현대의학, 그 위대한 도전의 역사』, 사이언스북스, 2004
윌리엄 맥닐, 허정 옮김, 『전염병과 인류의 역사』, 한울, 2009
제니퍼 애커먼, 지우기 옮김, 『유전, 운명과 우연의 자연사』, 양문, 2003
제러드 다이아몬드, 김진준 옮김, 『총, 균, 쇠』, 문학사상사, 2005
크리스티안 베이마이어, 송소민 옮김, 『의학사를 이끈 20인의 실험과 도전』, 주니어김영사, 2010
테오 콜본 외, 권복규 옮김, 『도둑맞은 미래』, 사이언스북스, 1997
폴 이왈드, 이충 옮김, 『전염병 시대』, 소소, 2005
한양대학교 과학철학교육위원회, 『과학기술의 철학적 이해』, 한양대학교출판부, 2010
황상익, 『인물로 보는 의학의 역사』, 여문각, 2004

논문
강미정, 「유전자 치료에 대한 윤리적 고찰」, 생명윤리 제1권 제1호, 2000
곽노훈, 「당뇨망막병증에 있어서 혈관신생연구」, 대한내분비학회지 제16권 제3호, 2001
권준혁 외, 「간세포 이식」, 대한이식학회지 제23권 제1호, 2009
김금순 외, 「장기이식 후 면역억제제 사용에 따른 증상 경험」, 대한이식학회지 제16권 제1호, 2002
김명희, 「생체장기이식」, 한국생명윤리학회 가을모임, 2003
김미자 외, 「Neuropeptide Y에 의한 식욕조절 관찰연구」, 한국영양학회지 제34권 제7호, 2001
김민선, 「반복적인 금식으로 인한 렙틴 농도의 변동이 렙틴 감수성에 미치는 영향」, 대한내

분비학회지 제23권 제5호, 2008
김상희 외, 「항생물질 생성 균주의 선별 및 성질」, 기초과학연구 제11집, 2000
김선희, 「외국의 장기 이식 제도」, 2007년 발표, www.konos.go.kr/doc/20071115-4.ppt
김송철 외, 「장기이식시 초급성 및 가속성 거부반응에 대한 Intravenous Immunoglobulin 의 효과에 관한 실험 연구」, 대한이식학회지 제15권 제2호, 2001
김영희, 「선천면역 및 적응면역에서 비만세포의 기능」, 생명과학회지 제18권 제6호, 2008
김용운, 「렙틴 저항성」, 대한내분비학회지 제22권 제5호, 2007
김우경, 「소아 식품알레르기의 진단과 치료」, 소아알레르기호흡기 제16권 제4호, 2006
김은선 외, 「유전자 치료제」, 한국과학기술정보연구원 보고서, 2002
김종수 외, 「선천성 기형에 관한 임상연구」, 대한산부인과학회지 제45권 제1호, 2002
김진욱 외, 「박테리아 생체막에 대한 항생제 내성 연구」, 한국환경성돌연변이발암원학회 제25권 제4호, 2005
류병호, 「내분비교란물질이 야생동물 및 인간의 내분비 기능과 생식기능에 미치는 영향」, 한국식품영양과학회지 제28권 제5호, 1999
박상현 외, 「혈관염으로 오인된 괴혈병 1 례」, 대한내과학회지 제54권 제5호, 1998
박성규 외, 「조혈모세포이식에서의 중간엽 줄기세포의 역할」, 대한내과학회지 제65권 제3호, 2003
박성규, 원종호, 「조혈모세포이식 영역에서의 세포치료」, 대한이식학회지 제22권 제1호, 2008
박정규 외, 「이종장기이식의 현황과 전망」, 대한이식학회지 제23권 제3호, 2009
박정규, 「이식면역학의 역사적 고찰」, 대한면역학회지 제4권 제1호, 2004
박태철, 「한국 여성 자궁경부 종양 환자에서 인유두종 바이러스 유전자형 분석」, 대한부인종양콜포스코피학회, 2003
박태호, 「병원성 세균과 인간의 끝없는 경쟁」, http://www.sciencetouch.net
배용수, 「백신 개발의 역사와 AIDS 백신 개발의 전망」, 고분자과학과 기술 제11권 제3호, 2000
송기준, 「병원성 미생물의 계통 분석의 향후 전망」, 대한감염학회·대한화학요법학회 추계 학술대회, 1995
송영구, 「전염병의 역사는 진행 중」, 대한내과학회지 제68권 제2호, 2005
신영준 외, 「항곰팡이성 항생물질을 생산하는 균주의 분리 및 동정」, 한국식품영양학회지 제

19권 제5호, 2000
신정은 외, 「소아 아토피피부염에서 아토피성과 비아토피성의 중증도와 검사소견의 비교」, 소아알레르기호흡기 제18권 제3호, 2005
심경원 외, 「체질량지수와 질병 이환의 관련성」, 대한비만학회지 제10권 제2호, 2001
양준원 외, 「비만한 성인의 혈장 Ghrelin 농도」, 대한비만학회지 제14권 제1호, 2005
오세일 외, 「한국의 심장이식 성적」, 대한내과학회지 제60권 제3호, 2001
유용규, 「종양 유전자 치료에 대한 이해」, 동물임상의학 제6권 제4호, 2008
윤동영 외, 「수리조선업 근로자의 석면에 의한 직업성 폐암 발생 증례」, 대한산업의학회지 제16권 제4호, 2004
윤영선 외, 「양막 및 탈락막 유래 중간엽 줄기세포의 분리 및 특성 규명」, 대한산부인과학회지 제51권 제11호, 2008
윤용달, 「내분비 장애물질, 환경호르몬이 야생동물의 생식과 발생에 미치는 영향」, 발생과 생식 제2권 제2호, 1998
윤종택, 「장기이식과 체세포 복제 돼지의 이용」, 중앙대학교 유전공학연구논집 제14권 제1호, 2001
이광수 외, 「이종장기이식을 위한 다단계 거부반응의 조절」, 충남대 약학논문집 제21권, 2006
이도연 외, 「아밀로이드 베타 단백질을 이용한 알츠하이머 모델에서 유도되는 신경세포 사멸에 대한 피브로인 BF-7의 뇌기능 보호작용에 관한 연구」, 대한해부학회지 제40권 제1호, 2007
이동건 외, 「항생제의 약동학/약역학」, 감염과 화학요법 제40권 제3호, 2008
이상일, 「식품과 알레르기」, 한국식품위생안전성학회지 제1권 제2호, 2007
이상호, 「줄기세포와 장기이식」, 경의의학 제21권 제2호, 2005
이상화, 「노화와 호르몬 치료」, 가정의학회지 제24권 제7호, 2003
이원영, 「인슐린과 심혈관 질환」, 대한내분비학회지 제19권 제6호, 2004
이철상, 「배아줄기세포 유래 신경계세포에서의 세포사멸 연구와 그 응용」, 발생과 생식 제12권 제1호, 2008
정선식, 「항생제의 내성 기전」, 가정의학회지 제16권 제3호, 1995
정선영 외, 「관상동맥 중재술을 받은 급성 심근경색증 환자에서 체질량지수의 영향」, 대한내과학회지 제73권 제6호, 2007

정인재, 「아데노 바이러스 유전자 치료제의 독성」, 환경독성보건학회지 제24권 제1호, 2009
정진섭, 「지방유래 중간엽줄기세포」, 대한이식학회지 제22권 제2호, 2008
정희태, 「장기이식용 돼지 복제생산의 의미와 전망」, 공학교육, 제9권 제1호, 2002
조명수 외, 「파킨슨병에 인간 배아줄기세포를 적용한 연구 동향」, 인구의학연구논집 제19권, 2006
조원현 외, 「국내 장기기증 활성화를 위한 방안」, 대한이식학회지 제23권 제1호, 2009
조진만 외, 「관상동맥 질환으로 입원한 한국인 환자의 임상양상과 예후인자」, 대한내과학회지 제73권 제2호, 2007
조형훈 외, 「망막색소상피변성 환자에서 줄기세포 이식」, 대한안과학회지 제47권 제12호, 2006
한국독성학회, 「내분비계 장애물질이란?」, 한국독성학회보 제12권 제3호, 1998
황만성, 「착상전 유전자진단의 활용과 형사책임」, 법학연구 제28권, 2007

기사
Devauchelle, 「First human face allograft: early report」, *Lancet*, 2006 Jul 15;368(9531):203~209
Miranda Hitti, 「1st Trachea Transplant From Stem Cells」, *WebMD*, Nov. 19, 2008
김철중, 「길거리 심장마비 환자 살리는 '자동 제세동기'」, 조선일보 2010. 7. 24
박민수, 「내 몸 지키는 식욕 호르몬」, 과학동아, 2008. 7
성영철, 「천연두가 지구에서 사라진 이유」, 과학동아, 2003. 3
신동천, 「전자파에서 벤젠까지, 환경 속 발암물질들」, 과학동아, 1995. 6
심재훈, 김용래, 「작년 하루 평균 677명 사망…자살만 42명」, 연합뉴스, 2010. 9. 10
이상엽, 「유전자 운반해서 암 치료한다」, 과학동아, 2006. 1
이준덕, 「양날의 검, 항생제」, 과학동아, 2008. 9
조필헌, 「2008년 태어난 여아 평균 수명은 '83세'」, 디지털청년의사, 2009. 12. 9
허균, 「알츠하이머병, 마음도 늙는다」, 과학동아 1995. 2

기타 자료
http://shindonga.donga.com/docs/magazine/shin/2008/12/05/200812050500009/200812050500009_2.html

BBC뉴스 http://news.bbc.co.uk
Bubble Boy : 텍사스 어린이병원 http://www.texaschildrenshospital.org/Web/
    50years/patients_david.htm
건강과 과학 http://hs.or.kr
과학신문 사이언스타임즈 http://www.sciencetimes.co.kr
과학포털 사이언스올 http://www.scienceall.com
국립장기이식관리센터 http://www.konos.go.kr
네이처 http://www.pbs.org/wnet/nature
대한비만학회 http://www.kosso.or.kr
동아사이언스 www.dongascience.com
바이오안정성정보센터 http://www.niab.go.kr
보건사회연구원 www.kihasa.re.kr
사이언스 www.sciencemag.org
생물학정보 연구센터 http://bric.postech.ac.kr
서울대 의대 이왕재 교수 홈페이지 http://doctorvitamin-c.co.kr
서울줄기세포보관은행 http://stemcell.seoulcord.co.kr
식약청 kfda.korea.kr
식품나라 www.foodnara.go.kr
아산병원 유전체 연구센터 http://amcgenome.org
아테네 역병, 「Typhoid May Have Caused Fall of Athens, Study Finds」, National
    Geographic, Feb. 27, 2006
엔사이버 백과사전 www.encyber.com
전문의료정보 메드시티 www.medcity.com
치매노인 실태조사 및 관리대책, 한국보건사회연구원, 1998
통계청 http://kostat.go.kr
한국인영양섭취기준(KDRIs, Dietary Reference Intakes for Koreans), 한국영양학회 · 한
    국인영양섭취기준위원회, 2005
항생제 내성균주은행 http://knrrb.knrrc.or.kr

찾아보기

ㄱ

가슴샘 186
가이듀섹, 칼턴 81
가족성 용종증 106~108
각기병 276~278, 280~281, 283
갈레노스 165~166
개똥쑥 64
거인증 268
게이츠, 멜린다 63
게이츠, 빌 63
결핵 21, 24, 36, 114, 165, 178, 212, 214, 229, 232, 236, 241, 276, 301
고셔병 310
고양이 해면상 뇌증 82
고지혈증 147, 174
고혈압 140, 147~148, 165
관찰의 이론 적재성 280
광우병 26, 77~78, 81~84, 269
괴혈병 278~279, 281, 283
교감신경 170
교세포 129
그렐린 142~143
글루카곤 143, 153, 267
글루코세레브로시다아제 310
글리코겐 144, 152~153
기생체 24, 41
기억 세포 209
깁슨, 토머스 290

ㄴ

나이서, 알베르트 275
나일론 75
내분비계 교란물질 27, 70~74, 95
내분비선 71, 265~266
내성 51~55, 64, 149, 237, 239, 247~248
내세포괴 303
냉점 252
넬스, 사라 207
노화 124, 134
뉴라이니다아제 88
뉴로펩타이드 143

ㄷ

다메섹, 윌리엄 291
다운, 랭던 195~196
다운증후군 195~198
다이아몬드, 제러드 33~35
　~의 『총, 균, 쇠』 33~34
다이옥신 70~71, 73~74, 109, 112
다이클록사실린 234
단백질 24, 26, 77~80, 84, 88, 126, 146, 198, 208, 212, 227, 235, 242~244, 246, 265, 272, 281, 283, 309~310, 312, 314
당뇨(병) 140, 145, 147~148, 151~161, 165, 194, 265, 270
대순환 169
대식세포 180, 210

돌연변이 99, 105, 109, 114, 119, 197
동맥경화 174
두창 14, 25, 29, 32~33, 36~37, 39, 45, 58, 114, 121, 205~208, 211~214
듀마노스키, 다이앤 69
드보셀, 베르나르 288
디누아르, 이자벨 288
디코폴 72

ㄹ

라듐 109~111, 113~114
라부아지에, 앙투안 67
라이증후군 260
랑게르한스섬 154~156, 266
랙스, 헨리에타 100
레디, 프란체스코 19
레이우엔훅, 안톤 판 17, 275
렙틴 142~144
로스, 로널드 61
루피니소체 252
류머티즘 183
르쥔, 제롬 196~197
리들리, 매트 48~49
　~의 『붉은 여왕』 48
리스터, 조지프 223~225, 227, 230
린드, 제임스 278~279
릴렌자 25, 89
릴케, 라이너 마리아 236

ㅁ

마마 14, 177, 213
마법의 탄환 51, 55, 231~233
마이어, 존 피터슨 69
만능 분화 능력 304, 306
말단비대증 267~268
말라리아 26, 32, 36, 56~64, 68, 92
말라리아 원충 26, 58~59, 61~62
말초신경계 127~128, 130
말피기, 마르첼로 167
메더워, 피터 브라이언 290
메르켈소체 252
메링, 조제프 154, 161
메티실린 52, 234
멕시코 독감 90
면역거부 반응 288
면역계 32, 41~42, 44, 73, 113, 118~119, 177, 179, 181~191, 209, 292, 295, 315
면역글로불린 179~183
면역억제제 112, 288, 290~292, 296
면역요법 188, 190
멸균 24, 221, 223~224, 227, 230
모르핀 250, 255~258
모브 68~69
몽고인형 백치 195
무균 수술법 223, 225
무도병 193
뮐러, 파울 헤르만 61~62
미생물 11, 16~21, 26, 29, 30~37,

39, 41~42, 44~48, 51~52, 95, 117~118, 178, 186, 211~212, 220, 223~224, 227, 229, 231~234, 246~249, 275~279, 287, 297
미치슨, 에이브리언　290
미토콘드리아　22, 151~152, 171~172
민코프스키, 오스카　154

ㅂ

바리온　77
바이러스　21, 23~25, 27, 31~33, 39, 41, 45, 57, 77, 79, 88~90, 92, 95, 99, 105~107, 112~113, 117, 119, 121, 156, 179, 206, 208, 210~213, 229, 233, 239, 241~247, 249, 260, 297, 312~313, 315
박동　163~164, 168~170, 172~174
박테리아　21~25, 27, 233
방사능　109, 111, 113
배아줄기세포　301, 303~306
백신　25, 39, 57~58, 88, 105, 114, 117, 205~208, 210~215, 229~230, 239, 247
백조 목형 플라스크　17~19
밴팅, 프레더릭　155
베이클랜드, 리오　75
베타-나프틸아민　109
베타세포　152, 156~157, 270
벡터　311~313, 315
벤젠　109, 112, 251

벤조피렌　71, 108~109, 112, 116
변형 크로이츠펠트-야코프병(vCJD)　77, 82~85
부교감신경　170
브라디키닌　258
비가소성　137
비만　139~149, 157~159
비만세포　181~183
비머, 에드가르　294
비브리오 콜레라　22
비소　109, 112~113
비스페놀 A　70~71
비타민　22, 48, 275, 277, 279, 281~285
빌렌도르프의 비너스　139~140

ㅅ

사균 백신　211~212
사스　57, 90, 92~93
사이클로스포린　112, 292, 296
산욕열　219~221, 236, 241
살충제　26, 61~64, 68~70, 73~74
생물속생설　17~19, 223
생어, 프레더릭　155~156
샤피세이퍼, 에드워드　154~155
석면　109, 112
석탄산　223, 225, 230
선천성 대사이상(증)　197~198, 309
성인병　140
성체줄기세포　301~304, 306

세계보건기구 61, 87, 126, 294
세계생태보전기금 70~71
세균 14, 20~25, 36~37, 47~48,
　52~55, 79, 95, 110, 112, 119, 156,
　179, 185, 208, 210~211, 223~224,
　226, 230~237, 239, 241,
　246~249, 270, 272, 278, 280,
　282, 313
세균병원설 20~21
세크레틴 265~266
세파졸린 52
소독 20, 24, 93, 181, 217~218, 221,
　223~224, 227, 230~231, 233,
　236
소의 해면상 뇌증 78, 82
수면병 26
숙주 24, 30~32, 41~42, 44~45,
　48~49, 59, 89, 246
숙주세포 88, 121, 213, 242~245, 312
술폰아미드 235
슈반세포 130
슈워츠, 로버츠 291
스카케백 72
스크래피 79, 81~83
스테로이드 188, 268
스트렙토마이신 52, 232, 236
스티렌 70~71, 74
스팔란차니, 라차로 19
스페인 독감 90~91
시상하부 143

시토킨 182
신경세포 123~132, 199
신종플루 20, 25, 87~93, 121, 217
심장 104, 163~175, 283, 287, 291,
　293, 295

ㅇ
아나필락시 쇼크 233
아난다마이드 145
아데노신 디아미나제 313
아데노신 삼인산(ATP) 152, 171
아데노신 이인산(ADP) 171
아밀로이드 126
아세트아미노펜 259~261
아세틸살리실산 251~252, 259
아스텍 35~37, 45
아스피린 251~252, 259~260
아토피 73, 177~180, 183~184, 190
아포 224
아프프카 72
아플라톡신 109, 112, 117
악성중피종 109
알레르겐 182, 184, 187~190
알레르기 51, 73, 177, 179, 181~191,
　194, 233
알츠하이머, 알로이스 124~126
알츠하이머병 124~126, 134
알파-1,3-갈락토오스 296
알파세포 153
암 73, 97~99, 102, 104~105,

107~121, 164~165, 191, 194, 255,
   304, 311, 316
암세포 97~100, 102~105, 110,
   114~115, 118, 121, 307
암페타민 145
암포테리신 B 26
암피실린 234
압점 252
앤더슨, 프렌치 313
약독화 생백신 211~212
에베르트, 카를 요제프 275
에스트로겐 71, 268
에이즈 113, 121, 242, 244, 297
에이크만, 크리스티안 276~280
에피네프린 170
엔도르핀 145
엡스타인-바 112, 121
역병 13, 33, 36, 40, 44~45, 50~51,
   77, 79, 239
역전사 243, 244
오르니틴 트랜스카바밀레이즈 314
오피오이드 145
온점 252
왁스먼, 에이브러햄 232
왓슨 79
우두 32, 205~207, 212~213, 229
워릭, 케빈 299
원생생물 21, 23, 25~26
웩슬러, 낸시 198~199
윌슨병 198

유전자 80, 89~90, 107, 114,
   145~146, 148, 156, 193~195,
   197~200, 211~212, 253~254,
   269~272, 290, 295~296, 298,
   309, 317
유전자 재조합 80, 156, 211~212,
   269~272
유전자 치료 197, 309~317
육골분 83, 85
이부프로펜 259~261
이종이식 295~297
인간유두종 바이러스 105~106, 113,
   117
인슐린 142, 151~161, 265, 267,
   269~270, 272
인플루엔자 25, 36, 88~91, 229
잉카 37, 45

ㅈ
자궁경부암 105, 117
자궁내막증 104
자연발생설 18~19
자율신경 170
장기이식 287, 289~294, 297~298,
   302~303
전염병 13~16, 22, 29~31, 34~37,
   39, 46, 57, 90, 179, 207, 217~218,
   221, 239, 246, 277~278
전염성 밍크 뇌증 82
제너, 에드워드 204~207, 211, 213,

229, 239
제멜바이스, 이그나즈 217~223, 227
제세동기 163~164
제이콥스, 퍼트리샤 196~197
제초제 68~70, 74
조류독감 90
조혈모세포 306
주요 조직 적합 유전자 복합체 290
줄기세포 157, 301~307
중간엽줄기세포 306~307
중금속 26~27, 70~71, 73
중증 급성 호흡기 증후군 57, 121
중증복합 면역결핍증 313
중추신경계 127~130, 132, 197, 199
진균 21, 23, 26~27, 233, 239, 241, 245~247, 249
진통제 112, 145, 149, 228, 241, 251~252, 255, 257~263
진핵세포 233~234
짐, 에두아르트 289

ㅊ
천연두 25
체지방 141
체질량지수 147
축색돌기 129~130
췌장 142~143, 152, 154~157, 265~266, 269~270, 287, 293, 295
치매 78, 84, 123~127, 129, 132, 134~136, 191

ㅋ
카슨, 레이첼 69~70, 115
　~의 『침묵의 봄』 69~70, 115
칼시토닌 268
캐러더스, 윌러스 75
코로나 바이러스 57
코르테스 35~37
코흐, 로베르트 20~21, 275~276, 278
콜레라 12, 14,~16, 22, 36, 92, 212, 276
콜레츠카, 야코프 220
콜본, 테오 69
콜타르 68, 113
쿠루 81~82
퀴닌 26, 60~62, 64
퀴리, 마리 111
퀴리, 피에르 111
크라우체소체 252
크레틴병 268
크로이츠펠트-야코프병(CJD) 26, 78, 82~83, 269
크릭, 프랜시스 79
키나나무 60
키니네 60~61, 68

ㅌ
타미플루 25, 89
타우 126

타이레놀 257, 259~261
테트라하이드로카나비놀 145
텔로머레이즈 100, 119
텔로미어 100~101
톡소이드 백신 211~212
톡소플라스마 26
톰슨, 제임스 304
통점 252~253
통증점수 254
퇴행성 신경 질환 123
투베르클 바실러스 24
트리파노소마 26
트리파사마이드 26

ㅍ

파스퇴르, 루이 17~19, 21, 211, 223,
  229, 239, 275~276, 278
파울레스쿠, 니콜라스 155, 161
파치니소체 252
파킨슨병 124
패혈증 22, 230, 236
페놀수지 75
페니실리움 노타움 232
페니실린 24, 51~54, 229, 231~236,
  239, 245~246
페닐알라닌 197~198, 309
페닐케톤뇨증 197~198, 309
페스테렐리아 페스티스 22
페스트 22, 33, 36~37, 39, 45, 92,
  114

펠링, 이바르 197
폐렴구균 53~54, 276
폐순환 169
포도당 142, 144, 151~154, 156,
  171~172, 174
포도상구균 231~232
포레 81
포트 108~109
포화지방 141
폴리오 백신 212, 229
푸르킨예 섬유 170
푸젠 독감 90
풍크, 캐시미어 281
프라카스토로 16~17
프로게스테론 268
프로스타글란딘 258
프리온 26, 77~85, 95, 269
플라스모듐 58
플라스미드 270, 272
플라크 243~244
플레밍, 알렉산더 231~232, 239
피오멜리, 다니엘레 145
핍스, 제임스 204, 207

ㅎ

하비, 윌리엄 162, 166~168
한센, 아르메우에르 238, 275
항바이러스제 25, 233, 239, 244~247
항상성 158, 266~267
항생제 15, 24~25, 47, 51~55, 57,

64, 114, 117, 229, 231~237,
    239~242, 244, 246, 248
항진균제　26, 239, 245~247
핵산　79, 283
헌팅턴병　124, 193~194, 198~201
헤마글루티닌　88
헤이플릭 한계　97, 99
헬라세포　100~101
혈당　143~144, 151~154, 157, 160,
    266~267, 270
혈당량　142, 266
호르몬　70~72, 112, 142, 149, 170,
    265~273, 287
호열자　13~14, 22
호프만, 빌헬름 폰　68
호환　177
홍역　25, 31~32, 36, 45, 121, 212,
    214, 229, 242
홍콩 독감　90
환경호르몬　27, 70
황열　39, 45, 212
흑사병　28~29, 297
희돌기세포　129~131
히스색　170
히스타민　181~183, 188

BCG　212, 229
BRCA 유전자　107
CJD　78~84
DDT　60~62, 64, 69~71
DNA　22, 24, 79~80, 99~101, 114,
    119, 213, 227, 234~235, 242~244,
    246, 270~271, 311~313
RNA　24, 79, 88, 242~243
vCJD　77, 82~85

A~Z
ADP　171
ATP　152, 171~172
B세포　179~180, 182

하리하라의 몸 이야기
질병의 역습과 인체의 반란
© 이은희 2010

1판 1쇄 2010년 12월 7일
1판 16쇄 2024년 4월 5일

지은이   이은희
펴낸이   김정순
책임편집 허영수
디자인   김진영
마케팅   이보민 양혜림 손아영

펴낸곳   (주)북하우스 퍼블리셔스
출판등록 1997년 9월 23일 제406-2003-055호
주소   04043 서울시 마포구 양화로 12길 16-9(서교동 북앤빌딩)
전자우편 henamu@hotmail.com
홈페이지 www.bookhouse.co.kr
전화번호 02-3144-3123
팩스   02-3144-3121

ISBN 978-89-5605-498-8 03400